Europe
A
Natural
History

欧洲自然史

生命如何创造、塑造和改造这片土地

[澳] 蒂姆·弗兰纳里 著　王晨译
Tim Flannery

海峡出版发行集团 | 海峡书局
THE STRAITS PUBLISHING & DISTRIBUTING GROUP

图书在版编目（CIP）数据

欧洲自然史 /（澳）蒂姆·弗兰纳里著；王晨译
. -- 福州：海峡书局，2023.4
书名原文：Europe A Natural History
ISBN 978-7-5567-1048-5

Ⅰ.①欧… Ⅱ.①蒂… ②王… Ⅲ.①自然科学史—
欧洲 Ⅳ.①N095

中国国家版本馆CIP数据核字(2023)第001576号

著作权合同登记号：图字 13-2023-012号
审图号：GS（2022）5720号

出 版 人：林彬
责任编辑：廖飞琴　龙文涛
特约编辑：谭秀丽　刘小旋　王羽翯
封面设计：吾然设计工作室
美术编辑：王颖会

欧洲自然史
OUZHOU ZIRANSHI

作　　者：（澳）蒂姆·弗兰纳里
译　　者：王 晨
出版发行：海峡书局
地　　址：福州市白马中路15号海峡出版发行集团2楼
邮　　编：350001
印　　刷：三河市冀华印务有限公司
开　　本：710mm×1000mm，1/16
印　　张：20.25
彩　　插：8
字　　数：262千字
版　　次：2023年4月第1版
印　　次：2023年4月第1次
书　　号：ISBN 978-7-5567-1048-5
定　　价：78.00元

关注未读好书

客服咨询

献给科林·格罗夫斯和肯·阿普林

相伴终生的同事、动物学英雄

目录

二　成为大陆

三　冰河时代

四　人类欧洲

地质年代表

年代划分	重要的化石沉积	时间
全新世		
		——11764 年前——
更新世		
		——260 万年前——
上新世	德马尼西	
		——530 万年前——
中新世	克里特岛脚印 匈牙利铁矿	
		——2300 万年前——
渐新世		
		——3400 万年前——
始新世	梅瑟尔 蒙特波卡	
		——5600 万年前——
古新世	艾南	
		——6600 万年前——
白垩纪	哈采格	

前言

　　自然史同时涉及自然世界和人类世界。本书致力于回答三个重大问题：欧洲是如何形成的？它的非凡历史是如何被发现的？为什么欧洲在世界上如此重要？对像我这样追寻答案的人来说，幸运的是，欧洲拥有大量骨头——它们被一层又一层地埋藏在岩石和沉积物中，可以追溯到骨骼动物的起源。欧洲人还留下了极为丰富的博物学观察资料：从希罗多德和普林尼的著作到英格兰博物学家罗伯特·普洛特和吉尔伯特·怀特的作品。欧洲也是首先对遥远的过去展开调查的地方。第一张地质图、第一批古生物学研究和对恐龙的首批复原都是在欧洲完成的。而且在过去的一些年，在强大的新DNA研究的推动下，研究手段的变革以及古生物学领域的惊人发现让人们能够深刻地重新解读这块大陆的过去。

　　这段历史大约始于1亿年前，那是欧洲"受孕"的时刻——第一批独特的欧洲生物进化的时刻。地壳由构造板块组成，这些板块在全球范围内不可察觉地缓慢移动，而大陆就坐落在它们上面。大多数大陆都起源于古代超大陆的分裂。但欧洲一开始是一片群岛，它的"受孕"涉及3个大陆"亲本"——亚洲、北美洲和非洲——的地质相互作用。这些大陆加起来约占地球陆地总面积的三分之二，而且因为欧洲在这些大陆之间起着桥梁的作用，所以它成了地球历史上最重要的交流中心之一。*尽管欧洲是一个进化迅速的地方——全球变化的先锋，但即使在遥远的恐龙时代，欧洲也拥有特殊的特征，影响着其居民的进化，其中的一些特征至今仍在发挥作用。实际上，欧洲当代人类的一些困境正是由这些特征造成的。

定义欧洲是一项棘手的任务。它的多样性、进化史和不断变化的边界几乎让这个地方变幻无常。然而，颇为矛盾的是，欧洲一眼就能被认出来。凭借其独特的人文景观、曾经庞大的森林、地中海海岸和阿尔卑斯山美景，当我们看见它时，就知道那是欧洲。而且欧洲人本身连同他们的城堡、城镇和绝不会被错认的音乐，都可以被立即识别出来。此外，重要的是，要认识到在古希腊和古罗马时代，欧洲人有过一段极具影响力的黄金时代。即便是那些祖先从不属于这个古典世界的欧洲人，也将这段黄金时代视为他们自己的，并从中寻求知识和灵感。

那么到底什么是欧洲，成为欧洲人意味着什么？从任何真正地理意义上讲，当代欧洲都不是一块大陆。†相反，它是一件附属物——一座被岛屿环绕的半岛，从欧亚大陆的西端伸入大西洋。在自然史中，欧洲的最佳定义来自其岩石的历史。遵循这种概念，欧洲从西边的爱尔兰延伸到东边的高加索，从北边的斯瓦尔巴群岛延伸到南边的直布罗陀海峡和叙利亚。‡按照这样的定义，土耳其则是欧洲的一部分，但以色列不是：土耳其的岩石与欧洲其他地区拥有共同的历史，而以色列的岩石则起源于非洲。

我不是欧洲人——至少从政治角度而言不是。尽管我出生于澳大利亚，但是从肉体上说，我和英格兰女王一样是欧洲的（顺带一提，从民族上说，

---

* 这些陆块的大小、形状和位置都随着时间的变化而变化。非洲在大约 1 亿年前与冈瓦纳古陆相连。北美洲在 3000 万年前离开了欧洲。直到大约 5000 万年前，印度的 300 万平方千米土地才成为亚洲陆块的一部分。有时候，升高的海平面使地球上所有陆块的面积都变小，而在另一些时候，裂谷作用又会使不同的陆地（如当阿拉伯半岛从非洲分离出来时）扩张并分裂。——原注（后文如无特殊说明，均为原注）

† 从地质学的角度来看，它是欧亚大陆板块的一部分。

‡ 这个定义也不明确，因为阿尔卑斯山以南的欧洲大片地区包括已经融入欧洲陆块的非洲和海洋地壳碎片。

她是德裔）。在我小的时候，欧洲的战争和君主的历史被深深灌入我的大脑，但是关于澳大利亚的树木和景观，我几乎一无所知。也许这种矛盾激发了我的好奇心。无论如何，我对欧洲的探索早在我踏上欧洲的土地之前就开始了。

1983年，还是学生的我第一次去欧洲旅行，当时我非常激动，确信自己要去往世界的中心了。但是当我接近希思罗机场时，英国航空公司的飞行员却发布了一则让我至今都还记忆犹新的广播："我们正在靠近北海中一座雾蒙蒙的小岛。"在我的一生中，我从未如此想象过英国。当我们着陆时，我震惊地发现空气竟然如此柔和。没有了那股我在澳大利亚习以为常的独特又浓烈的桉树气味，就连微风中的气味都让人心旷神怡。还有太阳？太阳在哪儿呢？在强度和穿透力方面，它更像是澳大利亚的月亮，一点儿也不像那个在我家乡上空放射出灼热光芒的大火球。

欧洲的大自然给我带来了更多惊喜。欧洲林鸽的硕大体形以及英格兰城市边缘数量丰富的鹿都让我感到惊讶。沐浴在湿润宜人空气中的植物是如此苍翠，那种明亮的色调看上去甚至有些不真实。它们几乎没有刺或粗粝的小枝，与澳大利亚那些土灰色的扎人灌木丛形成了鲜明对比。在看了几天薄雾笼罩的天空和朦胧的地平线之后，我开始感觉自己仿佛被包裹在一大团棉绒中。

我第一次去欧洲是为了研究伦敦自然历史博物馆里的藏品。不久之后，我成为位于悉尼的澳大利亚博物馆哺乳动物馆馆长，在那里，我被寄予期望发展全球哺乳动物学的专业知识。所以，当《泰晤士报文学增刊》的博物学编辑雷德蒙·奥汉隆请我给一本关于英国哺乳动物的书写书评时，我不情愿地接受了这个挑战。这本书让我感到困惑，因为它没有提及英国历史中的两个古老物种——奶牛和人类，而我发现这两种生物在英国的数量都很丰富。

收到我的书评后，雷德蒙邀请我去他在牛津郡的家做客。当时我担心这是他告知我工作未能达到标准的某种方法。结果，我却受到了热情的欢迎，我们还热烈地讨论了博物学。到了深夜，在一顿伴随着许多杯波尔多葡萄酒的丰盛晚餐之后，他设法把我引入花园，并用手指向一个池塘。我们移动到池塘边缘，雷德蒙示意我安静。然后他递给我一只手电筒，在水草之间，我发现了一个浅色的东西。

一只肋突螈！我生平看到的第一只肋突螈。雷德蒙知道，有尾两栖动物在澳大利亚相当稀少。当时的我和P. G.沃德豪斯在吉夫斯系列小说中创造的奇妙人物古西·芬克－诺特一样惊讶不已，这个长着一张"鱼脸"的男人——一头扎进乡村，把心思完全放在研究肋突螈上，他将这些小家伙养在一个玻璃鱼缸里，并聚精会神地观察它们的习性。肋突螈是如此原始的生物，观察它们就像在观察时间本身。

从看到第一只肋突螈，到发现欧洲人的起源，我长达30年的欧洲自然历史调查之旅充满了各种发现。作为鸭嘴兽之乡的居民，我最惊讶的或许是欧洲拥有同样古老和原始的生物，但因为它们很常见，所以被低估了。让我震惊的另一个发现是，欧洲曾经出现过许多对地球有重要意义的生态系统和物种，但如今它们早已从这块大陆上消失了。例如，谁能想到欧洲的古代海洋对现代珊瑚礁的进化发挥了重要作用？或者我们的第一批直立祖先是在欧洲而不是在非洲进化出来的？谁又能想到，欧洲许多冰河时代的大型动物留存至今，像民间传说中的精灵和仙女一样躲藏在偏远的迷人森林和平原上，或者以基因的形式长眠在永久的冻土层中？

许多塑造现代世界的因素都始于欧洲：古希腊人和古罗马人、启蒙运动、工业革命，以及在19世纪之前瓜分世界的各个帝国。而且欧洲继续在许多方面引领世界：从人口转型到新政治形式的建立，以及自然的复兴。谁知道有将近7.5亿人的欧洲，拥有的狼的数量比美国全境（包括阿拉斯加）的还要多？

也许最令人吃惊的是，欧洲最具特色的一些物种，包括其最大的野生哺乳动物都是杂交种。在那些习惯于考虑"纯种"和"杂交种"的人看来，杂交种常常被视为大自然的错误——对基因纯洁性的威胁。但是新研究已经表明，杂交对进化上的成功至关重要。从大象到洋葱，杂交都使有益基因得以共享，使生物能够在新的和充满挑战的环境中生存下来。

一些杂交种拥有其双亲都不具备的活力和天赋，还有一些杂交种在其亲本物种灭绝后还能继续存活很长时间。欧洲人本身就是杂交种——大约在38000年前，由来自非洲的深色皮肤人种与蓝眼睛、浅色皮肤的尼安德特人杂交。在第一批杂交种出现之后，欧洲几乎立刻产生一种充满活力的文化，其成就包括第一批绘画艺术和雕像、第一批乐器，以及第一批被人类驯化的动物。由此看来，第一批欧洲人是非常特别的杂交种。但是早在欧洲人出现之前，在天体和构造力量的作用下，欧洲的生物多样性就被破坏并重建了三次。

现在让我们踏上这段旅程，探索这个曾经对世界产生巨大影响的地方的性质。为此，我们将需要几项欧洲人的"发明"：詹姆斯·赫顿的"深时"理论、查尔斯·莱尔开创性的地质学原理、查尔斯·达尔文对进化过程的阐释，以及H. G.威尔斯伟大的想象力创新——时间机器。请做好时光倒流的准备，回到欧洲第一次崭露头角的那一刻。

一

热带群岛

1亿年前至3400万年前

白垩纪时期的欧洲，8000万年前

陆地
海洋

0 400 千米

北

北美洲

巴 尔

默 达 克

亚

欧

罗

巴

北方海

梅塞塔

特提斯海

哈采格

庞蒂得斯

佩拉冈尼亚

陶

非洲

第 1 章

目的地欧洲

在驾驶时间机器时，你必须设置两个坐标：时间和空间。欧洲的部分地区古老得不可思议，因此选择很多。波罗的海国家下面的岩石是地球上最古老的岩石之一，其历史可以追溯到30多亿年前。在那个时候，生命由简单的单细胞生物组成，而且大气中没有游离氧。快进25亿年，我们来到一个拥有复杂生命的世界，但是陆地表面仍然一片荒芜。大约在3亿年前，陆地才被动植物占领，但是仍然没有一块大陆从名为泛大陆的巨大陆块脱离。即便在泛大陆一分为二，形成南方的超大陆冈瓦纳古陆和北方的劳亚古陆之后，欧洲仍未成为一个独立的实体。实际上，直到大约1亿年前，在恐龙时代的最后一个阶段（白垩纪），才开始出现一个欧洲动物地理区。

1亿年前，海平面比今天的高得多，而名为特提斯海的浩瀚海域（它是劳亚古陆和冈瓦纳古陆这两块超大陆分离时创造出来的）从欧洲一直延伸到澳大利亚。特提斯海有一条名为图尔盖海峡的狭窄水道，它是重要的动物地理屏障，将亚洲与欧洲分开。此时的大西洋非常狭窄。它的北边是一座"陆桥"，将北美洲和格陵兰与欧洲连接在一起。这座陆桥名为德格尔走廊（De Geer Corridor），靠近北极，因此寒冷和季节性的黑暗限制了能够穿过的物种。非洲以特提斯海的南部为界，一片浅海侵入如今撒哈拉沙漠中部的大部分地区。此时将在未来将阿拉伯从非洲东部边缘撕扯出去并打开东非大裂谷（从而拉宽非洲大陆）的地质作用力尚未开始发挥作用。

1亿年前的欧洲群岛和今天的欧洲位于相同的位置，即格陵兰以东，亚洲以西，北纬30度至北纬50度之间。我们似乎应该将时间机器降落在显而易见的巴尔岛（今波罗的海地区的一部分）。作为目前欧洲群岛中最大、最古老的岛屿，巴尔岛在塑造欧洲的原始动植物群方面必定发挥了至关重要的作用。但令人沮丧的是，在这一整个陆块上都未曾发现一块来自恐龙时代后期的化石，因此我们所知的巴尔岛上的所有生命都来自一些被冲到海洋中的动植物碎片，保存着它们的海洋沉积层如今在瑞典和俄罗斯东南部露出地表。将时间机器降落在这片可怕的空白中是毫无用处的。[1]

然而，我们应该知道的是，茫茫空白是古生物学中的常态。为了解释它们的深远影响，我必须介绍一下西格诺尔－利普斯（不是健谈的意大利人，而是两位博学的教授）。菲利普·西格诺尔和杰雷·利普斯在1982年联手提出了古生物学的一项重要原理："既然生物的化石记录从来都不是完整的，那么分类单元中的第一种和最后一种生物都不会有化石记录。"[2]正如古人为欧罗巴与公牛的故事中的关键时刻蒙上模糊的面纱一样，西格诺尔－利普斯效应告诉我们，地质学掩盖了欧洲动物地理的"受孕"时刻，让我们将时间机器的拨盘设置为8600万年前至6500万年前，彼时异常多样的化石沉积物保存了充满活力的初生欧洲的证据。这些沉积物在巴尔岛以南的默达克岛链上形成。默达克岛链在很久之前就被并入欧洲的一个区域，该区域包括十来个东欧国家——从西边的马其顿到东边的乌克兰。在古罗马时代，这片广阔的土地分布在默西亚（Moesia）和达契亚（Dacia）这两个庞大的行省，而默达克（Modac）这个名字正是由此而来的。

在我们到达之时，默达克的大部分正在被第一次的地质构造作用推到海浪之上，随着时间的推移，构造作用力会在将来使欧洲阿尔卑斯山得以形成，而默达克岛链的其他部分则将沉入海底。在这场动荡的地质构造运动中，有一座名为哈采格的岛屿，被海底火山包围着，那些火山间歇性地制动地表，向陆地喷洒火山灰。在我们到访时，它已经存在了数百万年，使独特的动植物群得以成长。哈采格是一个孤立的地区，面积大约为8万平方千米（大致相当于如今加勒比海的海地岛），位于赤道以北27度的位置，与距其最近的波马斯（波希米亚高地）之间隔着200～300千米的深海。如今，哈采格是罗马尼亚特兰西瓦尼亚地区的一部分，在这里发现的化石是恐龙时代后期整个欧洲最丰富多样的。

接下来，让我们打开时间机器的大门，踏上"龙之地"哈采格。我们抵达之时，是在一个即将结束的灿烂金秋。太阳照耀着大地，让人安心，但因处在这个纬度，它在天空中悬挂的位置相当低。空气温暖宜人，眼前是一片明亮的沙滩，细腻的白色沙子在我们脚下嘎吱作响。我们附近的植被是低矮的开花灌丛，但在其他地方，棕榈和蕨类树丛上方耸立着银杏树，它们金黄的秋叶逐渐枯萎，即将被暖冬的第一阵大风吹落。[3]除此之外，发源于遥远高地的、被频繁冲刷的大河谷表明，这里的降雨是高度季节性的。

在一条干燥的山脊上，我们发现了一些类似黎巴嫩雪松的森林巨人，它们实际上是一种消失已久的柏树，属于现已灭绝的 *Cunninghamites* 属。更近一点的地方，一个被蕨类植物环绕的水坑里开满了睡莲，矗立在坑边的大树看上去很像常见的二球悬铃木（悬铃木属）。睡莲和悬铃木都是幸存至今的古老植物，而欧洲保存了数量惊人的此类"植物恐龙"。[4]

蔚蓝的大海将我们的视线从陆地上吸引了过去。散落在海滩上的东西乍看上去像是乳白色的卡车轮胎，表面布满波状"胎纹"，在热带阳光的照射下，闪闪发光，有一种奇异的美感。在海洋深处的某个地方，一场风暴杀死了一群菊石（类似鹦鹉螺的生物，外壳直径可超过1米），然后波浪、风和洋流将它们的壳带到了哈采格岸边。

走在沙子上时，我们闻到了一股恶臭味。前方的地上躺着一头巨兽，体表布满藤壶，因退潮搁浅在岸上。这是一头蛇颈龙，它长得不同于现存的任何一种动物。曾经有力地推动它游泳的四只鳍状肢，如今纹丝不动地平放在沙子上。一条极长的脖子从桶状的身体中伸出，脖子的末端长着一颗小小的脑袋，仍在海水中随着波浪浮动。

三个高如长颈鹿的身影从森林里蹒跚走出，它们裹在皮革斗篷里，仿佛身材巨大的吸血鬼。这三个家伙眼里冒着邪恶的目光，肌肉极为发达。它们将尸体围在中间，其中最大的那只用它3米长的喙毫不费力地将蛇颈龙的脑袋咬了下来。这些食腐动物打着转，用尖利的喙凶狠地撕咬着尸体。眼前的景象让我们一下子清醒过来，退回到安全的时间机器中。

我们所看到的一切都表明哈采格是个非常奇特的地方。这些仿佛吸血鬼的野兽是一种巨大的翼龙，名为哈特兹哥翼龙。它们不仅仅是食肉恐龙，还是这座岛屿上的顶级掠食者。如果我们冒险进入内陆，很可能会遇到它们平时的猎物——体形矮小的恐龙。哈采格的奇特是双倍的：对我们而言很奇特，因为它的历史可以追溯到恐龙统治地球的时代，但即使在恐龙时代，它也是个奇特的地方，因为和欧洲群岛的其他地区一样，这是一块与世隔绝且拥有极不寻常的生态系统和动物群的土地。

第 2 章

哈采格的第一位探索者

关于我们是如何了解哈采格及其生物的，这个故事几乎与这片土地本身一样令人震惊。1895年，当爱尔兰小说家布莱姆·斯托克写作《德古拉》时，一个真实的特兰西瓦尼亚贵族——来自瑟切尔的伯爵弗朗茨·诺普乔·冯·费尔斯－西尔瓦斯——正坐在自己的城堡里，只不过这位伯爵痴迷的不是鲜血，而是骨头。这些骨头是他妹妹伊洛娜（她在诺普乔家族庄园的河岸上散步时发现的）送给他的礼物。它们显然非常古老。如今，位于瑟切尔的诺普乔家族城堡已经成为废墟，但在1895年，它是一座华丽的两层宅邸，配有胡桃木家具、一个大图书室和一个宽敞的娱乐大厅，人们现在仍可以透过破碎的窗户看到里面豪华的内饰。虽然按照欧洲的标准，这座庄园的规模并不算大，但它提供的收入足以让年轻的诺普乔坚守他对古老骨头的热情。

诺普乔后来成了有史以来最杰出的古生物学家之一，但今天他几乎被世人遗忘了。当他带着这些骨头礼物离开自己的城堡，前往维也纳大学攻读科学学位时，他的智识之旅也随之开启了。他基本上都是独自研究，很快他就判定出这些骨头来自某种小型原始鸭嘴龙的头骨。[1]痴迷于此的伯爵就此开始了他一生的工作，即复活哈采格的亡灵。

作为一个博学多才、独来独往、性格古怪的人，尽管诺普乔说自己患有"神经破碎症"，但他对许多事物的看法比其他人更清晰。1992年，龟类化石领域的权威尤金·加夫尼博士如此评论诺普乔："在清醒时，他将自己的心智用来研究恐龙和其他爬行动物的化石。"但是在这些辉煌时刻之间，也有许多黑暗和古怪的时刻。[2]放到今天来看，诺普乔或许会被诊断为患有双相障碍。不管他得的是什么病，他都毫无礼节可言。实际上，他常常表现出"一种异常粗鲁无礼的才能"。[3]

脑化石研究先驱蒂莉·埃丁格博士在20世纪50年代研究过诺普乔，她讲述的一个例子很能说明上面这个情况。上大学的第一年，诺普乔就发表了关于他的恐龙头骨的文章，这是一项相当不错的成就。当他遇到同为贵族、当时最杰出的古生物学家路易·多洛时，这位年轻的伯爵大放厥词："我这么年轻的一个人，写出了如此出色的研究报告，这难道不是很神奇？"[4]后来在回忆诺普乔时，多洛回敬了一句语带讥讽的恭维，说他就像"一颗从古生物学的天空划过的彗星，虽然发出了光芒，却是散漫难懂的光"。[5]

在维也纳大学，诺普乔基本上处于无人监管的状态。与同事们隔绝往来之后，他的独立性甚至发展到自主发明一种胶水来修复自己的化石。但他的确有一位同事同样对古生物学感兴趣，那个人就是奥塞尼奥·艾贝尔教授。艾贝尔是法西斯主义分子，他创立了一个由18位教授组成的秘密社团，宗旨是破坏"共产主义者、社会民主主义者和犹太人"的科研职业生涯。当时他的同事K. C.施耐德教授曾试图对他开枪，他差点儿被谋杀。纳粹上台后，艾贝尔移民去了德国。德国吞并奥地利后，他在1939年故地重游，看到飘扬在维也纳大学的纳粹旗时，他说这是他这辈子最快乐的一天。诺普乔有他自己与艾贝尔打交道的方式。诺普乔在生病时，他把艾贝尔叫到自己的公寓，并吩咐欧洲最杰出的古生物学家之一（不过他是个没有贵族头衔的平民）将一副破旧的手套和一件外套带给自己的情人。[6]

当诺普乔研究他的恐龙时，另一种巨大的激情正在他的心中激荡。在特兰西瓦尼亚的乡间游荡时，他遇到了德拉斯科维奇伯爵。德拉斯科维奇比诺普乔大两岁，曾经前往阿尔巴尼亚冒险。在拜伦造访后的一个世纪，阿尔巴尼亚仍然是一片黑暗的异域，当地人以部落的方式生活。深受情人讲述的那些冒险故事的影响，诺普乔在私人的赞助下多次前往阿尔巴尼亚旅行，在那里，他和部落居民生活在一起，并学习他们的语言和传统，甚至卷入了他们的纠纷。在一张照片中，他盛装打扮，身穿阿尔巴尼亚武士独特的部落盔甲和服装。诺普乔不光浪漫，还表现出了强烈的好奇心，而且是一位认真谨慎的记录员，他很快就被公认为整个欧洲在阿尔巴尼亚的历史、语言和文化领域最重要的专家。

1906年，诺普乔在阿尔巴尼亚旅行时遇到了巴亚齐德·埃尔马兹·多达——一个生活在阿尔巴尼亚"被诅咒的山脉"上的牧羊人。诺普乔雇用多达当自己的秘书，并在日记中吐露，多达"是自德拉斯科维奇伯爵以来唯一真正爱我的人"。[7]他与多达的关系持续了近30年，之后他还在1923年用多达的名字命名了一种奇怪的龟的化石，作为纪念：巴亚齐德卡罗龟（Kallokibotion bajazidi），字面意思是"美而圆的巴亚齐德"。

这只龟的骨头是和恐龙骨头一起在诺普乔家族庄园被发现的。卡罗龟长约0.5米，是一种中型水陆两栖生物，外表与如今的欧洲泽龟大致相似。但是卡罗龟的骨骼解剖特征表明，它不同于现存的任何物种，属于一类如今已经灭绝的古老原始龟类，其最后的代表性物种是令人惊讶的卷角龟目。

大约45000年前，也就是在第一批土著居民抵达前，卷角龟一直生活在澳大利亚。最后一批卷角龟是在陆地上行走的庞大生物，它们有一辆小汽车那么大，尾巴变成了骨棒，头上顶着牛角似的大而弯曲的角。第一批澳大利亚人送走的很可能是巴亚齐德的"美而圆"龟的最后一代。但是有些卷角龟漂洋过海，去到了温暖湿润、构造运动活跃的瓦努阿图群岛。这些卷角龟在这个隐秘的国度生存下来，直到它们的土地再次被人类发现——这一次是被如今居住在这里的瓦努阿图人的祖先发现的。大约3000年前，它们被屠宰、烹饪，那些遗留下的大量骨骼就是人类到来的标志。至此，默达克土地的最后一丝踪迹——那消失的群岛的最后回声——消失了。

　　巴亚齐德、阿尔巴尼亚和化石是诺普乔一生中最大的常量，而在这三者中，他只会与其中一个分道扬镳。他与阿尔巴尼亚的关系在"一战"爆发前夕达到高潮，当时他制订了一项大胆且注定失败的计划，打算入侵这个国家，成为它的第一位君主。*尽管被分散了注意力，但诺普乔仍然深陷于古生物学不能自拔，他在1914年发表了关于特兰西瓦尼亚恐龙生活方式的研究成果，彻底改变了人们对早期欧洲的认识。[8]令他的科学研究与众不同的是，他在分析化石时，将其视为存在于特定栖息地并对环境限制做出响应的生物的遗骸。实际上，诺普乔可以说是世界上第一位真正的古生物学家。

　　诺普乔论证，当时的哈采格只有10种大型物种。其中包括一种根据两颗牙齿（后来都丢失了）鉴定出的小型食肉恐龙，诺普乔将其命名为"匈牙利巨齿龙"。巨齿龙是一种肉食恐龙，其化石在欧洲其他地方实际上很常见，但主要出现在很古老的岩石中。它在哈采格的存在看起来很反常，而匈牙利巨齿龙很快就被证明是这位年轻科学家犯下的一个罕见错误。

　　在这里，有一个奇怪的科学事实值得一提：巨齿龙属最早的学名是*Scrotum*（意为阴囊）。这个故事始于1677年罗伯特·普洛特描述和绘制的史上第一块恐龙化石。[9]他的《牛津郡自然史》可以说是使用英语写作的第一部现代博物学著作，而且按照当时流行的事物来说，它几乎包罗万象，从牛津郡的植物、动物和岩石，到有名的建筑，甚至还有在教堂举行的著名

---

*　阿尔巴尼亚逐渐摆脱了垂死的奥斯曼帝国的统治。1913年，欧洲列强在的里雅斯特召开了一次代表大会，决定谁应该被任命为国王。诺普乔写信给位于的里雅斯特的奥匈帝国军队总参谋长，索要500名身穿便服的士兵以及火炮。他将购买两艘小型快速汽轮并入侵阿尔巴尼亚，建立一个对奥匈帝国友好的政权。诺普乔告诉将军，这场军事行动将迅速结束，直达高潮：由身骑白马的诺普乔率队在首都地拉那的街道上胜利游行。正如他在日记中透露的："一旦成为欧洲的在位君主，我就不用担心以后需要的资金了，因为我可以和渴望皇室身份的富有美国女继承人结婚，在其他情况下，这一步骤是我不愿意采取的。"在这个问题上，英国外交与诺普乔的意见相悖，而且应他们的请求，大会选择了德国的威廉亲王成为阿尔巴尼亚的首任国王。当第一次世界大战爆发，阿尔巴尼亚拒绝派遣军队支持奥匈帝国时，威廉国王的资金被切断，他被迫逃亡。此后阿尔巴尼亚一直没有国王，直到1928年本土国王索古一世登上王位。失望的诺普乔写信给大英博物馆（今自然历史博物馆）的古生物学同事史密斯·伍德沃德（Smith Woodward）诉苦："我的阿尔巴尼亚死了。"

布道。普洛特正确鉴定出了这块化石为一根股骨的末端。他思考着，这块骨头化石可能来自一头大象，说不定是传说中罗马帝国皇帝克劳狄一世造访格罗斯特时带到英国的，当时（据普洛特所言）他重建这座城市"以纪念他美丽的女儿金妮萨与当时的英国国王阿维拉古斯的婚姻，并且可能会带着自己的一些大象前往那里"。但令人恼火的是，普洛特无法找到比法国马赛距离格罗斯特更近的大象记录。*

在旁征博引的漫长论述之后，普洛特得出的结论是，这块在墓地附近发现的骨头可能来自巨人。和同时代的许多人一样，普洛特相信蒙茅斯的杰弗里在12世纪撰写的著作《不列颠诸王史》是确凿的事实。而伟大的欧洲黄金时代的吸引力是如此强大，以至于蒙茅斯的杰弗里在自己这部史书的开头化用了古罗马诗人维吉尔的作品，让特洛伊的埃涅阿斯的后代布鲁图踏上阿尔比恩†的海岸，与岛上的土著居民"阿尔比恩的巨人"通婚，从而诞生了不列颠民族。

普洛特没有给这块遗骸起一个学名，这件事一直搁置到1763年，当时一个名叫理查德·布鲁克斯的人在他的著作《自然史的一套准确新系统》中复制了普洛特的插图。[10]布鲁克斯似乎也相信蒙茅斯的杰弗里写的是史实，‡但他不认为普洛特绘制的这一块东西是骨骼的一部分。相反，他将其鉴定为一对巨大的人类睾丸。或许是因为想到了阿尔比恩的巨人，又或许是因为惊叹于它孕育出了英国第一位女王，布鲁克斯将这块化石命名为"*Scrotum Humanum*"（意为人类的阴囊）。他遵循了林奈系统，因此这个名称在科学上仍然有效。而且布鲁克斯的鉴定显然令人信服：法国哲学家让-巴蒂斯特·罗比内声称自己可以在这块化石中辨别出睾丸的肌肉组织，甚至能看出一条尿道的残迹。

---

* 这段历史虽然十分有趣，但遗憾的是，它完全是虚构的。
† 大不列颠岛的古称。——译者注
‡ 这也许是可谅解的，因为质疑皇家血统是件冒险的事。

　　到了19世纪，人们对蒙茅斯的杰弗里作品的真实性的信念逐渐减弱，而对恐龙的科学研究则已经开始。1842年，解剖学家理查德·欧文爵士——一个嫉妒他人科学成就，并且乐于忽略有趣化石早期名字的人——创造了"Dinosauria"*这个名词。目前尚不清楚他是否知道"Scrotum"这个名字，但是围绕欧文"发现"的奉承之词太多了，以至于布鲁克斯的描述已经消失了一个多世纪之久。就连这块骨头本身也消失了。但是普洛特的绘图让人可以确定它来自食肉恐龙巨齿龙，这样的残骸在英国的侏罗纪沉积物中并不罕见。

　　分类学的建立是以自己的历史为基础的，就有效的学名而言，实际标本的丢失无关紧要。这门科学的核心是一本名为《国际动物命名法规》的小绿皮书。[11]和继承法一样，分类学也受"长子继承权"的约束，它规定第一个合法创造的学名优先于所有其他名称。†对那些不喜欢将恐龙称作阴囊的人来说，令人遗憾的是，这套法规并没有禁止使用身体部位的名称。实际上，伟大的林奈本人就将一种热带花卉命名为"Clitorea"‡，原因在于其鲜艳的蓝色花的形状很像阴蒂。不过，该法规的章程中有一个条款指出，如果某个名称自1899年以来未被使用过，可被视为遗忘学名，进而被废弃。然而，这种判定是自由裁量的。§

　　当古生物学家兰伯特·贝弗利·霍尔斯特德在1970年指出"Scrotum"是一个在科学层面上有效的名称，而且是恐龙得到的第一个有效学名时，一向迟钝的分类学界也顿时一颤。让事情变得更糟糕的是，霍尔斯特德似乎对恐龙的性很着迷。他最令人难忘的作品是一部恐龙交配姿势图解大

---

* 字面意思为"恐怖的蜥蜴"，英语中的"dinosaur"一词就由它演化而来。——译者注

† 虽然该法规可能规定巨齿龙属必须被称为 Scrotum，但是关于更高等级的分类，如 Dinosauria（恐龙总目），它却什么都没说，留给研究人员自己来决定。

‡ 字面意思为"似阴蒂的"，中文译名是蝶豆。——译者注

§ 20世纪70年代，我的两位英国同事曾郑重地考虑发表一篇科学论文，重新启用 Scrotum 这个名字，并将恐龙总目的学名从 Dinosauria 改成 Scrotalia。鉴于这两位教授的名字是比尔·鲍尔（Bill Ball）和巴里·考克斯（Barry Cox），所以我猜他们这么做的原因应该和他们对这个问题的兴趣没什么关系。

全——就像是爬行动物版的《爱经》，其中包括蜥脚类恐龙（所有恐龙中体形最大的）的"跨腿"操作，很多人都认为这非常可疑。霍尔斯特德至少有两次亲自上阵，和妻子一起演示一些更隐秘的姿势。*

"一战"结束时，特兰西瓦尼亚被奥匈帝国割让给罗马尼亚，诺普乔伯爵失去了他的城堡、庄园和财富。作为补偿，他得到了位于布加勒斯特的宏伟的地质研究所的所长职位。但损失还是太大了，于是他将大部分时间花在游说政府上，希望能够恢复自己的封地。1919年，政府同意了，但是当诺普乔回到瑟切尔时，从前的农奴们狠狠地揍了他一顿，逼迫他第二次放弃自己的祖产。

诺普乔一度只能坐在轮椅上，因为感到自己的力量正在逐渐消失，他去做了施泰纳赫手术。这种手术是一种极端形式的单侧输精管切除术，开发者尤金·施泰纳赫博士希望用它来治疗疲倦和性能力衰退。†虽然诺普乔陶醉于它对自己性能力的奇妙效果，但是手术并没有让他身体的其余部分恢复活力，这一点在1928年德国古生物学学会的会议上表现得尤为明显，当时诺普乔发表了一场关于各种已灭绝生物的甲状腺的"精彩演讲"。蒂莉·埃丁格参加了这次会议，她回忆道："他被推向我们中间，斜着身子靠在轮椅上，全身完全瘫痪……演讲的结尾是这样说的：'今天，我试着用虚弱的手拉开沉重的窗帘，向你们展示新的黎明。用力拉，尤其是你们这些更年轻的人；你们会见到晨光渐亮，你们将目睹新的日出。'"[12]

由于无法对自己的研究所实施改革，诺普乔辞去了所长一职，变得更加贫穷。他将自己的化石收藏卖给大英博物馆，然后骑着摩托车在欧洲各地旅行，他的后座上坐着巴亚齐德。故事在诺普乔研究地震时戛然而止，

---

*　观看了其中一场表演的科学记者罗宾·威廉姆斯指出，霍尔斯特德显然需要加强身体锻炼，他在酒吧点了1品脱的杜松子酒奎宁水。
†　施泰纳赫的著名事迹包括将雄性豚鼠的睾丸移植到雌性豚鼠身上，这会导致雌性豚鼠试图通过跨骑其他豚鼠来与之交配。他曾6次获得诺贝尔奖提名。

当时他和巴亚齐德住在维也纳辛格斯特拉塞大街12号的一套公寓里。根据伟大的恐龙专家埃德温·H.科尔伯特的描述：

> 1933年4月25日，诺普乔心里的某根弦断了。他给自己的朋友巴亚齐德喝了一杯掺有大量安眠药的茶，然后用手枪朝睡着的巴亚齐德的头开了一枪。[13]

事后诺普乔写了一张便条，然后便开枪自杀，结束了自己的贵族生命。他在便条上解释说，自己正在遭受"神经系统的全面崩溃"。诺普乔直到最后还保持着古怪的风格，他给警方留下指示，要求严禁"匈牙利学术界"悼念自己。他身穿自己的摩托皮衣进行了火葬，这对一名维京首领而言倒是恰如其分；[14]而巴亚齐德则埋在另外的地方。

第 3 章

矮小的退化恐龙

诺普乔在他的家族庄园里搜集的骨头包括一头蜥脚类恐龙的遗骸——一种笨重的、行动迟缓的雷龙类恐龙。然而，与它的近亲相比，它的体形很小，只有一匹马那么大。在这些化石中，数量最丰富的是身披护甲的小型恐龙厚甲龙和身材短小的鸭嘴龙形态类的沼泽龙的化石，后者只有5米长，重500千克。哈采格岛上曾经还生活着一种如今已经灭绝的3米长的鳄鱼，当然还有美而圆的巴亚齐德卡罗龟。

诺普乔的恐龙不只身材短小，还很原始。在描述它们时，他使用了"贫瘠"和"退化"这样的词。[1]这种描述方式在20世纪初并不常见。其他欧洲科学家都宣称来自其故乡的化石是同类别中最大、最好或者最古老的（有时即便是骗人，他们也要这么说，例如在英国发现的所谓"皮尔丹人"）。例如，在"一战"即将开始之前，人们在德国的东非殖民地挖出一具巨大的蜥脚类动物骨架。它被陈列于柏林的自然历史博物馆中，直到20世纪60年代，这座博物馆的动物学家克劳斯·齐默曼还很得意地带着来访的美国人去看它，并说："叫他们瞧瞧，他们可没有比这更大的家伙。"[2]

实际上，在帝国主义时代，通过暗示外国生物小且原始来贬低其民族的事情并不罕见。1781年，当进化论的先驱、博物学家布丰伯爵在巴黎见到托马斯·杰斐逊时，宣称美国的鹿和其他野兽是矮小、悲惨和堕落的，就像美国的居民一样，关于后者，他写道："生殖器官小且无力。没有头发，没有胡须，也没有追求女性的热情。"[3]杰斐逊被激怒了，他比以往任何时候都更坚定地想要证明美国事物的优越性。他派人去佛蒙特州弄来一张驼鹿皮和一对最大尺寸的鹿角，但是当东西运到的时候，他却尴尬得又羞又恼：送来的是一具腐臭的尸体，毛正处于从鹿皮上将脱落的状态。此外，那对鹿角一看就来自一只体形很小的鹿。

不过，诺普乔似乎没有这种虚假的民族主义。他仔细地研究标本，试图理解它们为什么比其他地方的恐龙小。他是第一位从骨骼化石上切片的科学家，并发现特兰西瓦尼亚的恐龙生长得非常缓慢。动物地理学当时还处于起步阶段，但人们已经知道岛屿可以作为衰老的、生长缓慢的生物的庇护所，而有限的资源意味着岛屿上的生物可能随着世代更替变小。因此，诺普乔意识到他的化石的独特特征可以用一个事实解释：它们是生活在一座岛屿上的生物的遗骸。他将继续分析全欧洲的恐龙动物群，在整个欧洲找到"贫瘠和退化"的标志。在此基础上，他还提出欧洲在恐龙时代曾是一片群岛。这一深刻的洞察是对所有恐龙时代末期欧洲化石进行研究的基础。然而，诺普乔被忽视了。欧洲沙文主义的缺乏、开放的同性性向，以及古怪的性格，这些无疑都增加了他在寻求认同方面的困难。

欧洲的恐龙并非全是"侏儒"。实际上，生活在侏罗纪时代的恐龙（比诺普乔研究的恐龙早）体形非常大，但是当时它们居住的欧洲是超大陆的一部分。通过游泳跨海抵达欧洲各个岛屿的恐龙也可能是巨大的，不过随着在数千代中不断适应岛上的环境，它们的后代将变得越来越小。

大型欧洲恐龙的一个出色范例是双足行走的食草恐龙贝尼萨尔禽龙。1878年，人们在比利时的一处煤矿区发现了38具这种庞然大物的带关节的骨架，每具骨架长达10米，埋藏在地下322米深的位置。这些骨头由路易·多洛（就是诺普乔向其吹嘘自己发表的首个研究成果的那个人）连接安装，一开始陈列在布鲁塞尔的15世纪圣乔治教堂中，这座华丽的小礼拜堂曾属于拿骚亲王。这次展览令人印象深刻，以至于德国人在"一战"期间占领比利时的时候，恢复了在煤矿区的发掘工作。当协约国夺回贝尼萨尔时，德国人正准备开挖藏有骨骼的煤层。挖掘工作停止，后来虽然有其他人试图拿到化石，但是这处矿区在1921年被洪水淹没，所有希望都化为泡影。

随着新技术的发展，古生物学家们对哈采格岛上生命的了解已经比诺普乔多得多。最重要的发展之一是，使用细筛获取微小动物的骨骼，包括原始哺乳动物。有些物种，例如科盖奥农兽，可能会产卵，并且像蛙一样跳跃前进。名为阿尔班螈的奇特两栖动物和欧洲最古老动物之一产婆蟾祖先的骨骼都被发现，其他物种还包括名为巨蛇的类似蟒蛇的蛇类、有锯齿状牙齿的陆地鳄鱼、无腿蜥蜴、原始的类似石龙子的生物，以及鞭尾蜥。巨蛇和锯齿鳄鱼曾幸存于澳大利亚，直到人类抵达这座岛屿大陆。这是一个常见的现象——古老的欧洲在大洋洲幸存到近代。

2002年，研究人员宣布，他们发现了哈采格的顶级捕食者——哈特兹哥翼龙——就是我们从时间机器里走出来时看到的那些生物。[4]与恐龙不同，哈特兹哥翼龙对岛屿生活的反应是变成巨型生物，这让它可能成为有史以来最大的翼龙。这种生物的鉴定仅仅凭借部分颅骨、翅膀的上半段骨骼（肱骨）和颈椎，但这足以让古生物学家估算出它的翼展达到10米，颅骨长度超过3米。哈特兹哥翼龙的体形大得足以杀死哈采格的恐龙，而且它巨大的匕首似的喙表明它的捕猎方式可能与鹳高度相似。[5]虽然它可能拥有飞行能力，但几乎可以肯定的是，它在哈采格岛上应该是用腕关节支撑地面爬行前进的，巨大的革质翅膀像裹尸布一样折叠起来覆盖着它的身体。我的脑海中不禁浮现出吸血鬼的传说。诺普乔（当然还有布莱姆·斯托克）一定会非常喜欢这种怪异的生物！

第 4 章

位于世界十字路口的岛屿

哈采格岛的恐龙时代动物群是已知最有特色的。但哈采格只是蜥蜴时代的欧洲的一部分。要想拼凑出全貌，我们必须前往更广阔的地方。从哈采格的海岸线向南飞行，我们跨越广阔的热带海洋特提斯海。在较浅的水域，此时已灭绝的厚壳蛤类形成了宽阔的海床。到处都有名为捻螺类的海螺，其中最大的一种形似炮弹，刚好可以一只手握住。这些掠食性海螺拥有极厚的壳。它们在厚壳蛤类形成的礁石上繁衍生长，只要沉积物的条件允许，它们就会朝里面挖洞。它们的数量是如此丰富，以至于在今天的罗马尼亚，有些地方的整面山坡完全由它们的化石组成，那样的山被称为海螺山。在特提斯海，除了菊石和蛇颈龙等大型海洋爬行动物之外，海龟和鲨鱼的数量也很丰富。

群岛的北部有一片截然不同的海洋，其中的物种与温暖的特提斯海的物种几乎没有任何重叠。例如，它的菊石是完全不同的类型。北方海不是热带海洋，它的海水也不清澈诱人，充满了一种名为颗石藻的金棕色浮游藻类，其骨骼将形成后来埋藏在英国、比利时和法国部分地区下面的白垩。形成白垩的大部分颗石藻遗骸都是被碾碎了的——它们一定是曾被某种尚未发现的掠食者吃掉后再排泄出来的。[1]

如果当时大量存在于北方海的颗石藻与如今数量最丰富的赫氏圆石藻相似的话，那么关于北方海的外貌，我们就可以知道很多信息。在上涌洋流或者其他养分来源可以使赫氏圆石藻大量存在的地方，它们能够以水华的形式迅速繁殖，甚至将海洋变成乳白色。赫氏圆石藻还会反射光照，将热量聚集在海洋的最上层，并产生二甲基硫醚（一种有利于云形成的化合物）。北方海很可能曾经是一片生产力极高的海域，乳白色的表层海水充满以这些浮游生物为食的海洋动物，而多云的天空将为所有生物遮挡过热且具有破坏性的紫外线辐射。

恐龙时代末期的欧洲很不寻常。它是一片地质情况复杂且活跃的弧形岛屿群，每座岛屿的陆块都由古老的大陆碎片、抬升的洋壳以及由火山活动新造的陆地组成。即便是恐龙时代早期，欧洲也在对世界其他地区产生不同程度的影响，部分影响来自其下方正在变薄的壳。随着热量传至海面，海床升起，在岛屿之间形成了山脉。超大陆的分裂创造出了洋中脊*，进一步加剧海洋的浅化，迫使全世界的海水溢出，改变了各大陆的轮廓，并且几乎淹没了欧洲的部分岛屿。[2]然而，长期趋势有利于在今天欧洲所在的位置形成更多的陆地。

像恺撒时期的高卢一样，恐龙时代末期的欧洲群岛可以分成三部分。庞大的北部岛屿巴尔岛和它南边的邻居默达克岛链组成了最大的一部分。第二部分，在它的南边坐落着一片极为多样且迅速变化的区域，我们将其称为海洋群岛，由偏远的庞蒂得斯、佩拉冈尼亚和陶等群岛组成。5000多万年后，它们将融入如今位于地中海东岸的陆地。

第三部分坐落在这两大部分的西边，是散布在格陵兰岛和巴尔岛之间的一群复杂的陆块。由于缺乏被广泛接受的名称，我们在这里将该地区称为盖利亚，这个名字来自盖尔群岛和伊比利亚。由盖尔群岛（爱尔兰、苏格兰、康沃尔郡和威尔士的雏形）和靠近冈瓦纳古陆非洲部分的高卢-伊比利亚群岛（包括今法国、西班牙和葡萄牙的部分地区）组成，它是一个极为多样的地区。接下来，让我们前往盖利亚的两个地点，那里留存着丰

---

* 在大洋中部线状延伸的海底山脉。——译者注

富的化石记录。

时间机器降落在今法国西部夏朗德省附近的浅海，溅起一片水花。我们发现自己身处一条小河的河口，一段干旱期让河水流淌得十分缓慢。一只形似石龙子的蜥蜴（最早的石龙子之一）翻过被冲上岸的海藻，飞快地逃走了。一潭平静的绿色水面泛起波纹：一只像猪鼻子一样的鼻子伸出水面，然后又缩了回去。这是一只猪鼻龟，是两爪鳖科两爪鳖属的唯一物种，在新几内亚南部和澳大利亚的阿纳姆地生存至今。

在俯瞰盖利亚的海岸时，我们看到一些大型侧颈龟在晒太阳。这些奇特动物的名字来自它们能够侧向折叠脖子从而将头部拉进龟壳内的习性。如今，侧颈龟只分布在南半球，它们的栖息地是澳大利亚、南美洲及马达加斯加的河流和池塘。但是欧洲的侧颈龟化石来自该类群中名为"bothremydids"的最不寻常的分支。它们是唯一喜欢咸水的侧颈龟，而且几乎只分布于欧洲。在河流两边的森林中，我们看见原始而矮小的恐龙，与哈采格岛上的那些恐龙很相似，然而，它们是不同的物种。植物的晃动暴露了一只老鼠大小的有袋类动物的存在，它的形态与今天南美洲森林中体形较小的负鼠非常相似。它是第一种迁徙到欧洲的现代哺乳动物。

1995年，人们在法国南部的普罗旺斯-阿尔卑斯-蔚蓝海岸大区发现了一种更有趣的盖利亚生物的遗骸，一种不会飞的巨大鸟类。它被命名为喜酒卡冈杜亚鸟，其学名的字面意思是"喜爱葡萄酒的巨大鸟类"，因为它的骨骼化石是在名为福昂富的村庄附近的葡萄园里发现的（除此之外，这个村庄最著名的事迹或许是法国大革命领袖保罗·巴拉斯出生在这里）。

在这些动物生存的时代，这个后来将会成为法国南部的岛屿正慢慢浮出海面。但与此同时，位于其南边的梅塞塔岛（包括伊比利亚半岛的大部分地区）正在下沉。西班牙当然会再次升起，而且这个过程将产生高耸的比利牛斯山脉，并将伊比利亚与欧洲其他地区合并在一起。但是在7000万年前，今西班牙北部的阿斯图里亚斯附近有一座潟湖，随着陆地的下沉，海水在涨潮时将其淹没，而短吻鳄、翼龙和矮小型雷龙（有长脖子的蜥脚类恐龙）的骨骼被埋在沉积物中。来自梅塞塔岛其他地区的化石则告诉我们，蝾螈就潜伏在这座正在下沉岛屿上的森林里。

第 5 章

起源和古代欧洲居民

在这个原始时期，什么生物是属于欧洲的？而在这些生物中，哪些幸存至今？科学家们谈论欧洲的"核心动物群"，他们指的是那些在恐龙时代谱系遍布整座群岛的动物。这个核心动物群（包括两栖动物、海龟、鳄鱼和恐龙）的祖先很早就通过水路从北美洲、非洲和亚洲来到这里。按照直觉，影响力最大的应该是亚洲，但是图尔盖海峡（特提斯海的一部分）形成了一条辽阔的屏障，所以来自亚洲的迁徙机会非常有限。不过，海峡中偶尔会出现火山岛，形成踏脚石，于是在数百万年中，各种不同的动物成功穿越了海峡，要么乘着植被筏子，要么从一座火山岛游、漂或飞到下一座火山岛。

从亚洲来到欧洲的恐龙是最顽强的移民，尽管 zhelestids（以昆虫为食的原始哺乳动物，外表与象鼩相似）也通过某种方式做到了这一点。最成功的是双足的鸭嘴龙、庞大笨重的赖氏龙、某些形似犀牛的角龙，以及伶盗龙的近亲，它们都是大型恐龙，而且大概是游泳好手。也许登陆欧洲岛屿的每一只恐龙都对应着溺死在中途的另外 1 万只恐龙。在大概 100 万年内，它们的后代将被列入欧洲群岛上的矮小恐龙之列。

从亚洲到欧洲的迁徙路线与其说是高速公路，不如说是一个过滤器，只有少数拥有块头、力量或好运气的幸运儿才能成功穿越。然而，这里仍然存在巨大的谜团。例如，为什么鳖和典型陆龟没有穿越过来呢？它们都生活在亚洲，并且是优秀的水上旅客。很多更小的动物肯定会在风暴或者洪水中被偶然卷入海里。但是，无论出于什么原因，都没有证据表明有任何幸存者得以定居在欧洲岛屿上。

在欧洲存在的整个期间，非洲曾多次拥抱它北边的邻居，然后再退回到一帘咸水之后。恐龙时代末期，多条大河从非洲流向欧洲，大量非洲淡水鱼也进入欧洲。其中包括水虎鱼以及热门观赏鱼灯鱼的远古亲属，还有颌针鱼和淡水腔棘鱼。腔棘鱼是一种与四足动物有较近亲缘关系的大型鱼类，1938年，它在南非东部沿海被发现，震惊世界：在此之前，人们认为它早在6600万年前就灭绝了。

除了这些鱼类，第一批现代蛙类也进入了欧洲。该类蛙属于新蛙类，包括如今欧洲各地的牛蛙和蟾蜍。这些"非洲移民"在今天的匈牙利找到了一个温馨的家园，那里的矿工曾挖出过它们的遗骸。某些侧颈龟、带有残存四肢的形似蟒蛇的巨蛇、生活在陆地上的锯齿鳄鱼，以及各种恐龙也从非洲进入欧洲。一种名为阿克猎龙的食肉恐龙似乎是从印度途经非洲，一路迁徙到欧洲来的。然而，到6600万年前时，欧洲与非洲的陆桥已经沉入海浪之下。

在失去了与非洲联系的同时，从北美洲取道德格尔走廊进入欧洲的迁徙加快了速度。当时的世界比现在温暖得多，但是从美洲抵达欧洲仍然需要一场穿越极地的漫长迁徙，而且极地地区每年有3个月的极夜（亘古如此）。早期移民包括鞭尾蜥蜴，尽管这一属的欧洲分支在很久之前就已经消亡。早期有袋类动物的牙齿是在法国的夏朗德省发现的，它们也可能使用了德格尔走廊。

鳄鱼家族的不同成员，以及与发出奇特吼声的赖氏龙亲缘关系较近的若干恐龙，都在恐龙时代末期通过德格尔走廊抵达欧洲，此时正在变暖的气候可能已经让这条路线变得舒适了一些。然而，从整体来看，对大部分北美洲动物群来说，德格尔走廊仍然过于靠近北极，自然条件过于极端。当然，作为美国最著名的恐龙之二，可怕的霸王龙和头上有三只角的三角龙从未涉足过这片极北之地。即使对少数抵达欧洲的幸运物种来说，复杂的屏障也限制了它们的活动。欧洲群岛被海洋分割，每座岛屿都有自己的特点，有些岛屿太小或太干燥，或者在其他方面无法维持某些物种的种群。确实，少数物种的确实现了泛欧分布，但是许多物种仍然局限在一座岛屿或者一片岛屿群中。*当时的欧洲是移民的接纳地，但它向世界提供了什么吗？答案是否定的：没有证据表明曾有任何欧洲动物群在恐龙时代末期扩散到其他陆块。然而，欧洲确实充当了一些物种从一块大陆迁徙到另一块大陆的高速公路，原始哺乳动物和一些恐龙利用它从亚洲穿越到了美洲，反之亦然。对这种不对称性的解释可能在于查尔斯·达尔文提出的一种生物学趋势，他认为来自较大陆块的物种具有更强的竞争优势，因此成功的迁徙通常是从较大的陆块向较小的陆块。达尔文在讨论距今更近的迁徙事件时记录如下：

> 我认为，这种压倒性的从北向南的迁徙是由北部的土地面积更大，且物种形态更丰富造成的。与南方的物种形态相比，它们通过自然选择和竞争进化到了更完美的状态，或者说更具优势。[1]

这些欧洲核心动物群大部分早已灭绝，但也存在一些令人意想不到的幸存者，其中最重要的是盘舌蟾类、典型的蝾螈和肋突螈†。这些来自欧洲诞生之初的生物值得受到特别的对待，因为它们实际上是欧洲的活化石，就像鸭嘴兽和肺鱼一样珍贵。

---

* 被限制的动物包括今天已经灭绝的索乐龟和古蟾，它们被限制在盖利亚。同样被限制在此地的还有不会飞的巨大鸟类卡冈杜亚鸟、名为阿贝力龙的食肉恐龙、一种蝾螈、名为蚓蜥的可能掘洞生活的奇特蜥蜴，以及蛇蜥的近亲（起源于北美洲）。相比之下，巴亚齐德卡罗龟和哈特兹哥翼龙是哈采格的特有物种，而带有残存四肢的形似蟒蛇的巨蛇则只分布在欧洲群岛西部和东部的岛屿上，中部岛屿没有它们的踪迹。

† 蝾螈（salamanders）是蝾螈科（*Salamandridae*）成员的统称，肋突螈（newts）是蝾螈科之下肋突螈亚科（*Pleurodelinae*）成员的统称。——译者注

2017年3月，我参观了位于日内瓦附近的费内-伏尔泰的伏尔泰庄园。第一批春花在朝南的山坡上绽放，但是林地仍然处于冬季的阴冷潮湿之中。我把一根圆木翻起，看见下面有一只身长不足10厘米的棕色生物，在这段非繁殖期，它身上唯一的颜色是沿背部向下的一条极浅的橙色条纹。这是一只皮质冠欧螈，它将在数周之内进入池塘，而且如果是雄性个体，它还会长出华丽的像龙一样的冠、鲜艳的斑点，以及生动的面部黑白斑纹。

这种生物属于蝾螈科，如今该科的77个物种遍布北美洲、欧洲和亚洲。长期以来，这种广泛的分布掩盖了它们的起源地，但是一项针对44个物种线粒体DNA的研究表明，大约在9000万年前，蝾螈科物种在欧洲群岛中的一座岛屿首次进化。[2]那座岛也许是梅塞塔岛，地球上最古老的蝾螈化石就是在那里发现的。这项研究还揭示出在恐龙尚未灭绝时，鲜艳多彩的意大利四趾螈就已经从蝾螈科的其他成员中分化出来。恐龙刚刚灭绝后不久，蝾螈科物种抵达北美洲，并进化出北美洲蝾螈和太平洋蝾螈。很久之后，也就是在大约2900万年前，一些蝾螈科物种抵达亚洲，随之出现了火腹蝾螈、肥螈，以及其他亚洲蝾螈类型。[3]

我见到的那只潜伏在雷德蒙·奥汉隆牛津郡家中池塘深处的娇小、脆弱的生物，它的祖先从欧洲进入美洲的时间比哥伦布早得多，进入东亚的时间比马可·波罗也早得多，当我意识到这一点时，不禁心生谦卑。

第 6 章

产婆蟾

一只蟾蜍位于古代欧洲的心脏地带，这是一个听起来更像童话的事实。*如今，普通产婆蟾分布在从比利时南部低地至西班牙沙坡荒地的广大地区，这令其成为欧洲最古老的现存脊椎动物科盘舌蟾科中最成功且分布最广泛的成员。盘舌蟾科包括产婆蟾、盘舌蟾、铃蟾和油彩蛙。†盯住一只产婆蟾的眼睛，就相当于你正在看着一位欧洲"居民"，它的祖先曾向可怕的哈特兹哥翼龙眨眼，并且成功躲过了在过去1亿年间发生的每一次震动世界的大灾难。比其他任何生物都更古老且更具欧洲特色的盘舌蟾类，是活着的化石，应该被视为大自然的贵族。

盘舌蟾类中的一些雄性是非常勤勉的父亲——这无疑有助于它们的生存。当产婆蟾交配时，雄性会将卵收集起来，并将它们缠绕在自己的腿上，雄性产婆蟾在每个繁殖季最多可以交配3次，所以有些个体会以这种方式携带3窝卵。这些雄性精心照料这些卵长达8周，无论自己去什么地方都带着它们，如果它们有脱水的危险就将它们弄湿，并从自己的皮肤上分泌出天然抗生素以免它们感染。当雄性产婆蟾察觉到它们即将孵化时，它会去寻找一个凉爽、平静的池塘，供蝌蚪在其中生长。

---

* 严格地说，"蟾蜍"（toad）这个词语应该仅限于蟾蜍科（Bufonidae）成员。例如，欧洲大蟾蜍（common European toad）和黄条蟾蜍（natterjack toad）。但在常用语中，这个名字常常被应用于任何多疣无尾的两栖动物。

† 令人懊恼的是，亚洲蝾螈和亚洲蟾蜍在英语中都被称作"火腹"，但是这两类同名异物的生物提出了一个有趣的进化学问题：为什么前往亚洲的"欧洲殖民者"进化出了颜色如此艳丽的腹部？

产婆蟾包括5个物种：1种是分布广泛的代表性物种，3种分布区局限在西班牙及其岛屿，1种在较近的地质时期从西班牙迁徙到了摩洛哥。马略卡产婆蟾的特别之处在于它是一个复活种，是根据化石得到首次描述的。*这种产婆蟾曾在人类到达之前广泛分布于马略卡岛，但是随着小鼠、大鼠和其他捕食者到达这座岛屿，它逐渐减少，直至消失。少数个体生存在特拉蒙塔那山的深山峡谷中，无人知晓。后来随着它们在20世纪80年代被发现，它们被重新引进该岛的各个地方，在那里，只要稍加保护，它们就会再次繁衍生息。[1]

产婆蟾曾在20世纪初的一场如今几乎被遗忘的科学争论中起过关键作用，争论的双方是英格兰统计学家、生物学家威廉·贝特森和理查德·西蒙教授及其同事，前者发明了"遗传学"（genetics）这个词，后者认为存在一种拉马克式的通过细胞"记忆"进行的非基因遗传。[2]

理查德·西蒙是一位令人敬畏的知识分子。他于1859年在柏林出生，他的大部分青春时光是在澳大利亚殖民地的荒野中度过的，他忙着搜集生物标本，并且和澳大利亚原住民生活在一起。回到德国后，他开始研究思想和特性如何从某一个体传递到另一个体。他在1904年出版的《记忆性》一书是关于这个主题的奠基之作，而且其影响注定远远超出生物学的范畴。这本书以如下观察作为开头：

> 在各种生物的繁殖现象之间发现相似性，这样的尝试绝非新鲜事。子代与其亲代生命体在复制形态和其他性状方面存在的相似性一定会让哲学家和博物学家吃惊，而另一种复制同样如此，我们将其称为记忆。

---

* "复活种"这个术语是古生物学家大卫·雅布隆斯基发明的，用来描述某个被认为已经在大灭绝事件中灭绝但在数百万年后被发现仍然存在的分类群。

为了解释这个概念，西蒙追忆道：

> 我们曾经站在那不勒斯湾旁，看着卡普里岛坐落在我们面前；有人在附近演奏一台大型手摇风琴；一股特别的油味儿从旁边的"意大利餐馆"飘过来；阳光无情地直射我们的脊背；而我们的靴子——我们已经穿着它们走了好几个小时的路——把脚硌得很疼。许多年后，一股类似的油味儿生动地唤起了有关卡普里岛的视觉记忆。手摇风琴的旋律、阳光的热辣劲、靴子的不舒适感，既不是油味儿唤起的，也不是对卡普里岛的新体验唤起的……这种记忆性可以从纯粹的生理学角度来看，因为它可以追溯到刺激对敏感有机物质的影响。[3]

在西蒙看来，无论所谓的记忆性是一段记忆还是身体某方面的遗传（如眼睛的颜色），记忆性是确实存在的。

英德之间的敌对和"一战"的恐怖意味着西蒙的书直到1921年才翻译成英语，此时对西蒙而言已经太晚了。作为一名激进的民族主义者，德国投降带给西蒙的挫败和耻辱是如此深刻，他将自己裹进一面德国国旗，然后开枪自杀了。如今，西蒙并未完全被遗忘。一种在新几内亚岛发现的石龙子就以他的名字被命名。西氏绿血石龙子最独特的属性是它的血液呈鲜艳的绿色。

西蒙死后，他的工作由维也纳大学的一支研究团队继续，该团队包括才华横溢的年轻科学家保罗·卡默勒，他在转向生物学之前是一名音乐专业的学生。按照现代标准，他的实验看起来很怪异，但在当时被认为非常精巧，体现了高水平的科学性。他最大的胜利是对普通产婆蟾"爱情生活"的操纵——辛辛苦苦地摆弄了几百只这种多疣的生物，引导它们放弃了在陆地上交配的偏好。

据卡默勒称，水中交配最终是通过下列手段实现的：它们被"放在一个温度较高的房间里……直到它们被诱导到水槽中来给身体降温……雄性和雌性在水中相遇……"然后以正常的无尾目*的方式交配（雌性将卵产在水里，卵在水中受精），而不是以产婆蟾的方式（雄性帮忙将卵从雌性体内挤出，然后将它们缠在自己的后腿上）。卡默勒对此的理解是，这种蟾蜍"记起"了祖先的交配方式——这被认为是一种性状，并且该性状存在于后代中。卡默勒说，在水中交配的产婆蟾的雄性后代甚至在掌上长出了一个特殊的黑色疣，用于抓住湿滑的雌性——该特征存在于许多蛙类和蟾蜍身上，但在产婆蟾中消失了。

甚至在为西蒙的记忆性理论提供了如此惊人的"证据"之后，卡默勒实验室的两栖动物们仍然一刻也不得闲。在另一项实验中，汉斯·斯佩曼博士迫使铃蟾†在头顶长出了眼睛晶状体——一项了不起的成就，但贡纳-埃克曼后来居上，诱使无斑雨蛙在身体上的任何部位（可能只有耳和鼻除外）长出眼睛晶状体。埃克曼认为这种蛙类的皮肤"记得"如何生长眼睛——如果受到适当的刺激。与此同时，沃尔特·芬克勒致力于将雄性昆虫的头移植到雌性身上。由此得到的混合生物表现出了几天的生命迹象，但或许并不令人惊讶的是，它们还表现出了紊乱的性行为。

20世纪20年代，卡默勒的工作遭到猛烈的攻击，因为它违背了新达尔文主义，后者在当时的拥护者是威廉·贝特森。在年轻时，他被描述为一个"势利眼、种族主义者并怀有激烈的爱国主义"。[4]据亚瑟·凯斯特勒的说法，贝特森对卡默勒的攻击是刻薄且偏执的。贝特森一开始就怀疑学术造假，而他的怀疑在1926年得到证实，卡默勒的一只产婆蟾手掌上的色素疣被发现是文在皮肤上的。时至今日，造假事件的始作俑者仍然身份未知，

---

* 无尾目是没有尾巴的两栖动物：蛙类和蟾蜍。
† "Bombinator"指的是熊蜂，它飞行时的嗡嗡声据说很像这种最不寻常的蟾叫声。顺便一提，铃蟾的鸣叫是向体内吸入空气时产生的，而不是像大多数其他蛙类和蟾蜍那样是由于向体外排出空气产生的。

不过有可能是一名纳粹同情者的助手，因为卡默勒是犹太人、热忱的和平主义者和社会主义者，所以此人想要破坏卡默勒的名誉。这次造假被贝特森作为证据，他声称卡默勒一生的工作都是可疑的。名誉扫地之后，一天卡默勒在森林中散步，然后就像之前的西蒙一样，开枪自杀了。

2009年，发育生物学家亚历山大·巴尔加斯重新检查了卡默勒的发现后声称，除了被文身的蟾蜍手掌之外，这些发现可能并不涉嫌欺诈，可以用表观遗传学来解释——导致这些变化的是基因表达的改变，而不是基因本身的改变。其他研究人员声称，卡默勒应被视作一种名为"亲源效应"的表现遗传现象的发现者，在这种现象中，通过遗传印记可以让某些基因沉默。在绝望自尽的一个世纪后，卡默勒和西蒙都得到了一定程度的认可。

铃蟾是产婆蟾在欧洲的近亲。这些体形小巧、鲜艳多彩的两栖动物一共有8个物种，而且它们是盘舌蟾科中唯一真正的旅行者。*数千万年前，这些小小的铃蟾设法穿越了辽阔的欧亚陆块，如今这8个物种中有5种居住在中国的山区和沼泽中。

盘舌蟾科是始蛙亚目的三大古老蛙类之一，是生存至今的最原始的蛙类和蟾蜍。另外两个是新西兰的滑蹠蟾科和北美洲落基山脉的尾蟾科。这两个科一共只有5个物种，而盘舌蟾科现存3属11种，其中超过一半生活在欧洲。盘舌蟾科包括5个盘舌蟾属，其中的2个物种扩散到了北非；另外一个属是拉托娜蟾属，现如今仅存1个物种。在3000万年前至1000万年前，这个属曾大量存在于欧洲，但是后来灭绝了。1940年，生物学家在今以色列境内的胡拉湖附近采集到了两只成蛙和两只蝌蚪。两只成蛙中较大的那一只迅速吃掉了它较小的同伴，而在1943年，这个同类相食的家伙——当时已经浸泡在一所大学的标本室里——被宣布为新物种，名为巴勒斯坦油

---

* 它们在盘舌蟾科内的地位仍有争议，一些研究者将它们单独归为一科，即铃蟾科。不过，没有人怀疑它们是盘舌蟾科成员的近亲。

彩蛙（胡拉油彩蛙）。

　　1955年，人们又采集到一只油彩蛙，但是这种生物从此以后就消失了。1996年，世界自然保护联盟推测它们已经灭绝。然而，以色列仍然将其列为濒危物种。这一信念在2011年得到回报，护林员尤伦·马尔卡在以色列北部的胡拉自然保护区找到了一只活着的油彩蛙，并发现这里存在一个包括数百只个体的种群。巴勒斯坦油彩蛙是终极复活种：被认为早在100万年前就已灭绝，结果又被发现在欧洲边缘的一片沼泽里生活着。

　　直到50万年前，盘舌蟾科还在与另一种两栖动物共同生活在欧洲，即古蟾。⁵蛙类通常不会留下很好的化石，但古蟾科是个例外，在欧洲的许多博物馆都能看到它们被完好保留下来的精致遗骸。在习性和身体结构方面，古蟾与奇形怪状的非洲爪蟾和南美洲的负子蟾相似，而且似乎和它们一样终生生活在水下，并且偏好湖泊（包括那些深而平静的湖泊）。因为与沼泽或陆地相比，在湖泊中作为化石保存下来的概率大得多。就地质时间而言，可以说我们就差那么一点儿就能看到这些蛙类有血有肉的样子了。

　　这个"一开始"的欧洲可能看起来像是某个遥远的地方，与今天的欧洲相比，它似乎与澳大拉西亚*有更多的相似之处，但即便在这一早期阶段，仍然有一些线索将它与近代的欧洲联系起来。一条线索是它极为多样化的性质。一开始，欧洲各个岛屿上庞大笨重的爬行动物的种类各不相同；如今，截然不同的语言和人类文化存在于欧洲各国的边界内外。但是，和今天一样重要的是，彼时的欧洲是一片极为活跃并拥有大规模移民的土地，许多物种来到这里，在欧洲的现有居民中找到一席之地，它们适应当地条件并帮助欧洲焕发新的生机。

---

* 该词由法国学者布罗塞于1756年提出，一般指大洋洲的一个地区，包括澳大利亚、新西兰和邻近的太平洋岛屿。——译者注

第 7 章

大灾难

在比利牛斯山南部的特伦普盆地中的一块厚厚的砂岩岩层中，可以看到欧洲最后一批恐龙以脚印形式存在的鬼魅般的身影。*因为保存它们的岩石曾被抬升、折叠，并从下方被腐蚀，所以很多脚印保存在悬岩的顶部，于是我们看到的是恐龙脚的巨大岩石复制品，从上向下踩向我们。[1]这些印记大多属于脖子长长的蜥脚类恐龙和双足的鸭嘴龙，它们是在恐龙时代末期从北美和亚洲迁徙到欧洲群岛的。在那些特别的日子里，它们从哪里来、要去哪里，没有人知道。但我们知道的是，在这些印记出现之后的30万年内，这些生物的后代将会从地球表面消失。毁灭它们的大灾难的罕见证据保存在特伦普盆地的岩石中，在这次灭绝事件之前和之后的很长一段时间内，这里的沉积物一直在不间断地连续积累。

恐龙灭绝的原因早有争议。一些古生物学家认为，气候或地质的变化中断了恐龙的食物供应，但是没有人能够令人信服地解释清楚到底发生了什么。直到1980年，一支研究团队——由物理学家路易斯·阿尔瓦雷斯和他的地质学家儿子沃尔特领导——提出是一颗小行星撞击地球，导致了一场严酷程度足以诱发大规模灭绝事件的核冬天†。该团队宣称他们在全球各地的岩石中都发现了证据，即富含铱元素（来自这颗小行星）的沉积层。

---

* 在地质学中，盆地是一片岩石向下折叠或向下断裂的区域，并且积累了厚厚的沉积物。

† 假设热核战争后烟尘阻挡太阳辐射到达地面，使地面气温降至 −25～−15 ℃而形成类似冬天的严寒气候。——译者注

在这项开创性工作的基础上，2013年，由伯克利地质年代中心的保罗·伦尼教授领导的团队，使用氩定年法确定这次撞击发生于66038000年前，误差在11000年左右。[2]

有些古生物学家似乎对"火流星"灭绝理论感到愤怒，或者更确切地说，令他们愤怒的是，该学科之外的某个人竟然敢涉足他们的业务。他们辩称恐龙在这次撞击之后又存在了数千年，或者恐龙在这次灾难发生时本就已经处于缓慢的衰退之中。另一些人否认小行星撞击可以造成如此灾难性的影响。[3]尽管出现了这些反驳，但现在人们已经广泛认为是某种天体（火流星）撞击地球造成了恐龙灭绝。越来越多的科学家相信这个天体是一颗陨石或彗星，大小相当于曼哈顿岛。

那么，小行星撞击可以造成多严重的后果？有这样一个事实可作为参考答案：冲击石英需要极大的力。实际上，人们直到现在还不相信石英是可以受到冲击的。后来科学家检查了地下核试验场附近的一些沙粒，结果是，爆炸的力量足以使石英的晶体结构变形，令沙粒中出现显微线条。以这种方式冲击水晶需要超过2吉帕（20亿帕）的压强（作为对比，海平面的大气压是10万帕多一点）。顺便提一句，火山无法冲击石英。即便它们能够产生足够高的压强，冲击石英也需要温度保持相对较低，而火山的温度太高了。造成恐龙灭绝的火流星释放的能量是有史以来最大核试验的200万倍，创造出了地球历史上数量最多的一批冲击石英——普遍存在于当时形成的岩石中。

这颗火流星的撞击点在赤道附近，位于今天的墨西哥尤卡坦半岛。这次撞击挪动了20万平方千米的沉积物，冲击波像敲钟一样敲响地球，在全球范围内引发火山爆发和地震。[4]据估计，它造成的特大海啸高达数千米，是地球历史上最大的海啸之一，抵达欧洲群岛时肯定仍然规模巨大。然后，燃烧的碎屑从天而降，引发的大火烧毁了整片森林，留下大量木炭。因为那时的氧气含量更高，所以即便是潮湿的植被也会燃烧。*

　　大火熄灭后，随着被炸进大气层的粒子将阳光遮住，核冬天开始了。仿佛是为了增加破坏效果，这颗火流星在一片石膏床上着陆并产生了大量的三氧化硫，这种化合物与水混合后产生硫酸，令抵达地表的阳光减少了20%之多，进而使这次核冬天的气候情况变得更加恶劣，造成了大约10年的寒冷低温并阻碍了光合作用。矛盾的是，核冬天过后，是大火和火山活动释放的二氧化碳导致全球变暖。海洋环流将突然停止，并在数千年中遭受严重破坏。海洋生物遭遇灭顶之灾。地球上再也不会有绚丽的菊石或者笨拙的蛇颈龙之类的生物，也不会再有厚壳蛤类和形似炮弹的捻螺科动物了。

　　撞击地点距离欧洲群岛相对较近，我们可以预见，海啸和野火在那里造成的后果是非常严重的。地球上没有任何地方能够逃脱核冬天。几乎所有体重超过数千克的动物——包括欧洲的矮化恐龙和巴亚齐德卡罗龟——都灭绝了。甚至许多较小的生物也消失了，包括欧洲的鞭尾蜥蜴、巨蛇和一些原始哺乳动物。世间的荣耀如此易逝！

　　然而，欧洲的淡水提供了重要的庇护所。欧洲的两栖动物和水龟大部分安然无恙。深水可以缓冲极端冷热；而淡水生态系统可以在没有光合作用的情况下维持一段时间的生存——因为从被破坏的陆地上冲下来的碎屑为细菌和真菌提供了营养来源，而这些细菌和真菌又为食物链提供了基础。最后，蛙类和龟类都可以食用动物尸体。所以，在全球大灾难中幸存下来的生物是脆弱的蝾螈和产婆蟾的祖先。

　　令人沮丧的是，我们几乎找不到来自火流星撞击时的欧洲化石来告诉我们当时在陆地上发生了什么。在海洋方面，我们更加幸运一些。在意大利和荷兰等地，撞击的确切时间可以在石头上看到和触摸到。实际上，富

---

* 这次撞击后，氧气含量下降到接近现在的水平。

含铱元素的岩层，曾在意大利亚平宁山脉的古比奥进行路缘施工切割时暴露出来，并首次得到鉴定和研究。该岩层富含玻璃状小球体——它们是岩石的遗骸，这些岩石先被融化并射出地球大气层，然后凝固并再次落回地表。

至少在欧洲，也许影响最深远的海洋物种灭绝是颗石藻的灭绝，它们的化石数以10亿吨的量沉积，形成了令白垩纪得名的白垩。从多佛的白色悬崖到用于建筑的燧石，再到比利时和法国北部"一战"战场隧道中的岩石，欧洲到处都是颗石藻在过去大量存在的证据。随着许多关键种群的灭绝，白垩将永远不再形成。*

虽然我们大多数人都没有意识到这种威胁，但小行星撞击的情况仍然有可能发生。2016年12月，美国国家航空航天局的科学家警告，我们对小行星或彗星撞击地球的情况"令人悲哀地准备不足"。[5] 即便是比6600万年前的那一次小得多的撞击，也可能毁灭我们的文明。

---

* 一些颗石藻肯定曾经存活了下来，因为在撞击之后的几百万年里，包括英格兰和丹麦在内的一些地方还在继续沉积白垩。

第 8 章

大灾难后的世界

火流星大灭绝事件标志着恐龙时代的结束和哺乳动物时代的开始。这个时代名为新生代——意思是"新近的生命",是我们生活在其中的时代。新生代分为不同纪元,第一个是约6600万年前至5600万年前的古新世,[1]意为"古老的新的",这个令人困惑的名字是威廉·菲利普·申佩尔在1874年创造的,他是一位法国苔藓专家,亦涉猎古植物学。

当气候稳定下来,生命开始重新占领土地时,欧洲群岛是什么状况?令人沮丧的是,关于这一关键时刻,我们在已有的化石记录中面对的是一片茫茫空白——一片持续了500万年的空白。当时欧洲群岛一大部分被淹没的事实(尽管的确存在一些大岛)并不有助于陆生生物化石的保存。但是从来自其他地方(特别是北美洲)的证据来看,我们可以认为在数千年中存在着以蕨类为主的劫后大地景观。*然后幸存下来的乔木和灌木慢慢从它们的避难所里冒出来,或是从深谷或者土壤里的种子库,或是从漂洋过海而来的种子里。但是气候此时已经变了:欧洲变得更冷、更干燥,所以新的植物种类茁壮生长,而一些幸存者发现如今世事艰难。

尽管气候发生了变化,但是树木肯定生长得非常欢快!因为它们不仅摆脱了恐龙觅食的嘴巴,还从许多食叶昆虫之口逃脱(这些昆虫至少在北美洲也灭绝了)。[2]在欧洲假设类似的影响似乎是合理的,这将使岛屿上的

---

* 某些蕨类是先锋物种,能够迅速占据裸露土地。

森林比以往任何时候都更茂密、生长得更快。然而，繁殖可能会变得更困难，因为授粉者和种子传播者都十分短缺。

在这些快速生长的森林中，生命是什么样的？我们通过一个洞来了解，它深达25米，却只有1米宽，挖掘于比利时蒙斯附近艾南的一个足球场，穿透了火流星撞击后大约500万年的沉积层。20世纪70年代，一次偶然的挖掘发现了这个洞，当时地质学家钻了几个较小的洞，希望获得海洋沉积物样本。相反，他们发现了远比那有价值的东西——来自哺乳动物时代的欧洲最早的陆地生物的化石。[3]随后，他们又在这个足球场上挖了3个洞，每个洞都带来了新的化石和对消失时代的新见解。

在这一系列钻探即将开始之前，皇家沙勒罗瓦–马希厄讷队有过短暂的辉煌，当时他们身处比利时甲级联赛，但是如今却流连于丙级联赛B区。我希望足球场的钻探与此无关，但是就我自己而言，为了这些钻探者在艾南发现的化石，我愿意挖掉半个布鲁塞尔。诚然，这些发现的总体积相当少，总共400枚碎片，大部分是老鼠那么大的哺乳动物的散落牙齿，以及爬行动物、两栖动物和鱼类的少数骨头，能够装进一两个火柴盒。但是，其中蕴含的信息量多么庞大！它们告诉我们，艾南一定曾经拥有大量淡水，因为其中包括大型掠食性鱼类骨舌鱼的遗骸。它们深受竞技钓鱼运动爱好者的追捧，如今只出现在东南亚和澳大利亚的河流中，但是在艾南沉积层形成时，它们遍布全世界。[4]古代盘舌蟾科（产婆蟾的祖先）的骨头也存在于此，此外还有一只蝾螈的遗骸。

阿尔班蝾——还有比这更尴尬的名字吗？阿尔班蝾是形似肋突蝾的两栖动物，在枯枝落叶层中掘洞。它们的化石分布于北美洲、亚洲和欧洲（包括艾南），并且同时出现在火流星撞击之前和之后形成的沉积物中。想象有一只阿尔班蝾趴在你的手掌上。作为土壤中的居民，它的体色大概较深，可能会被误认作粗皮渍螈，但与任何肋突蝾都不同的是，阿尔班蝾摸起来是硬的，因为它们的皮肤下长着骨质盔甲。这只生物抬头看向你，展示出柔韧灵活的颈部，不同于如今现存的任何两栖动物。

两栖动物是陆地上最早的脊椎动物殖民者——早在大约3.7亿年前的泥盆纪时期。如今两栖动物只剩下三大主要谱系——无尾目（蛙类和蟾蜍类）、有尾目（隐鳃鲵亚目和蝾螈亚目），以及无足目（蠕虫似的蚓螈），它们的起源都可以追溯到恐龙出现很久之前。阿尔班螈是第四个谱系——该谱系起源于两栖动物刚刚诞生之时。几代以来，阿尔班螈见证了陆地生命史的大部分阶段。而我们人类差一点儿就能见到它们了。2007年，在意大利维罗纳附近的石灰岩沉积物中发现了180万年前的化石。[5]存在了大约3.7亿年后，在如此短暂的时间跨度（地质学意义上的短暂）内就失去了亲眼看到它们的机会，这真是一场悲剧。要是阿尔班螈在欧洲的某条隐秘的山谷里存活至今，那该多让人高兴啊！

艾南保存了两种不同龟的蛋壳，这看起来很奇怪，因为蛋很少形成化石。我们无法鉴定产下这些蛋的龟的种类，但是鉴于欧洲龟四大谱系中的3种都在火流星撞击中灭绝了，所以可能性是有限的。唯一的幸存者是侧颈龟，但是它们的时间也不多了，将在大约1000万年后灭绝（以时间机器的维度为参照）。如今生活在欧洲的所有龟都是火流星撞击后抵达这里的移民的后代。

两种不同的类似鳄鱼的生物均只发现了一节脊椎，所以关于它们没什么可以说的。[6]但是另外两节微小的脊椎证明了更有趣的东西——一条盲蛇的存在。盲蛇是所有蛇中最原始的，而艾南的骨骼是在地球上发现的最古老的盲蛇化石。[7]作为掘穴动物，它们生活得像蠕虫，并且长得也很像，以蚂蚁和白蚁为食。如今欧洲只生活着盲蛇科之下的一个物种，分布于巴尔干半岛和爱琴海诸岛。

在艾南也发现了蚓蜥的化石。蚓蜥是一种怪异的地下蠕虫状蜥蜴，起源于一亿多年前的北美洲，长约10厘米，是可怕的捕食者，长着恐怖的、没有眼睛的头部，其强大的互锁牙齿，能从活生生的猎物身上撕下大块的肉。由于松弛的皮肤似乎会按照自己的节奏律动并拖动身体移动，所以蚓蜥可以轻松地向前或向后移动。眼盲、皮肤苍白、神态怪异，某些蚓蜥与电视连续剧《维京传奇》中的卡特加特先知有相似之处。北美洲的蚓蜥在火流星撞击中幸存了下来，而它们在艾南的存在也表明了它们很早就迁徙到了欧洲。[8]作为意想不到的渡海者，它们似乎是靠着漂浮的植被穿过北大西洋的。[9]如今，欧洲有四种蚓蜥——两种在伊比利亚半岛，两种在土耳其。*

关于艾南的动物群，最引人注目的是它们与地下的紧密联系。蝾螈和蟾蜍，没有视力的掘地蜥蜴和盲蛇都是不能离开土地的生物。它们的世界让我想起欧洲在经历了最近的一场灾难之后的景象。"二战"结束时的电影片段捕捉到了一些备受折磨的可怜生物，它们从自己在瓦砾中挖掘的洞穴中冒出来，见到的是一个被毁灭的且可悲地退化了的世界。仿佛只有地球深处才能在这样的破坏中提供庇护。

6600万年前，火流星撞击所带来的影响，持续的时间不是几十年，而是数百万年。然而，生命最终得以恢复。在海边的一片森林（古生物学家认为，艾南遗址曾经也是如此），一群小型幸存者为这些再次生长的小树林增添了生气。在倒下的原木上攀爬并钻进树枝里的是一群多样性丰富到令人吃惊的老鼠般大小的哺乳动物。数量最多的是体长15厘米，以昆虫和水果为食的夜行动物——阿达皮索兽。它们长期以来被认为与刺猬有亲缘关系，但是最近的研究将它们鉴定为不会发育出胎盘的原始动物，而在其他方面，它们与胎盘哺乳动物相似。这种生物看上去很像老鼠，在火流星撞击后存了大约1000万年。其中大多数物种是欧洲的。

潜伏在艾南森林中的最有趣的哺乳动物包括科盖奥农兽——火流星撞击的最初幸存者，我们曾在哈采格岛上与它们短暂相遇。作为欧洲的独特生物，它们的遗骸大量存在于艾南，其中一种是艾南兽，名字就出自这个

---

* 欧洲蚓蜥的祖先似乎是在多次独立的迁徙中漂洋过海的。

地方。科盖奥农兽或许曾经是了不起的生存高手，但它们是非常原始的哺乳动物，很可能通过产卵繁殖。虽然比老鼠大不了多少，但科盖奥农兽永远不可能被错认为啮齿动物。让我们想象自己身处艾南的古代森林。灌木丛中的动静透露了有动物在蕨类植物中跳跃，它的运动方式像蛙类，但是身体被皮毛覆盖。瞧好了，这就是科盖奥农兽，迄今为止唯一一类发展出类似蛙类和蟾蜍的运动方式的哺乳动物。[10]*当它张开嘴巴，吃掉自己伏击捕到的盲蛇时，你会看到它那巨大的、剪刀似的、用来切割猎物的前臼齿。奇怪的是，它用来刺穿猎物的长长的下切牙呈血红色——牙釉质被铁离子强化所致。[11]老鼠般大小的原始有蹄类动物、有袋类动物和象鼩构成了艾南哺乳动物群的剩余部分。[12]所有这些动物都可以在洞穴中躲过火流星的撞击，而在随之而来的黑暗和寒冷中，它们可以吃小型无脊椎动物（如蠕虫、跳虫和昆虫）或土壤中的种子以渡过难关。

---

* 科盖奥农兽的运动方式仍存在一些争议，更早的重建工作将它们描绘成类似松鼠的生物，但是最近的一次重新分析表明它们像青蛙一样移动。

第 9 章

新的黎明，新的入侵

恐龙灭绝1000万年后，一个新的地质纪元即将来临。始新世的开始以两种碳同位素（碳-12和碳-13）的比例转变为标志，这表明化石碳正在大量释放到大气层中。该事件是地球历史上最异乎寻常的事件之一。在两万年里（在地质学上仅仅是一个瞬间），化石碳导致地球温度上升了5~8 ℃，而且高温持续了20万年。与此同时，海洋酸化，尤其是北大西洋。海洋环流发生了剧烈的变化（在某些地区出现了逆转），而深海中的单细胞生物有孔虫类群大量灭绝。在陆地上，降雨模式改变，某些地区遭遇了类似传说中的大洪水，而另一些地区则长期干旱。侵蚀和淋洗以前所未有的规模消耗着土壤，在河流冲积平原上铺下了新的沉积床。茂盛的雨林向北扩张至格陵兰岛。

一些研究人员认为，这次变暖是由金伯利岩（源自地球地幔深处的火山喷口）抵达加拿大北部格拉斯湖附近的地表并释放大量碳引起的。另一些人则认为，大洋深处的一次天然气泄漏才是原因。大西洋中部和北部的极端酸化过程证明了这一观点，此外洋底还出现了数个大型火山口状结构，其底部有很窄的片状火山岩，称为岩床。岩床中的熔化岩石可能点燃了大量浅埋的天然气，就像用一根火柴点燃燃气烧烤炉一样。[1]不管是什么原因，人们普遍认为造成此次气候变暖的年碳流量小于人类目前正在向大气贡献的碳流量。[2]

始新世（Eocene，意为"新的黎明"）这个名字是现代地质学之父查尔斯·莱尔创造的。他在1830年至1833年出版了3卷本著作《地质学原理》，并在最后一卷根据该地质纪元依然存在的1%～5%物种来定义始新世。这个纪元持续了2200万年（从5600万年前至3400万年前），而且在其开始之时，在曾经分布欧洲群岛的地方，有一块巨大的陆地。当时它的周围仍然有很多岛屿，包括西边的不列颠原型和南边的伊比利亚，但是从东边的图尔盖海峡一直延伸到北边的斯堪的纳维亚，一块原始欧洲大陆开始成形，而且从此以后，它再也没有因为上升的海平面或移动的构造板块而发生分裂。

在最后一批恐龙停止咀嚼的1000万年后，欧洲的植被不受节制地疯长。19世纪，当意大利探险家奥多阿尔多·贝卡利首次进入欧洲时，欧洲的森林已经变得像婆罗洲（现称为加里曼丹岛）的大森林一样，如大教堂般壮观，但更加茂密、阴郁和静谧。在他看来，地球上最高的婆罗洲雨林好像是这样一个地方："自遥远的地质时代以来，就一直保持着原始的状态未曾改变；自陆地首次从海洋中出现以来的成千上万个世纪中，植被一直持续不断地茂盛生长。"[3]如果我们想象自己身处巨大的树干之间，昏暗之中点缀着发光的昆虫和真菌，彻底的寂静和沉默只有偶尔被奇特的、奔跑的生物打破，我们会对欧洲无拘无束的森林有所了解。

就在大暖化之前，一次轻微的降温令海平面下降了约20米，一座陆桥在欧洲和北美洲之间架起，令一种美洲巨兽得以进入欧洲。冠齿兽是恐龙灭绝之后在当时的最大生物。从1000万年前的老鼠般大小的北美洲动物进化而来的冠齿兽，属于一个远古的、现已灭绝的属。它们笨重、行动迟缓，体长2.5米，重达700千克，大脑重量只有90克，外表很可能相当难看——像一只吃得太多的鼩鼱。

冠齿兽在新世界的沼泽林地中大量进食植被，当时它们的分布范围北至格陵兰，功能有点儿像不怎么机智的推土机和堆肥机。冠齿兽抵达欧洲之后可能造成的影响很容易预测。它们发现自己身处一个发展了1000万年的"食品储藏柜"，体形大得无法被任何捕食者攻击，借用一个有名的说法，即它们"性欲过旺，报酬过高，以及在这里"*，大吃特吃并造成严重破坏，直到终于耗尽所有食物。

随着幼苗和林下植物被吃光，老树死去后又没有替代者出现，古老森林那仿佛永恒荫翳的树冠打开，令阳光照射到森林地面——为生长得较矮的植物创造了机会。森林中肯定到处都是被践踏出的连接沼泽和觅食地点的小径，沿途成堆的冠齿兽粪便中充满养分和种子。有了阳光和便利的种子运输手段，更加多样化的冠层得以形成，比过去任何时候都更多样化的植物共存于此。

冠齿兽的入侵只是发生于始新世初期的一系列复杂迁徙中的事件之一。关于这些迁徙的大量知识要归功于杰里·胡克博士的工作。我在2016年6月与杰里见面时，他已经在伦敦自然历史博物馆研究了50多年的哺乳动物化石。正如他解释的那样，他的工作涉及大量筛洗操作。实际上，繁重的工作量已经让他的髋骨不堪重负。不过帮助正在途中——托英国国家医疗服务体系的福，他正在等待一对钛合金髋骨。考虑到他的牺牲，我认为镀金髋骨才是合适的。

像杰里这样的古生物学家所做的筛洗工作十分艰巨，需要摇晃装满黏稠黏土和沉积物的沉重筛网以去除细小的沉积物并留下化石，而且在做这件事时通常要站在冰冷刺骨的池塘里。一段时间之后，筛网里剩下的全都是岩石碎片——如果幸运的话，杰里能在每吨黏土中洗出3~7颗牙齿。从拥有将近2亿年历史的黏土到几百万年前形成的新鲜东西，只要有发现化石的可能，杰里愿意筛任何东西。

杰里的高光时刻之一是发现了历史上最古老的鼩鼱的骨骼。他从怀特

---

* "oversexed, overpaid, and over here"，是"二战"前以及"二战"期间英国人对驻扎在英国的美军盟友的讽刺戏谑之语，澳大利亚亦有使用。——译者注

岛上拥有3300万年～3700万年历史的沉积物中发现了它的遗骸。[4]这种生物的牙齿曾在几十年前得到描述。虽然牙齿可以告诉你一种动物吃什么，但是不能告诉你它是挖洞还是在灌丛间跳跃的。杰里坚持在现场工作，用最细的筛网清洗沉积物，直到他找到了微小的脚和四肢骨骼，它们的铲状特征表明该生物是已知最早的真正的掘穴动物。这一发现开启了鼹鼠最早是在欧洲进化的可能性，该观点还得到了其他证据的支持，例如，一些DNA研究，以及在欧洲的岩层中发现的如今生活在北美洲的鼹鼠的化石。[5]

在我看来，杰里·胡克既是国宝又是圣人。在他的职业生涯中，他发现的细小化石足以填满几个香烟盒。他有个铁石心肠的朋友，在多次看见他站在冰冷的池塘里弯下腰去筛淤泥之后，也对他心生怜悯。经过一番摸索后，他发明了一台化石"洗衣机"。我见过它在自然历史博物馆的院子里呼呼作响，颤抖着冲走浑水，留下化石。杰里需要做的就是将沉积物放入机器的顶部，然后从底部取走筛出来的东西，它们将被干燥，然后再分拣。这是一台巨大的机器，它不像火星探测器那样复杂，但是对探索遥远的世界却同样有效。

杰里的工作表明，在大约5400万年前，移民从各个方向涌入欧洲。按照体形从小到大排列，来自北美洲的移民是鼩鼱的祖先、松鼠、原始雪貂、已灭绝的类似水獭的生物、穿山甲、原始食肉动物和有蹄类动物的祖先，来自非洲的是规模适中的原始食肉动物；而从亚洲过来的除了第一批偶蹄类和奇蹄类，还有欧洲的首批灵长目，以及欧洲现代食肉动物的祖先。[6]

由于这些高级哺乳动物血统的到来，自火流星撞击以来孤立进化的欧洲动物群遭到了极大的破坏。形似蛙类的艾南野兽及其近亲，以及艾南的几乎所有其他哺乳动物，全都消失了。在地球的历史上，物种入侵后的灭绝当然是经常发生的事情，实际上在过去的100万年里，这种情况在欧洲不断上演，但是5400万年前的这场欧洲灭绝非常严重。

"受害者"包括欧洲的象鼩。[7]象鼩如今只分布在非洲，但是最古老的非洲化石比第一批欧洲化石晚了500万年。象鼩是小型特化生物，鼻子像微型象鼻。它们主要以昆虫为食，会在植被中开辟出小路，沿着它们快速奔跑。按照体形而言，某些象鼩是地球上速度最快的哺乳动物。奇怪的是，它们是极少数拥有月经周期的哺乳动物之一，人类是另外一种。

象鼩在欧洲出乎意料的存在带来了一次小小的转向。象鼩属于哺乳动物中很大的一个类别——非洲兽总目，该总目中包括大象、土豚、海牛以及各种较小的种类。由于非洲兽总目的成员在大小和身形上非常多样，以至于过去没有人怀疑它们有亲缘关系，直到1999年的一项DNA研究揭示了这一点。但是，实际上在它们的繁殖方式中早有线索：所有非洲兽总目物种都拥有不同寻常的胎盘，而且产生的胚胎比在子宫里能培养的多。

长期以来，人们一直认为非洲兽总目起源于非洲。但若是如此，非洲兽总目中就只有象鼩在如此早的时期进入欧洲，这显得非常奇怪；另一种可能是，非洲兽总目物种起源于欧洲，而一种类似象鼩的生物进入非洲，并产生了至今还居住在这块大陆上的极为多样的从大象到金毛鼹的非洲兽总目物种。若是如此，那么非洲兽总目就是在艾南时代进化的欧洲哺乳动物中唯一的幸存者。

虽然欧洲的哺乳动物被新的入侵者大肆祸害，但它的鸟类仍然在继续茁壮成长。正如在群岛岛屿上通常会出现的那样，这里有许多不会飞的大型物种，其中包括2米高的巨型鸟类，名为冠恐鸟。[8]这种生物的首批化石于19世纪50年代由加斯顿·普兰特——他后来成为一名著名的物理学家，其最为人所熟知的事迹是发明了铅酸蓄电池——在巴黎盆地的沉积物中发现。这个带着自己的发现来到巴黎博物馆，"充满激情、勤奋好学的年轻人"给古生物学家埃德蒙·赫伯特留下了深刻的印象，于是他用加斯顿的名字命名了这种生物作为纪念。

冠恐鸟是在欧洲完成进化的，它们的祖先是在其岛屿环境中失去飞行能力的类似鹅的一种生物。当通向北美洲的陆桥开放时，冠恐鸟来到了这块大陆，而新近在中国发现的化石说明它们也到了亚洲。*冠恐鸟巨大的喙能够压碎坚硬物体，而一代又一代的古生物学家认为它们是掠食性鸟类：许多较旧的插画描绘了这些巨大的鸟捕食早期的马的画面。但是最近的一项钙同位素分析表明，冠恐鸟完全是草食性鸟类。[9]4500万年前，这些巨大的鸟类在北美洲和亚洲灭绝，然后从它们最后的据点（祖传的欧洲家园）中消失了。

现代石龙子和更多蜥蜴抵达。[10]与此同时，普通蛙类和蟾蜍来了又去。真蟾蜍在大约6000万年前抵达欧洲（推测起来应该来自亚洲），然后消失不见，直到在大约2500万年前再次出现。从大约3400万年前起，青蛙（蛙科）抵达，可能来自亚洲或非洲。[11]大约在同一时间，从未知的地区飞来了欧洲的第一只蝙蝠。[12]令人吃惊的是，在此之前，欧洲、亚洲和北美洲都没有蝙蝠的踪迹。那么它们是从哪里来的？全世界最古老的蝙蝠化石出现在澳大利亚，但是在这块大陆上并未发现可能的蝙蝠祖先或近亲。蝙蝠的起源和扩散仍然是古生物学最大的谜团之一。杰里·胡克的工作表明，在5400万年前，发生了第二次迁徙，距离第一次仅20万年。大暖化导致海平面在短短的13000年里上升了60～80米，切断了通往亚洲和非洲的陆桥。但是由于火山活动，通往北美洲的陆桥仍然开放，有袋类动物、早期灵长目和一些原始食肉动物通过它到达欧洲。与此同时，前所未有的事情发生了：欧洲的动物大规模地迁徙至北美洲，其中包括狗、马和骆驼的祖先，它们全都是在20万年前从亚洲进入欧洲的。

在某种意义上，这次大迁徙奠定了现代世界的基础，因为它令马、骆驼和狗得以在北美洲进化出来。经人类之手，这些动物将有助于改造我们的星球。它还预示着欧洲的未来：来自亚洲的生物财富注入了欧洲原始大陆，一条通往美洲的道路被发现。

---

* 在北美洲，它在很长一段时间里被称为不飞鸟。

第 10 章

梅瑟尔：一扇进入过去的窗口

得益于全世界最著名的化石沉积层之一，我们现在对大暖化数百万年后欧洲原始大陆上的生命有了比以往更多的认识。这些沉积物形成于4700万年前，如今暴露在德国法兰克福附近梅瑟尔的一座旧褐煤矿坑中。梅瑟尔的化石看起来像是动物被夹在一本书里之后留下的遗骸，有毛发、皮肤的压痕，甚至经常能看出胃内容物的存在。这与杰里·胡克这类古生物学家所研究的单颗牙齿相去甚远，所以说梅瑟尔的化石极具研究价值。

早在1900年，人们就在梅瑟尔发现了令人惊叹的化石，但是在20世纪70年代，这座城镇"尊贵"的市民提议将出土化石的场地用作垃圾填埋场。自教皇西克斯图斯五世提议将罗马斗兽场改造成一个羊毛厂来为这座城市的妓女提供就业机会以来（这位教皇的早逝让罗马斗兽场避免了这样的命运），欧洲遗产的价值还从未被如此忽视过。当局在1991年清醒过来，买下这处矿坑以保证科学研究的需要。然而，在1971年至1995年，业余收藏家一直能够自由出入这个拥有无价化石的地方，于是便诞生了一个令古生物学不寒而栗的、充满了人性的脆弱和贪婪的故事。

2009年5月14日，全球各地的新闻机构收到了题为《世界著名科学家揭示将改变一切的革命性科学发现》的新闻稿。[1]第二天召开于纽约自然历史博物馆的新闻发布会宣布，人类进化缺失的一环在梅瑟尔的矿坑中被发现，就遗产价值而言，这处宝藏可以与《蒙娜丽莎的微笑》相提并论。宣布这项发现的研究团队的领导者是奥斯陆大学自然历史博物馆的约恩·胡鲁姆。他给这块化石起了个昵称叫艾达（他十几岁女儿的名字）。胡鲁姆声称："这件标本就像找到了失落的方舟……它相当于科学界的圣杯。"[2] 这个化石"缺失一环"是一具保存完好的小型灵长目的骨架，长58厘米，四周有皮毛的痕迹，而且体内还保留着它的最后一餐。在两天后发表的科学论文中，研究者声称这种小型动物——被他们命名为麦塞尔达尔文猴[*]——是更原始的灵长目下的原猴类与包括猴子和人类在内的类人猿下目之间的一种中间体。如果确实如此，它将重塑我们对早期灵长目进化的理解。在达尔文猴出现之前，人们普遍认为猿类起源于类似眼镜猴的生物。

科学家不喜欢在大众媒体上发表引人注目的言论，尤其是当支持这些主张的证据还没有在由同行评议的期刊上发表时。这个消息发布后不久，期刊上一篇标题为《似是而非的起源》[†]的新闻头条向胡鲁姆和他的共同作者就将要发生的事做出了警告。[3] 挪威最杰出的生物学家之一尼尔斯·克里斯蒂安·斯滕斯泰斯称这种说法是"一场夸大的骗局"，并且"从根本上违反科学原则和伦理"。[4] 此外，分析表明胡鲁姆的团队是错的。艾达不属于人类的谱系，而是一种名为兔猴型下目的早期灵长目，与如今的狐猴相似。

这件标本是1983年由一位业余淘金者在梅瑟尔矿坑中发现的。根据化石在梅瑟尔的保存方式，这具骨架分为两部分，一部分是包含骨骼本身的石板（可称为阳面），另一部分是含有凹面的石板（阴面）。1991年，阴面出现在美国怀俄明州的一家私人博物馆里，但很快就被发现是部分伪造的：它是一件合成品，由两种不同生物的遗骸组成。[‡] 2006年，有人向胡鲁姆出售正面标本，开价100万美元。最终他花了75万美元将其买下，这个价格会对大部分博物馆的预算造成压力。伴随着财务压力，胡鲁姆需要最

---

[*] 属名(第一个单词)是为了纪念查尔斯·达尔文200周年诞辰，种名(第二个单词)来自梅瑟尔的古罗马名字。

[†] 《似是而非的起源》(*Origin of the Specious*)，这里使用了双关语进行讽刺，"specious"意为"似是而非的，貌似有理的"，而它与物种的英语单词"species"非常相似。——译者注

[‡] 没有人知道这件巧妙造假的标本让受害者花了多少钱，我怀疑应该是很大一笔。

大程度地宣传这件标本并强调其重要性。围绕这件标本签订了一本通俗读物的合同，而且据报道，历史频道为这个故事支付的费用比他们的任何其他节目都多。[5]不受监管的爱好者在梅瑟尔这样的地方大肆挖掘，为了得到化石而花费大量金钱，这样的风气非常不利于研究人员开展工作。如果梅瑟尔尊贵的市民早在1971年就意识到他们的褐煤矿坑里有一座怎样的宝藏并立即将其保护起来，这场闹剧本可避免。

梅瑟尔的沉积层形成于5400万年前，当时已经抵达原始欧洲大陆的动物的后代正变得多样化并适应当地条件。其中，包括古兽马科成员，它们是犀牛、貘和马的早期近亲。属于6个偶蹄目科的一系列古怪且原始的有蹄类动物也处于繁衍旺盛时期，包括像小羚羊的无防兽科成员和兔子般大小的双锥齿兽科。所有这些科都是欧洲特有的，而且它们都是小型动物。[6]就像诺普乔的矮小恐龙一样，欧洲的始新世哺乳动物也通过缩小体形适应了热带岛屿上的生活。

在当时，德国位于如今位置向南10度的地方，并且是一个火山频发、构造不稳定的地方。梅瑟尔矿坑当时是一座湖泊，四周环绕着茂盛的雨林，湖底的缺氧环境构成了后来在这里被开采的褐煤和油页岩。附近的火山使这座湖泊成了未来完美的化石产地。它们偶尔会喷出二氧化碳，这种气体比氧气重，会降落在这里的最低点——湖面，然后停留在那里。任何从湖上飞过的鸟类或蝙蝠，或者是下来饮水的动物，都会失去意识，然后沉到湖底。在那里，沉积物的缺氧化学反应将像最好的木乃伊制作专家一样使它们得到永久的保存。

在一些梅瑟尔的化石中，存在足够多的细节让它们看起来像是灭亡生物的黑白照片。但是某些小型动物的化石甚至保存了色彩，例如吉丁虫。这些化石有时会重现森林的生态结构：一只蚂蚁在树叶碎片上的下颚使研究人员推测，这只蚂蚁曾被一种寄生性真菌折磨，这改变了它的行为，使蚂蚁爬到高处并悬挂在那里直到死亡，以便真菌将其孢子释放到微风中。

在梅瑟尔的宝藏中，最非凡的是9对正在交配的猪鼻龟（一种在恐龙时代夏朗德省的沉积物中发现的动物）。作为化石记录的研究者，我可以向您保证，生物在公开做爱时被变成永久纪念品的情况并不常见。来自梅瑟尔的众多哺乳动物包括与貘相似的原古马。这种生物重约10千克，它们的身体被发现时，肚子里还有快要足月的胎儿，以及最后一餐的内容物（浆果和叶子）。除此之外，还有一些惊喜，例如欧洲食蚁兽，一种没有鳞片的穿山甲，它们看上去与南美洲的食蚁兽惊人地相似。但正是梅瑟尔的鸟类构成了这里的真正财富。在通常情况下，缺少牙齿的鸟类形成的化石质量很差，难以根据其他碎片鉴定种类。在梅瑟尔，完整的鸟类化石被保存了下来，而且就像是在肉冻里一样。

有一些梅瑟尔鸟类是预计之中的，包括隼、戴胜、猫头鹰、鹦和一种类似野鸡祖先的生物，但有一些则显得格格不入、出乎意料，或者干脆十分怪异。在这些格格不入的鸟类中包括一种林鸱科的鸟（一种类似夜鹰的夜行性鸟类）、蜂鸟、日鳽和一种肉食性鸟类红腿叫鹤的近亲，它们如今全都居住在南美洲而不是欧洲；属于这一类的还有一种原始的类似鸵鸟的生物和一种鼠鸟（如今只分布在非洲）。出乎意料的鸟类是一种在淡水中捕猎的塘鹅。怪异的鸟类包括一种缺少鹦鹉喙的鹦鹉，以及另一种奇怪的生物——看起来像是鹰和猫头鹰的混合，但拥有缎带般的膜状胸部羽毛。[7]在这一时期，梅瑟尔乃至整个欧洲都缺少云雀、鸫、黄鹂和乌鸦的祖先，它们全都是雀形目的成员。然而，如今雀形目在欧洲鸟类中所占比例最大。

是什么让南美洲的鸟类在梅瑟尔占到如此高的比例？奇怪的是，有充分的地质学证据表明，南美洲此时虽然靠近非洲，但是完全被水隔绝，所以水路是动物迁徙唯一可能的路径。就目前的情况而言，对于为何这么多如今仅存在于南美洲的鸟类会在始新世的欧洲兴盛，我们还没找到令人信服的解释。[8]

第 11 章

欧洲的大堡礁

2016年6月1日，当我站在一个灰色柜子前——柜子里装的是自然历史博物馆收藏的珊瑚化石，我简直不敢相信自己看到了什么。它看起来像一块形状不规则的石头，但是博物馆的珊瑚研究人员之一布赖恩·罗森解释说，它实际上是不列颠轴孔珊瑚的正模标本（物种发表定名时依据的模式标本），该物种是庞大的轴孔珊瑚属的成员，而该属是如今最重要的造礁珊瑚之一。它由研究轴孔珊瑚科的澳大利亚专家卡登·华莱士博士命名，发现于南安普顿附近新福里斯特地区风景如画的村庄布罗肯赫斯特附近拥有3700万年历史（始新世晚期）的沉积物中。

布罗肯赫斯特周围的岩石产生了一个非同寻常的海洋动物群的碎片，其中包括安格里卡轴孔珊瑚和不列颠轴孔珊瑚，这两个物种是两大分枝珊瑚物种群——"壮实型"（robusta）和"粗野 II 型"（humilis II）——最早的成员，在如今的印度洋-太平洋地区，这两大类群构成了大部分沿海珊瑚。[1]位于新福里斯特地区的布罗肯赫斯特真的可能是地球上最壮丽的珊瑚礁的诞生地吗？地质学家们在一个多世纪前已经知道，在3700万年前，布罗肯赫斯特是原始欧洲大陆面向茫茫大西洋的海岸。根据一位19世纪地质学家的说法，在这里，"被狂暴的海浪和大洋冲刷的珊瑚礁"构成了一道抵御南风和浪涌的防波堤。[2]

最近的研究人员怀疑布罗肯赫斯特地区是否真的出现过一道珊瑚礁，尽管造礁珊瑚显然曾在这里生长，而且生长迅速的分枝珊瑚如轴孔珊瑚属会在这样充满活力的环境中生机勃勃。此外，布罗肯赫斯特并不是轴孔珊瑚属开始的标志，因为法国有一些更古老的物种，而且来自索马里的一个化石记录可以追溯至大约5500万年前。然而，布罗肯赫斯特化石的确构成了一部分证据，表明许多现代珊瑚礁可能起源于特提斯海的欧洲部分。

多亏了位于意大利的一处最特别的化石沉积层，我们才对轴孔珊瑚最初进化时繁衍生息的动物群落有所了解。四百多年来，旅行者一直在造访维罗纳附近的蒙特波卡，凝视一个拥有5000万年历史的"玻璃鱼缸"——意大利人称其"*Cava della Pesciara*"*。造访此地的最早书面记录是在1554年，来自彼得罗·安德烈亚·马蒂奥利："一些石板被劈成两半，展示出各种鱼类形状，它们的每一个细节都被转化为石头。"[3] 数百年来，贵族、红衣主教甚至奥匈帝国皇帝弗兰茨·约瑟夫都曾来过这里，并在离开时带走了鱼化石纪念品。

大约5000万年前，当这些化石还是活着的生物时，蒙特波卡的岩石正在特提斯海中形成。保存在沉积物中的这些鱼类和其他生物似乎生活在一座由陆地和礁石围合而成的潟湖中（尽管其中并未发现现代造礁珊瑚，如轴孔珊瑚）。在潟湖附近还发现了鳄鱼、龟、昆虫和植物的化石，全都保存完好。植物中包括椰子和其他棕榈类植物、无花果及桉树。[4] 这些鱼类化石可以说是在地球上发现的最惊人、最美丽的化石：有些看起来仿佛仍在游泳，并且保留了一些花纹和颜色的痕迹。[5]

我们无法完全解释来自"玻璃鱼缸"的鱼化石的令人惊叹的保存效果。目前的最佳理论是，一次偶然暴发的大规模有毒水华杀死了大量鱼类，而它们的尸体沉入潟湖深处的无氧水中。无论原因是什么，这处沉积层中出现了大约250个鱼类物种。如果不是发生了可能性很低的地质事件，如今的我们不会有机会见到其中任何一个。在这些沉积层形成时，维罗纳周围的

---

* 字面意思是玻璃鱼缸采石场。——译者注

整片地区火山频发，极度不稳定。在硬化成岩石之前，含有鱼类的板状沉积层（长数百米，厚19米）被完好无损地运输了相当长的距离——或许是由水下滑坡造成的。

关于蒙特波卡动物群，最重要的一点是，它是如今已知最古老的居住在珊瑚礁中的鱼类群落。虽然包括一些已经灭绝的鱼类，但是保存在这里的250个鱼类物种在类型和形态上与现在仍然可以在全世界的珊瑚礁中看到的鱼类大致相似，包括鳐鱼、神仙鱼和鳗鱼。但是在现代珊瑚礁中大量存在的蝴蝶鱼和鹦嘴鱼却在此处沉积层中不见踪影，说明它们很可能是后来进化的。⁶然而，一个令人震惊的例外是一条手鱼（之所以有这个名字，是因为它们用类似手的鳍"行走"）的化石。如今它们生活在澳大利亚南方的冷水中。[*]若干年前，我面临两个选择：要么去佛罗伦萨的学院美术馆看米开朗琪罗的大卫雕像，要么去维罗纳的自然历史博物馆看这条鱼的化石。你可以猜一猜我选了什么。

我在一个阳光灿烂的星期四抵达维罗纳，直奔与市中心隔河相望的博物馆，结果沮丧地发现，它在没有事先通知的情况下临时闭馆了。接下来的故事我相信许多去过意大利的博物馆迷都应该不会陌生，我在第二天回到那里，发现这座博物馆从每周五到下周二都闭馆，而我正要在那一天离开这座城市！那次的意大利之行，我唯一的慰藉是漫游了维罗纳保存完好的罗马竞技场，在这座竞技场，一些台阶座位含有卡车轮胎大小的菊石的遗骸，它们的表面被古罗马人的臀部磨出了宝石般的光泽。我很想知道，这些古罗马人是否曾问过自己，这些巨大的圆形壳状结构为什么会出现在他们的石头座位里呢？

---

* 蒙特波卡手鱼被命名为 *Histionotophorus bassani*。在现存的14种手鱼中，有11种的分布范围局限在塔斯马尼亚。在始新世，它们肯定遍布特提斯海。

第 12 章

来自巴黎下水道的故事

大约在蒙特波卡的鱼呼出最后一口气的时候，法国北部的一个地区正在形成大西洋的一个温暖海湾。落入海底的沉积物如今是巴黎盆地的岩石，而在1883年，法国地质学家阿尔贝·德拉帕朗——他最著名的事迹或许是尝试通过铁路隧道将英国和欧洲其他地区连接起来——创造了卢台特期（取自巴黎在古罗马时代的名称）这个名字，用以描述该盆地岩石的形成时期。

巴黎盆地的岩石包括著名的巴黎石，一种自古罗马时代以来用于建筑的石灰岩，其温暖的奶油灰色赋予了这座城市独特的美。当我徜徉在巴黎的街道上时，充盈在我脑海中的不只是法国大革命的景象，也不只是诱人的新鲜面包和奶酪的甜美香气，还有那许久之前的巴黎——一个生活着海洋巨兽和热带生物、生物多样性丰富到令人惊叹的地方——留下的痕迹。

要想观看巴黎逝去的荣光，再也没有比法国的国家自然历史博物馆（前身是皇家药用植物园）更好的地方了。作为全世界最古老的博物馆之一，布丰伯爵和乔治·居维叶*都曾在这里工作过。在19世纪最初的几十年，居维叶制定了许多"教义"，其中的一些比剩下的更经得起时间的考验。他认为灭绝确实发生了（这一事实在那个时代是受到质疑的），在这一点上他是

---

* 乔治·居维叶（Georges Cuvier，1769—1832），18—19世纪法国著名古生物学者，提出了"灾变论"，是解剖学和古生物学的创始人。——译者注

对的，但是他错在否认进化。[*]相反，他提出的想法是大灾难周期性地毁灭生命，而每次造物主都会重新创造生命。这是他对化石记录进行观察后得到的合乎逻辑的评价。[†]正如居维叶所见，大多数物种的化石从首次出现到最后一次出现，形态上都很相似，很少出现"缺失环节"。达尔文也知道这一点，而且这让他非常忧心。但是达尔文意识到了居维叶忽略的东西：史前时代是如此深远，化石为我们提供的只不过是对遥远时代中众多生命的最微小的一瞥。正如西格诺尔－利普斯效应所指出的那样，我们几乎永远不会在化石记录中见到一个物种的起源或者最终灭绝。

居维叶的一些最持久的工作是与巴黎矿业学校的教师亚历山大·布罗尼亚尔合作完成的。他们一起检查了在这座城市各处出土的化石，其中有许多是在挖掘巴黎著名的下水道时发现的。另一个发现大量化石的区域是蒙马特尔，为了制作巴黎的灰泥而在这里进行的石膏开采几乎挖坏了这座著名的山丘。[‡]正是保存于此的大量来自陆地和海洋的化石让居维叶发现了地质演替规则（较年轻的岩石覆盖较旧的岩石）。

尽管存在全球性的长期降温趋势，但是巴黎周围的这片浅海的地理条件仍然有利于海洋生物的生长。[1]受益者之一是让－巴蒂斯特·拉马克在1804年描述的巨大钟塔螺。[§]它的长度可能超过1米，是有史以来最大的腹足类动物，在下水道的挖掘过程中经常发现它们的遗骸，而这些遗骸的分布范围主要局限在巴黎盆地。只有一个钟塔螺物种存活至今，生活在西澳大利亚西南部沿海凉爽的浅水岩石生境中。虽然长度只有其巨大欧洲近亲的四分之一，但它仍是一种珍稀且奇妙的生物，令人回想起曾经在如今巴

---

[*] 尽管现在看来很了不起，但是"灭绝"的概念在当时遭到反对，因为基于"造物主不会消灭自己的创造物"的神学理论，很多人认为那些所谓的灭绝物种肯定生存在某个地方——或许是尚未开发的美国西部。

[†] 在达尔文出版《物种起源》之前，更容易做出这种论证。居维叶于1832年去世。

[‡] 用于制作这种著名灰泥的石膏形成于大约5000万年前，当时巨大的潟湖干涸，在厚厚的沉积层中留下了这种矿物。

[§] 最令拉马克扬名的是他的进化理论，他认为生物在其一生中的经历可以传递给其后代。

黎所处海域中的辉煌。

　　特提斯海将原始欧洲大陆揽在其舒适温暖的咸味怀抱中，那么在这片失落海洋的其他地方，生命是什么样子呢？另一个真正的巨人是有史以来最大的宝螺 *Gisortia gigantea*。其精美的贝壳化石有橄榄球那么大，可追溯至4900万年前至3400万年前。它们曾广泛存在于保加利亚、埃及和罗马尼亚等地区。宝螺的外表拥有瓷器般的光泽，是所有腹足类动物中最美丽的。然而，遗憾的是，如今的海洋已经不存在体形与巨大的 *Gisortia* 属相似的任何宝螺了。

　　特提斯海还是势力强大的货币虫属的总部，该属的一些物种如今还生活在太平洋。"货币虫"这个名字出自拉丁语，意为"小硬币"，这些单细胞生物大量存在于始新世。货币虫沿着海底爬行，以碎屑为食，并留下含有许多小腔的圆盘形钙质内壳。特提斯海为它们提供了完美的栖息地：热带、浅水、阳光充足。在土耳其曾发现过直径长达16厘米的货币虫的化石。据估计，这些巨型货币虫活了一个多世纪，它们因此成了已知寿命最长的单细胞生物。[2]

　　货币虫在整片特提斯海中的数量是如此多，以至于它们的遗骸在很多地方形成了一种名为货币虫石灰岩的独特岩石，这种石头自古以来就深受人类的喜爱并被广泛用于建筑行业。很长一段时间里，这种无处不在的岩石——曾被古埃及人用来建造金字塔——的起源都是一个谜。希罗多德传播了一个早期误解：他认为货币虫是古埃及人给建造这些庞大建筑的奴隶们吃的小扁豆的石化遗骸。不过即便是在20世纪初，货币虫在金字塔中的出现仍然令人困惑，曾担任伦敦自然历史博物馆低等无脊椎动物主任助理的伦道夫·柯克帕特里克的令人悲伤的故事就说明了这一点。

　　地质科学规模最大的争论之一是火成论者和水成论者就地表起源展开的争论。拥有托马斯·赫胥黎支持的火成论者断言，地表起源于地球深处熔融状态下的玄武岩和花岗岩等。岩石是地表的主要来源，而其他类型的岩石则是它们分解成淤泥和泥土之后重新沉积而成的，如砂岩和板岩。与之针锋相对的水成论者（歌德在他们的阵营中）认为，地球最初被海洋覆盖，所有岩石都起源于古代海底的沉积物。到19世纪中期时，这个问题差一点儿就以火成论者的方式解决了。但是在1912年，柯克帕特里克丢下的重磅炸弹重新点燃了这场辩论。

柯克帕特里克注意到，金字塔几乎完全由货币虫组成。当他搜寻岩石以寻找更多货币虫的证据时，他开始在自己放置在显微镜下的每种岩石中看到它们。在他的巨著《货币虫地球》（书的开头使用了一幅惊人的卷首插画，画中是海神在一颗水球上方驾着双轮战车疾驰）中，柯克帕特里克利用这种所谓"货币虫普遍存在"的说法来复兴水成论者的理论，认为地球（乃至太阳系和宇宙）的整个地壳都是由曾经生活在原始海洋中的货币虫的化石碎片构成的。[3]

科学史学家常常感到好奇的是，一位在世界上最庄严的自然历史机构之一任职的、沉着冷静的策展人，是何以从发表严肃且重要的研究成果转向做出如此离谱言论的。当我与研究珊瑚的专家讨论这个问题时，他们告诉我，将一生的时间花在研究珊瑚和海绵等生物的复杂生物学问题上，会改变一个人。乔治·马太在柯克帕特里克之后不久到自然历史博物馆工作。在描述了无数个珊瑚新物种，包括构成澳大利亚大堡礁的许多物种之后，他自杀了。

马太的同事西里尔·克罗斯兰也因此遭受了厄运。1938年，在英国、埃及和其他地方的机构做了几十年艰苦的珊瑚研究之后，他在丹麦大学动物博物馆谋得一个职位。或许是对自己研究领域的极度热忱让他忽视了南边正发生的危险，也可能是他的耳聋导致他未能意识到这种危险。有人在1943年西里尔·克罗斯兰去世之前，看到他在哥本哈根的电车上用有教养的英语厉声咒骂纳粹分子。英勇但有些鲁莽的克罗斯兰被他的同事们深切怀念，他们用他的名字命名了60种海洋生物。

除了对货币虫的痴迷，柯克帕特里克并未表现出精神不稳定的迹象。他真诚地相信货币虫地球理论，并且发表了一些图像，声称这些图像描绘了玄武岩、花岗岩和陨石——这些岩石中从未发现过化石——中的货币虫遗骸，以便其他人可以验证他的说法。我的儿子大卫也是一名科学家，他在听说了柯克帕特里克的故事之后对我说，许多研究者在花了数千小时使用显微镜盯着某种重复形状之后，开始在空白的墙壁、视野远景甚至配偶的脸上看到它令人厌烦地不断出现。而且并不只是图像导致科学家在任何地方都能看到有利于其理论的证据，还包括可被铭刻和反映的理论。也许这种痛苦应该称为货币虫综合征。

在柯克帕特里克工作时，奥托·哈恩——一位极度爱国的德国律师和业余岩石学家，认为生命起源于外太空——正在花费大量时间凝视显微镜中的图像，他认为那是藻类的化石遗迹。和柯克帕特里克一样，哈恩也是水成论者，但是他认为地球岩石由货币虫构成的想法是荒谬的。他提出的想法是，起源于陨石的藻类化石森林组成了这些岩石。他还"发现"了一种微小的、拥有3个颚并以藻类为食的蠕虫的化石，并将其命名为俾斯麦泰坦虫，以纪念德国总理。彼时，俾斯麦本人还有其他事要操心，因为欧洲列强已经开始着手发动瓜分殖民地的帝国主义战争。

4900万年前，原始欧洲大陆的持续发展正在深刻改变它周围的海道。位于南边的特提斯海正在变窄；图尔盖海峡也在逐渐缩小，使得欧洲与亚洲分隔开来。除了最近形成且仍然狭窄的北大西洋，不断变窄的图尔盖海峡是连接北冰洋与世界其他海洋的唯一通道。

北冰洋并不总是异常寒冷、冰天雪地。4900万年前，它更像今天的黑海，它那无氧且很深的咸水层被较淡的表层海水覆盖着，不过当时北冰洋的气温比今天的黑海更高。另外，这也是一个降雨充沛的时期，而且随着北冰洋与海洋的其他部分越来越隔绝，来自河流的径流开始在其表层汇聚，使这里海水的盐度稀释到一类名为满江红属的水生植物可在其中生长的地步。

如果你曾经有过一片池塘，你就会认识满江红，那是一种漂浮在水面上的蕨类杂草。它那细小而多褶皱的叶片一开始看起来常常像一个漂浮的绿色小点，而且生长得非常缓慢。但是等到它覆盖池塘表面10%的面积时，距离它完全接管整片池塘就只剩下几天的时间了。如果天气温暖且养分充足，满江红可以每3～4天增加较之前一倍的质量。

满江红曾经生长在北冰洋中的证据，如今埋藏在冰面之下数千米深的寒冷沉积物和水中。如果不是2004年由寻找石油的钻探队将一些非常昂贵的钻芯深入北极沉积层深处，它可能永远都不会被发现。钻探队无论如何也想不到，他们会发现池塘杂草在此生存的证据。但事实就是如此——这些证据分布在垂直高度至少8米的沉积物的不同厚度的沉积层中。这些化石很快被命名为北极满江红。[4] 如今，在整个北极地区采集出的100多个岩芯都证实了满江红的存在，其中个体密度最大的岩芯就出自北冰洋。

4900万年前，至少有5个满江红属物种生长在北冰洋及其周边。[5] 温暖的淡水和河流带来的养分为这些杂草提供了它们需要的一切。在全盛期，暴发的满江红覆盖了大约3000万平方千米的海洋——面积相当于非洲。[6] 这种杂草生长得很快，并在生长过程中吸入二氧化碳，以至于使全球大气中的二氧化碳浓度从每百万份至少1000份降低到了每百万份只有650份。而所有捕获的碳将继续形成北极的石油储量，被如今的石油业巨头觊觎。

满江红的暴发最终毁灭了它们自己，因为二氧化碳的减少大大降低了全球温度，以至于极地地区的降雨量大幅降低，导致淡水和养分注入都逐渐减少，剥夺了这种杂草需要的物质条件。*随着温度继续下降，北冰洋表面形成了一层冰。这就是由一种微小杂草引发的新的冰库般的世界。然而，在一开始，二氧化碳浓度的降低对欧洲几乎没有影响——就好像发生重大变化的先决条件已经成立，但扳机尚未扣动。

---

* 这是地球自我调控的一个极好的例子：一种负反馈循环，防止生命将地球气候变得不宜居住。

二

成为大陆

3400万年前至260万年前

中新世的欧洲，2000 万年前

0 ___ 400 千米

□ 陆地
■ 海洋

北

第 13 章

大削减

20世纪初带来了诸如飞机、电力和汽车之类的奇观，而瑞士古生物学家汉斯·斯特林仍然坚守着自己的显微镜，坐在自己位于瑞士巴塞尔自然历史博物馆的办公室里琢磨古老的骨头。对古生物学的执着追求让他成了传奇人物，但是他的专心致志似乎不只是源于对科学的兴趣。根据博物馆界的传说，他曾在爱情中受挫，为了忘记自己的不幸，他才将自己的所有精力和热情投入工作中去。面容英俊，长着一副弗洛伊德式胡子和一双目光锐利的眼睛，据说他还有真正的"死亡凝视"。每当他需要使用某种异域野兽的骨架与他的骨骼化石进行对比时，他就会前往巴塞尔动物园，盯着合适的动物看，后者将很快摆脱尘世的烦恼。

1910年前后的某个时候，斯特林意识到在大约3400万年前，欧洲动物群发生了一次剧烈的变化。在动荡的气候变化时期，许多生存了数百万年的物种突然灭绝，而许多新物种到来。斯特林将这次始新世－渐新世灭绝事件称为"大削减"。从那时起，科学家一直在争论事件发生的确切原因和时机。"大削减"如今已确认发生在3400万年前，被广泛认为标志着漫长的热带纪元始新世的结束，以及更冷更干燥的渐新世的开始。整体而言，这种定义是正确的，因为"大削减"标志着气候的根本性重组——从一个温室般的世界变成一座冰库。*

---

* 始新世的结束实际上是以寂寂无闻的单细胞浮游生物有孔虫类群汉京虫科（Hantkeninidae）的消亡为标志的。但是，就在最后一批汉京虫长眠之后不久，"大削减"以大约 35 万年一次的间隔发生了两次。

这次气候变化的原因似乎是南美洲与西南极洲的分离。作为分离这两个陆块的海道，德雷克海峡一开始很浅，并且保持这样的状态长达数百万年，但是这里的水流足以形成环绕南极洲的洋流。气候的变化使冷水积聚并形成冰盖，从而导致洋流和风的根本性重组，带来了更凉爽的气候。

在欧洲，这种转变伴随着水循环的变化。螺壳生动地讲述了到底发生了什么事情——尤其是生活在淡水中田螺属的 *Viviparus lentus* 的螺壳化石，该物种曾在今怀特岛附近索伦特海峡所处位置的沿海冲积平原上大量繁衍。[1]李斯特田螺——一种大型淡水田螺，壳上有条纹，如今生活在英国的湖泊中——可以让我们大致了解它的古代亲属的样子和生活方式。对螺壳化石的同位素研究表明，从南极洲流入北大西洋的冷水令英国南部的气温降低了 4～6 ℃。但在夏天，也就是这些螺生长的时候，气温骤降了近 10 ℃。伴随着气候的变化，其他非常重要的事情正在发生。从特提斯海经过现在的里海并延伸到北冰洋的图尔盖海峡将部分消失。于是，欧洲和亚洲终于连接起来。差不多在同一时间，欧洲和北美洲通过一座陆桥最后一次短暂连接。

2004 年，可敬的杰里·胡克和他的同事们再次审视了斯特林的"大削减"。通过检查索伦特河口周围以及法国北部和比利时的沉积物，他们发现事情比一开始看上去的样子复杂得多——往往如此。在他们检查的化石中，有证据表明出现过两次相当独立的灭绝事件：其中一次规模较小，与气候变化的发生时间一致；另一次则规模较大，发生在气候变化几十万年后，与新的哺乳动物入侵者的抵达时间一致。[2]

幸存至今的少数谱系之一是睡鼠。睡鼠实际上并不是鼠，而是睡鼠科的成员，它们是一群古老的啮齿动物，其祖先在 5500 万年前从北美洲来到欧洲。它们繁殖量激增并快速适应了欧洲的环境，扩展进入多种多样的生态位。在超过 4000 万年的时间里，它们的分布范围都局限在欧洲，然后在 2300 万年前之后不久的某个时刻扩散到非洲，又在很久之后进入亚洲。它

们是欧洲最古老和最值得敬重的哺乳动物，尽管它们目前的多样性只是其
昔日辉煌的最微小的遗迹。

渐新世从3400万年前的"大削减"延伸至约2300万年前。尽管气候变
得更凉爽，但欧洲的很大一部分植被仍然基本上是处在亚热带或热带的。
土耳其沿海到处都是红树林、水椰（无法忍耐低于20℃的气温），以及如
今与热带东南亚地区相关的其他植被。[3]大约2800万年前，海平面再次下降，
出现了更凉爽的气候。然而，土耳其的植物化石表明，藤和苏铁仍在远离
海洋的一片森林中生长，这片森林主要由开花植物组成，包括黄杞属（如今
仅分布于东南亚）、山核桃属（不再分布于欧洲），以及鹅耳枥的祖先。[4]虽
然森林继续在大部分陆地占据主导地位，但沙漠和草原正在伊比利亚等地
站稳脚跟，令动物物种有可能产生更大的多样性。

与此同时，陆地本身也在经历重大变化，其中最重要的一点就是欧洲
最雄伟的山脉阿尔卑斯山的隆起。阿尔卑斯山的起源可以追溯到恐龙时代，
但在那次早期隆起之后是一段沉寂期，沉寂期一直到渐新世开始才结束，
当时欧洲板块的一个向下弯曲部分断裂并开始朝地表移动，迫使现代阿尔
卑斯山上升。

欧洲当今地形的发展涉及许多随后的褶皱、断层和冲断。陆地碎片以
各种方式向各个方向移动。有一些似乎从地中海的一侧非常迅捷地（按照
地质学的标准）冲向另一侧；还有一些被推入地幔深处，在这个过程中熔
化或变形；而起源于非洲的岩石层——称为推覆体——被推到起源于欧洲
或海洋的岩石上。来自非洲地质构造的一块岩石成了马特洪峰，这座山峰
常常被称为"非洲山"。*随着非洲和亚洲向彼此靠近，古特提斯海海底的
大片区域隆起然后被侵蚀，诞生了如今可在阿尔卑斯山山麓见到的壮观的

---

* 确切地说，马特洪峰海拔3400米以上的部分才是非洲的。较低的山坡由海洋沉积物或欧洲岩石构成。
这块非洲岩石是阿普利亚板块的一部分，它最初就是非洲的一部分，大部分位于亚得里亚海之下。随着阿
普利亚板块与欧亚板块发生碰撞，这块岩石被推到了阿尔卑斯山其他岩石的上面。

石灰岩风景。

驱动力是非洲。它最初向东北偏北方向漂流，然后在大约1600万年前至700万年前略微转向，直奔西北偏北方向而去。然后它再次转向，开始向西北方向移动——直到今天仍继续如此。[5]这种逆时针方向的扭转切断了特提斯海，暂时封锁了直布罗陀海峡，并令阿尔卑斯山冲向天空。实际上，就在非洲向北移动的同时，阿尔卑斯山在持续升高——以每年1毫米至1厘米的速度，不过其风化速度几乎与增长速度一样快。

如果说乔治·奥威尔是从渐新世得到了《动物庄园》的灵感，我不会感到惊讶。无论是否如此，就像在奥威尔的警世寓言中所写的一样，渐新世的标志性物种是一群令人讨厌的猪和类似猪的生物，其中最著名的是巨猪科成员，其更通俗的名称是"地狱猪"或"终结者猪"。这些动物的体形像牛一样，它们的祖先在约3700万年前从亚洲迁徙而来。古生物学家会告诉你它们不是猪，而是河马和鲸的亲戚。但是如果你亲眼看到一头，它给你留下的第一印象会是一头巨大的肉食性疣猪。

也许巨猪科成员最不讨人喜欢的特征是它们过大的头部。它们的头上华丽地装饰着大小和形状类似人类阴茎的骨疣，它们那鳄鱼般的颚骨上长着锋利的獠牙和臼齿。现代猪不讨厌吃肉，但是主要以植物为食；与它们不同的是，巨猪科成员是顶级肉食动物。而且它们的奔跑速度很快，细长的腿承载着400千克或以上的重量，奔跑起来足以令野猪和人类都望尘莫及。

被它们捕杀的动物的遗骸化石，可以证明巨猪科作为肉食动物的效率。北美洲某处藏匿点包括几头绵羊大小的古骆驼的骨架。[6]人们认为，巨猪科成员会集体行动，踩踏成群较小野兽的身体，猛烈冲击和重创猎物，这种做法会迫使它们储存自己的"剩菜"。或许腐肉更容易被它们的肠胃消化（它们的祖先是草食性的），于是它们将捕杀的猎物埋起来，以使其尸体软化。

仿佛"地狱猪"对渐新世风景的破坏还不够似的，欧洲还生活着另外两个类似猪的种群。石炭兽（字面意思是"煤兽"，因为首批化石是在煤层中发现的）虽然与河马有亲缘关系，但是它们的体形更小，而且大多数似乎拥有类似猪的生活方式。有一种神秘的石炭兽名为二趾兽（*Diplopus*，名字来自每条极细长的腿末端的两根脚趾），是在"大削减"即将发生之前进入欧洲的，据推测应该是游过了图尔盖海峡。二趾兽的许多骨骼已被发现（包括纤细的肩胛骨），但是从未出现过颅骨的踪迹——这一事实让杰里·胡克难以置信。杰里·胡克发现的其他生物的骸骨，最常见的是颚骨和牙齿。二趾兽头颅的缺失是个难以理解的谜团。顺便提一句，柏林的自然历史博物馆对拥有一块石炭兽的粪便表示十分自豪。它是黑色的，看上去像一泡超大的狗屎。我很高兴地得知它似乎主要由植物构成，也可能全部都是植物。

如今的猪分为两大类：新世界的西猯科和旧世界的猪科，后者包括野猪和疣猪。这两类群都不存在于渐新世的欧洲，尽管有许多动物看起来像西猯和猪。欧洲的类猪生物属于一个已经灭绝的群体，称为"旧世界西猯"（古猪科）。[7]源自亚洲移民祖先的古猪（字面意思就是"古代的猪"）是一个典型的例子。它比现代的野猪小，拥有紧致的身体和短短的四肢，蹄子明显像猪的。此外，它的臼齿相当尖锐，这说明它已经开始吃杂食了。

在目睹了澳大利亚的野猪捕食小羔羊之后，我发现自己很难喜欢上猪。我对猪的厌恶在2016年进一步加深，研究者在这一年发现，在他们检查的个体当中，超过3/4的家养猪和40%的野猪的阴茎上有咬伤。照片十分恐怖。它们到底是被什么咬伤了，这仍然是个谜，但是我认为当一种基本食草的生物开始喜欢吃肉时，情况就不对了。[8]

虽然西猯科动物可能起源于欧洲，但如今它们只存在于美洲大陆。它们是社会性动物，偶尔有多达2000头一起出现的情况，而且它们会攻击人类。2016年4月30日晚，亚利桑那州喷泉山的一位女性在外遛狗时遭到6头领西猯的攻击。它们将她撞倒在地，然后用牙齿用力撕扯她的脖子和上半身，对她造成了严重的伤害。幸运的是，这位女性被她丈夫救下来了。[9]

渐新世并非只有猪。河狸、旱獭和刺猬从亚洲进入欧洲，貘和犀牛及反刍动物也是如此。如今，反刍动物——将胃里的食物反刍出来咀嚼且蹄子分趾的动物——是一个特别重要的种群，包括牛、羊、鹿、长颈鹿和羚羊。最早的欧洲羚羊体形很小，长得像麝，有弯刀似的犬齿，没有角。[10]

一些移民食肉动物可能是从北美洲而不是亚洲过来的。其中之一是始剑齿虎，一种齿如匕首的杀手，是猎猫科成员。这种相当不可爱的生物四肢短、犬齿长，令人困惑的是，它与后来的剑齿虎类（真正的猫科成员）没有任何亲缘关系。狗熊（半狗亚科）看起来像笨重的短尾狗，但实际上与熊有亲缘关系，如果这还不够让人困惑的话，还有一种熊狗（犬熊科成员）。这些犬熊科动物的近亲长得和熊相似，其中最大的重达600千克。它们在北美洲进化，但是在渐新世时已经扩散到了欧亚大陆，在那里过着杂食的生活方式。

渐新世时期的欧洲还有许多啮齿动物，包括大量激增的睡鼠、松鼠、田鼠和河狸。值得注意的一种小动物是麝香鼠的祖先。作为鼹鼠科的成员，麝香鼠是欧洲最独特的哺乳动物之一，它们在河流、小溪和池塘中生活，如今只有两个物种——一种在比利牛斯山，另一种在俄罗斯东部。俄罗斯麝香鼠的体重可达500克，是目前鼹鼠科最大的成员——大得足以使它的皮毛成为受青睐的商品。

第 14 章

猫、鸟和洞螈

　　大约2500万年前，随着渐新世接近尾声，猫科的第一批成员原猫先是在亚洲出现，后进入欧洲。原猫的体形与家猫差不多大，其化石曾在德国、西班牙和蒙古被发现。在它们抵达欧洲1000万年后，尽管这里存在大量小型啮齿动物，但猫科动物并没有表现出繁荣的迹象，更不用说在伏击捕食者中占据像今天这样的主导地位了。

　　鸟的骨骼不易变成品质好的化石，而欧洲渐新世的不完整记录给人们留下了很多猜测空间。在英格兰和法国发现的一些化石碎片被大肆宣扬为新大陆秃鹫［包括安第斯神鹫（又名康多兀鹫）在内的一个种群］曾在欧洲上空翱翔的证据。但是一项重新评估表明，它们是渐新世鹃鸠的骨骼。[1]另外，人们在英格兰南部还发现了 *Paracygnopterus* 的骨骼化石，有人称其是最具观赏性的水禽（天鹅）中最古老的成员之一，而另一些人则认为它只是只鹅。[2]

　　证据更充分的是，有大量潜鸟（一类会潜水的水鸟）生活在渐新世的英格兰和比利时的湖泊中，它们追捕鱼类的方式与现存物种基本相同，不过它们是否会发出与其现存近亲白嘴潜鸟那让人过耳不忘的假声尖叫相似的叫声就不得而知了。出乎意料的是，蛇鹫的其中一个物种——如今常见于非洲稀树草原——此时正在法国的草原上漫步。但渐新世最重要的来客是欧洲第一批鸣禽——它们也许是在"大削减"时抵达的。这些早期移民后来在欧洲灭绝了，被后来的鸣禽移民取而代之。[3]

最近的DNA研究表明，鸣禽、鹦鹉和隼有亲缘关系，而这个进化高度成功的类群大概起源于恐龙灭绝时期冈瓦纳古陆的澳大利亚。隼和知更鸟之间的亲缘关系比隼和鹰更近，这似乎很荒谬，但是鸟类的身体构造受到飞行要求的严格限制，所以趋同进化的情况很常见，即亲缘上无关的生物发展出相似的特征。

鸣禽是数量最多而且进化最成功的鸟类。它们拥有5000个物种，分布在40个目中，占所有鸟类物种的47%。英国数量最丰富的18个鸟类物种都是鸣禽，而地球上数量最丰富的野生鸟类也是鸣禽，即非洲的红嘴奎利亚雀，据说目前有15亿只。话虽如此，但绝大多数鸣禽都属于一个目，即雀形目，其学名来自拉丁语中的"麻雀"一词。所有在叶片间觅食的小型鸟类都是雀形目成员，乌鸦和喜鹊也是，而使雀形目成员与众不同的一个特征是，它们拥有一只由一组独立肌腱控制的后趾。

关于鸣禽起源的第一个线索出现在20世纪70年代初。在加州大学工作的鸟类学家查尔斯·西布利发现，如果他提纯并煮沸鸟类的双链DNA，当混合物冷却时，DNA链会重新结合。如果他将两个亲缘关系紧密的物种的DNA混合起来，DNA链之间的结合会比亲缘关系较远物种的配对更牢固。[4]自西布利的时代以来，遗传学研究已经变得极为精细。2002年，研究人员发现新西兰的刺鹩位于鸣禽家族树的基部。其他研究表明，第二古老的鸣禽家族树分支包括澳大利亚的琴鸟和薮鸟，而第三古老的分支包括澳大利亚的旋木雀和园丁鸟。这些分支的物种数量都不多，而且它们都是澳大利亚独有的。早期鸣禽的种类是如此丰富，甚至连世界上最古老的鸣禽化石也是在澳大利亚发现的，因此这些令人信服的证据表明鸣禽的起源地就是澳大利亚。

澳大利亚曾多次成为"殖民"欧亚大陆的鸣禽的源头。最近的移民类群之一是黄鹂，它们在大约700万年前从澳大利亚或新几内亚抵达欧亚大陆。澳大利亚生态学家伊恩·洛认为，澳大利亚的鸣禽之所以如此成功，是因为它们利用了一种得益于澳大利亚贫瘠土壤的新生态位，贫瘠的土壤导致澳大利亚植物倾向于贮存它们能够获得的营养。[5]花蜜生产需要的养分很少，而澳大利亚桉树开出的朴素花朵则能产出大量花蜜。到访澳大利亚的人可以轻易地看到这一结果：开花时的桉树上下飞舞着成群的吸蜜鹦鹉，而且丛林间还充斥着好几种吸蜜鸟的沙哑叫声。在这场混战中，像鸣禽这类体形相对较小的物种通过高度的社会化、攻击性和智力获得成功。若真如此，那么鸣禽并未完全推翻达尔文关于迁徙的观点——毕竟其前提是激烈的竞争会推动物种更快地进化——而是揭示了它令人意想不到的一面。

关于欧洲的前6000万年仍然有许多谜团，但最令人困惑的是那里最杰出的生存高手之一的起源，也就是被斯洛文尼亚人称为"人鱼"（human fish，在其他地方被称为"洞螈"）的物种，这种眼盲的粉色蝾螈可以长到约30厘米长，是欧洲唯一在洞穴中度过一生的脊椎动物。1689年，自然历史学家约翰·魏哈德·冯·瓦尔瓦索在他的《卡尔尼奥拉公国的荣耀》一书中宣布了它的存在。虽然这个面积很小的公国在很久之前就已经并入斯洛文尼亚，但瓦尔瓦索坚定地认为，世界对它的了解还不够。《卡尔尼奥拉公国的荣耀》一书共15卷，使用了3532张大尺寸页面、528张铜版画和24份附录。按照当时的标准，这部作品经过严谨的推敲，在科学层面上是准确的。为了将它制作出来，瓦尔瓦索在他所居住的博艮什佩克城堡里开了一家铜版印刷厂。但出版《卡尔尼奥拉公国的荣耀》一书导致他破产了，他被迫卖掉了自己的城堡、印刷厂和庄园。萨格勒布主教可怜这位爱国者，以可观的价格买下了他的藏书和图作。但是这还不够，瓦尔瓦索直到1693年去世时还是破产之身，而此时距离《卡尔尼奥拉公国的荣耀》出版才过去四年。

在瓦尔瓦索狂热的痴迷中，有一些本质上属于欧洲的东西。从卢布尔雅那的耶稣会学校毕业之后，他花了14年时间游历欧洲和北非，寻求博学之士的陪伴。天文学家埃德蒙·哈雷提名他为英国皇家学会成员，后来在

1687年他成为皇家学会会长。瓦尔瓦索的爱国心在他的伟大著作中展现得淋漓尽致，在自希罗多德时代以来致力于解释欧洲本质的所有作品中，这部著作或者它的某些部分必定占有一席之地。得益于瓦尔瓦索这样的人，欧洲是所有大陆中唯一拥有如此深刻且丰富的博物学记录的大陆，而为此付出的代价常常是生命和财富。*

瓦尔瓦索对洞螈的描述声称，大雨过后，这些生物会从地下洞穴被冲到地面上。他还说，当地人认为它们是一头住在洞穴里的龙的后代，而瓦尔瓦索本人将洞螈形容为"一种蠕虫和害虫，而且在这一带有很多"。在《物种起源》中，达尔文被洞螈深深打动，他说："我唯一感到惊讶的是，更多的古代生命的残骸竟然没有被保存下来。"到19世纪，欧洲出现了一阵养洞螈的热潮。成千上万的洞螈被出口，其中一些被放生在法国、比利时、匈牙利、德国、意大利甚至英格兰的洞穴中。

这种动物自然分布在斯洛文尼亚、克罗地亚、波斯尼亚和黑塞哥维那（简称"波黑"）的某些洞穴和水域中。每个种群都略有差异，目前人们对于其物种的具体数量尚未达成共识。1994年，有科学家宣布他们发现了一种有眼睛的黑色洞螈，分布范围仅限于斯洛文尼亚白卡尔尼奥拉地区的多布利奇卡（Doblicica）附近的一小片地下水域。洞螈是如何来到欧洲的，依然是个谜。它所属的洞螈科只包括6个物种，其中5个来自北美洲。它的化石也很稀少，最古老的来自北美洲，可以追溯至恐龙时代尾声。而欧洲最古老的洞螈化石大约有2300万年的历史。[6]

所有人都同意的一点是，洞螈非常怪异。首先，它们的一生都行驶在慢车道上。例如，一批产在斯洛文尼亚波斯托伊纳溶洞中的卵（共64只），花了4个月的时间才孵化出来，而幼体花了和人类同样长的时间才达到性

---

* 《卡尔尼奥拉公国的荣耀》最初是以标准德语出版的。之后它被遗忘了数百年，未再版过。2009—2012年，由托马斯·切奇（Tomaž Čeč）领导的一支翻译团队将其翻译成了斯洛文尼亚语。

成熟(大约14年)。没有人知道洞螈的寿命，不过似乎至少有一个世纪之久。它们的生命力很顽强，曾有一只被囚禁的洞螈在不进食的情况下竟然存活了12年。

然而，我们对待洞螈的方式却很糟糕。一个多世纪以来，它们遭到了严重的过度采集，甚至被农民拿来喂猪。如今，幸存者又受到来自工业垃圾的金属中毒的威胁。[7]怎么能这样对待一种国宝!

第 15 章
奇妙的中新世

中新世从大约2300万年前延续至约530万年前，由查尔斯·莱尔命名。*
它在希腊语中的意思是"不那么新"，而莱尔之所以选择这个名字，是因为
他认为与那些距今更近的世代相比，生存至今的中新世物种更少。由于适
宜的气候，以及多样化的动植物群，中新世大概是欧洲最迷人的纪元。不
断增长的陆地面积、得到强化的迁徙走廊以及适宜的气候条件共同发挥作
用，创造出从未如此多样的哺乳动物，而其中一些将在亚洲和非洲成功
定居。欧洲不再只是移民的目的地，它的动物群开始影响周围的大陆。

关于中新世生命迹象的证据在欧洲并不是均匀分布的。希腊的爬行动
物化石特别丰富，而西班牙、法国、瑞士和意大利拥有来自海洋和陆地环
境的非常好的化石记录。人们在瑞士发现了一些保存完好的昆虫化石，而
德国拥有一些信息量丰富的植物化石。相比之下，在始新世和渐新世表现
出色的不列颠群岛几乎没有发现中新世陆地哺乳动物和植物的化石。

始于大约5400万年前的全球变冷趋势一直持续到中新世，不过也存在
一些惊人的逆转。例如，在2100万年前至1400万年前，气候变得像之前的
渐新世一样温暖。当我想到这段温暖时期的欧洲时，我脑海中浮现的景象
是塞纳河畔的蔚蓝海岸。在较温暖的时期，海平面会上升，所以在当时，

---

* 中新世的开始和结束都不是由某种单一的全球性气候事件所定义的，它的开端以一种浮游生物的灭绝为
标志，而地球磁极的突然转换则为它画上了句号。

今天巴黎所在的这一区域比如今更靠近海岸。随着变暖趋势的加剧，许多低洼的陆地被淹没，重新创造出一片群岛，这令人想起了存在于恐龙时代末期的那片群岛（不过各岛屿之间的联系比那时要紧密得多）。[1]

然而，就整体而言，趋势是陆地越来越多，其关联性也变得越来越紧密。大规模的造山运动始于中新世，而且随着阿尔卑斯山和其他山脉的增长，欧洲大陆开始抽搐，导致南方各地的火山开始喷发，这无疑诱发了许多地震。有些山脉曾经肯定以惊人的速度上升（从地质学的角度而言）：对水、氧的同位素比值的分析表明，瑞士阿尔卑斯山脉那些最高的山峰在大约1500万年前的中新世中期就已经达到它们目前的海拔。[2]这种动荡背后的驱动力是非洲向北推挤时产生的类似虎钳的握力。升高的不仅仅是阿尔卑斯山脉。伴随着陆地的弯曲变形，被宽阔盆地分开的一座座新岛屿和山脉随之升起。*

在这些新出现的山脉中，最著名的是巴埃蒂卡山，它起源于一个多山的岛屿，包括今天西班牙南部的加的斯地区、内华达山脉、直布罗陀巨岩和马略卡岛的特拉蒙塔纳山脉（马略卡产婆蟾在那里找到了避难所）。在北部，比利牛斯山和意大利的亚平宁山经历了一次大的隆升。再往东，弧形山脉从阿尔巴尼亚一直延伸到土耳其。

欧洲许多著名的火山区都起源于中新世，这是由于巨大的地壳岩板被推进熔化的地幔，在那里，岩石熔化成了岩浆。一条重要的火山弧从托斯卡纳（阿米亚塔山）延伸至西西里岛，那里的埃特纳火山、斯特龙博利火山等至今仍很活跃，是重要的旅游景点。其他有潜在危险的火山区大都处于休眠状态，包括罗马南边的大片地区，该火山区上一次喷发是在大约25000年前。第二个重要的火山区位于希腊，那里的迈萨纳火山、圣托里尼

---

* 取决于月球的引力，阿尔卑斯山的高度可以相差27厘米之多，这一事实直到位于日内瓦附近的欧洲核子研究中心的粒子加速器建成后才广为人知。这台设备对精确性的要求极高，以至于它在工作时必须将月球引力这一因素纳入考虑范围。

火山和尼西罗斯火山被认为是活跃的。在中新世，火山活动比现在广泛得多，例如在这个纪元的开始和结束阶段，法国南部有许多重要的火山区。

欧洲中新世的另一个显著特征是大规模的迁徙。在"大削减"之后，自东向西的迁徙相对而言常常不受地形的阻碍。不过，非洲和亚洲之间也开辟了多条迁徙走廊，这些走廊是如此宽敞，以至于在大约1200万年前，肯尼亚和德国的动物群变得几乎无法区分。

欧洲的植被继续进化，虽然这块大陆的大部分地区仍然被富含樟科植物的亚热带森林——其中以"月桂森林"著称——主导。如果你想体验一下月桂森林，密克罗尼西亚的马德拉群岛和加那利群岛值得一去。密克罗尼西亚在希腊语中的意思是"幸运群岛"，这里确实有一些幸运的岛屿，因为在那些地方，远古欧洲的一小部分幸存至今。位于大加那利岛半山腰的那片森林地带就是一个很好的例子，被樟科的四个成员主导，包括加那利月桂、亚速尔月桂、臭木奥蔻梯木，以及鳄梨的一个近亲，它们全都是远古类型，与柿树科和木樨科成员生长在一起。

幸存于密克罗尼西亚的另一个古植物遗迹是大名鼎鼎的龙血树，其树液被当作"龙血"出售。在过去，它作为一种药材、熏香和染料，备受青睐。龙血树不是月桂森林的一部分，而是来自中新世时期在欧洲部分地区出现的一种更干燥的生境。这些生境在伊比利亚半岛上留下了最多证据，在大约1500万年前，这里的干旱灌丛带中生长着大量沙莓草属成员、细茎针茅、腺牧豆树和白刺属成员。[3]

遗憾的是，密克罗尼西亚的月桂森林中几乎没有在中新世欧洲蓬勃发展的动物生命。这是因为密克罗尼西亚群岛起源于海底的火山喷发，或者起源于被推到海平面之上的洋壳碎片。原始的月桂森林要么是作为种子藏在鸟的肠胃里抵达这里的，要么是漂洋过海而来的。除了一个重要的例外，即陆地动物无法跨越海洋——如果在罗马摧毁迦太基之前的几个世纪，你是航海家汉诺手下的一名迦太基海员，那么你可能见过这些特别的动物。

想象一下，你是首批踏上传说中的密克罗尼西亚的人之一。大约在公元前500年，特内里费岛的山峰和今天一样高耸，并且常常被掩映在云雾中。但与今天特内里费岛上岩石遍布的干燥低地不同，此时你所看到的岛屿是一座苍翠的天堂，树上栖息着各种鸟，包括即将成名的金丝雀，当你靠近时，它也不害怕。那里只有一种大型陆地动物。进入森林后，你会看到一种巨大的爬行动物，即西加那利蜥蜴，一种身长达1米的食草动物，拥有强有力的颚。

如今，能让我们想起它存在的，只剩下在熔岩洞穴中发现的一个木乃伊化的头和胸部。这种体形几乎一样大但属于其他物种的蜥蜴生活在加那利群岛的其他地方，但是当人类携带狗和猫等捕食者来到这些岛屿并定居下来之后，它们就一只接一只地消失了。一个世纪以来，人们认为这种大型蜥蜴早已消失。但是就在上一个千年的尾声，一个残存的种群被重新发现。

一个多世纪以来，戈梅拉岛巨蜥被认为已经灭绝。但是在1999年，西班牙生物学家胡安·卡洛斯·兰多在戈梅拉岛两处难以触及的悬崖上发现了6只个体在挣扎求生。它们找到了一处远离捕食者但很危险的避难所，并通过某种方式坚持了许多代，而此时它们那些曾经遍布这座岛屿的近亲早已屈服于命运。人们决定将这些最后的幸存者中的一些圈养起来，如今得益于艰难的动物保护项目，野生和人工圈养的戈梅拉岛巨蜥大约有90只。也许有一天，在人类提供的微不足道的帮助之下，它们的后代能重新夺回这座岛屿的统治权。

蜥蜴以其抵达岛屿的能力著称，通常是通过趴在"植被筏子"上漂浮过去，所以这些瓜罗蜥属蜥蜴定居在密克罗尼西亚并不令人吃惊。作为欧洲最多样化的正蜥科成员，它们的近亲包括如今遍布欧洲温带地区的壁虎。加那利群岛还生活着6种体形较小的瓜罗蜥属蜥蜴，它们的大小与壁虎相仿，存活个体的数量也很多。另外，它们还以世界上最小的食草蜥蜴之一的身份而闻名。

　　长期以来，生物学家一直以这些大型瓜罗蜥属蜥蜴为例，说明被孤立在某些岛屿上的小型动物的后代可能会变成大型动物。但是在德国乌尔姆附近偶然发现的化石表明，这种看法是错误的。那具巨大且近乎完整的肉食性瓜罗蜥的骨架拥有2200万年的历史，这说明当瓜罗蜥属蜥蜴抵达密克罗尼西亚时，它们一定已经变成了食草动物，而且其中有很多物种变成了"小矮子"。[4]

　　就在密克罗尼西亚的樟科植物抵达它们的岛屿避难所不久之后，欧洲的古森林开始发生变化。关于新情况的一些最有力的证据来自德国，人们在那里发现了大约80种乔木的硅化树干，被保存在曾经坐落在正在上升的阿尔卑斯山北坡边缘的一座巨大的潟湖里。这些树干的历史可以追溯至1750万年前至1400万年前，它们揭示了一座亚热带森林的存在，而且其成分正在迅速变化。[5]在此处最古老的沉积层中，数量最丰富的硅化木来自木果楝的一个近亲。作为楝科成员，木果楝如今分布在非洲、亚洲和澳大拉西亚的热带沿海地区，并且一直延伸至太平洋地区。

　　在附近的沼泽中，棕榈和水松的一个近亲——名为欧洲水松——生长繁茂。有些植物学家认为欧洲的"活化石"水松和如今生长在亚洲的水松是同一个物种："如今在中国濒临灭绝的这种乔木有可能就是未发生改变的第三纪物种。"[6]水松是落叶植物，而且其自然生境仅限于河岸和沼泽。由于这种木材不易腐烂且有香味，所以已经被砍伐到了濒临灭绝的境地。

　　在中新世德国远离海岸的更坚实的土地上，生长着由山毛榉和香桃木的古代近亲构成的混交林。我们还不能确定阿尔卑斯山更高的山坡上覆盖着什么植物，因为没有保存下来的化石。但可以肯定的是，在海拔3000米以上或更高的山峰，某种高山或亚高山植物群正在形成。如今，欧洲4500种高山植物中有350种只分布于此，包括多花虎耳草和高山罂粟等美丽的植物，这说明它们在其高山家园中经历了漫长的进化。

到下一层浮木沉积在这座古老的德国潟湖中时——仅仅在一两百万年后，气候已经变得凉爽，也更干燥了。这一层里的硅化树干表明，相思树的近亲和樟科成员在这片多样化的森林中占据主导地位。此外，这片森林里还有龙脑香科植物，它们是如今婆罗洲森林中最高的树木。在时间距今更近的沉积层中（形成于更凉爽、更干燥的气候条件下），栎树和樟科植物占据主导地位；而在时间距今最近的沉积物中（大约1400万年前），占据主导地位的是刺槐属植物，以及与代儿茶属植物相似的相思树属的成员。

从热带常绿到落叶和旱地类型，植被的这些变化表明欧洲植被在中新世的1800万年间发生的变化有些复杂。这个故事在罗马尼亚西南部极其丰富的植物群化石中依然在延续。那里的植物化石可以追溯至大约1300万年前，它们揭示出的植被与当代欧洲的植被已经大致相似，但种类丰富得多。松栎混交林沿着一个古湖泊的岸边生长，中间穿插着山毛榉、榆树、槭树、鹅耳枥和一些樟科成员。在沼泽地，欧洲水松繁茂地生长着，柳树和杨树与之相伴。整体而言，这种由松树、常绿和落叶植物构成的混交林与至今仍生长在东亚和北美东部的森林相似，但也包括许多在罗马尼亚森林中仍然占据主导地位的属。这种植物群化石出现在欧洲许多中新世末期和上新世的沉积物中，被称为"北极第三纪地质植物相"（Arcto-Tertiary Geoflora）。

在德国和罗马尼亚的这些化石沉积下来时，欧洲森林里出现了一个奇怪的现象，即银杏突然出现。虽然银杏在恐龙时代曾出现过，但它似乎在小行星撞击后不久就在欧洲灭绝了，所以它在大约4000万年后重新出现令人惊讶。但是中新世欧洲的自然环境显然很适合它，因为有一段时间，银杏在这里生长得十分繁盛。[7]欧洲的银杏与今天的银杏并不完全相同，后者的自然分布范围仅限于中国群山之中的一小块区域，不过二者的差别很小。欧洲银杏似乎是在大约260万年前冰河时代开始前的某个时候灭绝的，其中一些的最后记录来自罗马尼亚。它们最近作为街道和花园树重返欧洲，应当像本地居民回归一样受到欢迎。

　　到大约500万年前的中新世末期，造山运动、气温急剧下降及海平面下降造就了一个在地形上与今天的欧洲大致相似的欧洲。气候变冷还导致欧洲植物群中对寒冷敏感的物种灭绝，而且草原、干旱灌丛带和高山植物群很可能已经形成。对于我们这个物种的历史特别重要的一点是，当时欧洲东南部（在今天的希腊和土耳其境内）出现了辽阔的林地——稀树草原混合生境。

第 16 章

中新世动物寓言集

在中新世时期，欧洲的动物群几乎和今天人们在东非看到的动物群一样丰富多样。这些动物留下了丰富的化石记录，但是这些化石有时令人困惑，而且变化迅速。犀牛在始新世时期已经抵达欧洲，但在中新世初期之前，其多样化程度并不高。然后在2300万年前至2000万年前，各种各样的生境出现并养活了多达6个共存的犀牛物种，包括体形较小的 *Pleuroceros*(只有半吨重)，它的鼻子末端有两只并列的角。然而，这只是欧洲犀牛增殖的开始：到1600万年前时，欧洲犀牛的物种数量增加到15个，有些物种由本地的种群进化而来，有些物种是来自亚洲的移民。然而，就像在更早的世代一样，共存的物种数量从未超过6个。[1]

爪兽是有史以来最奇怪的哺乳动物之一。它们是奇蹄动物——马、犀牛和貘的近亲，如果你只看到这种动物的头，你可能会把它误认为一种非常奇怪的马。但是它的身体像大猩猩，而且四肢长着巨大而锋利的爪子。这些特征的组合是如此怪异，以至于古生物学家们几十年来都没有意识到这些不同部位的化石竟然来自同一种动物。

爪兽在大约4600万年前出现在亚洲并迅速扩散至北美，然后又扩散到欧洲，它们的迁徙绕了远路，先后穿过白令海峡和德格尔走廊。[2]在中新世时期，欧洲出现了一次真正意义上的爪兽进化大爆发，至少有5个属同时存在。其中最古怪的是异齿爪兽属。它是欧洲中新世晚期的居民，站立时肩高约1.5米，重约600千克。它形似马的头部长在一条长长的几乎像霍加狼一样的脖子上，前肢长而粗壮，后肢较短，这让它拥有像大猩猩一样倾斜的背部。而且像大猩猩一样，异齿爪兽用趾关节走路，将趾向内折叠以保护自己锋利的爪子。它以树叶、种子、坚果及坚硬的果实为食，而大多数食物的外壳都很坚硬，导致它们的牙齿磨损得很厉害。[3]从生态学的角度来看，欧洲的这些动物对应的是南美洲的地懒和非洲的大猩猩。

爪兽数百万年前在欧洲已经灭绝，但有一支谱系在南亚的森林里一直生活到大约78万年前，所以直立人可能熟悉它。如果我拥有神灵般的力量，能从大自然的墓地中复活一种生物，那一定是异齿爪兽，因为这种动物在我看来是如此神秘，仿佛只属于童话故事。

长颈鹿通常被认为是非洲物种，但它实际上起源于亚洲，并从那里迁徙到欧洲和非洲。[4]其中一种名为西瓦鹿的灭绝类群长得非常高大，而且头上还有鹿角状的增生结构。它们很可能看起来像巨大且有角的霍加狓。西瓦鹿在大约200万年前灭绝，但此时其他长颈鹿却繁盛起来了，包括存活至今的长颈鹿物种，以及霍加狓的祖先。欧洲中新世时期数量最丰富的长颈鹿属于古麟属，该属被认为在大约500万年前灭绝。在2010年之前，除了长颈鹿化石专家之外，几乎没有人对古麟属感兴趣，但在这一年，两名古生物学家格雷厄姆·米切尔和约翰·斯金纳宣称古麟属根本没有灭绝。相反，他们认为该属仍然生活在非洲中部的山区森林中——以霍加狓的形式。[5]

这一说法在当时遭到了众多科学家的驳斥，但是一种本应灭绝的欧洲动物可能幸存于非洲中部的丛林里这一说法还是令人十分震惊的。霍加狓身披略带紫色、如丝绒般顺滑的皮毛，臀部有白色条纹，可以说是地球上最美丽的哺乳动物之一。如果它真的是欧洲古生物，或者是一种欧洲古生物的生态替代，那么在遥远的未来，在因为人为温室气体而变暖的欧洲，那些热衷于野化种群的狂热者或许会尝试将它引进。

顺便说一句，关于现代长颈鹿的起源，米切尔和斯金纳也有着惊人的推测。他们宣称，这个类群很可能起源于大约800万年前的欧洲，然后再扩散到亚洲（在那里灭绝）和非洲。作为起源于欧洲的动物，也许有一天长颈鹿也会成为环地中海沿岸再引进项目的候选者。

牛科动物包括从羚羊到绵羊和家牛的多种反刍动物（咀嚼、反刍食物的偶蹄动物），是有史以来种类最多、进化最成功的大型哺乳动物类群之一。它们起源于中新世早期，当时它们与鹿和长颈鹿的祖先分道扬镳。已知最古老的牛科动物始羚是一种和狗差不多大的森林动物，进化于欧亚大陆，它短而直的角心和其他骨骼分布于从中国到法国的有着1800万年历史的沉积物中。[6]此后不久，牛（包括家牛及其近亲）起源于欧亚大陆的某个地方。

羚羊起源于大约1700万年前至800万年前的欧洲——最古老的化石（拟羚）来自奥地利和西班牙。它们在大约1400万年前扩散至非洲和亚洲，标志着欧洲的一次巨大成功。羊（该类群包括山羊、绵羊和羱羊）起源于大约1100万年前的非洲或欧洲，最早的化石来自非洲和希腊。在大约1000万年前，随着草原的扩张，所有这些牛科动物——它们都非常适应从这种多纤维资源中提取养分——开始迅速多样化。

象起源于非洲，并在1750万年前来到欧洲，大概是取道亚洲。[7]最先进入欧洲的象是一个现已灭绝的类群，名为嵌齿象，是一种长着四根象牙的原始动物。大约在270万年前，它们在大部分地方灭绝，而此时其他种类的象从非洲出现并广泛扩散，但有一些在南美洲幸存下来了，直到大约13000年前人类抵达那里。从地质学的角度来看，我们在须臾之间错过了目睹嵌齿象的机会。

大约在1650万年前，另外两种象，也就是恐象和乳齿象，抵达欧洲海岸。原恐象属（恐象的一种）和今天的亚洲象差不多大，但它们的鼻子在大小和功能上与貘的鼻子相似。它们没有上牙，下颚长着一对朝上的象牙，可能是用来剥树皮的。在中新世时期，欧洲恐象的体形变得十分巨大，一些类群甚至重达15吨——这让它们成为有史以来最大的陆地哺乳动物之一。

乳齿象看起来像今天的象，但是至少在某些19世纪学者的想象中，它们臼齿的牙尖像乳房（其名字就由此而来）。大约在270万年前，它们在欧亚大陆灭绝，但在北美一直存活到13000年前。

大约1400万年前，高等鹿——鹿角有多个分叉，且每年都会脱落——就已经存在于欧亚大陆。其中一种名为叉角鹿，它将诞生有角鹿的两大谱系，即空齿鹿亚科和鹿亚科。空齿鹿亚科包括西方狍、驼鹿、驯鹿和美洲的大部分鹿种（加拿大马鹿是个明显的例外）。鹿亚科包括麂、欧洲马鹿、加拿大马鹿、黇鹿和已经灭绝的大角鹿，以及许多亚洲类群，包括麋鹿和花鹿。

鹿亚科可以说是欧洲哺乳动物最伟大的成功故事之一：最早的一种是祖鹿，首次出现在大约1000万年前的欧洲。大约在300万年前，它已经扩散到东亚，而且鹿亚科很快就会成为欧亚大陆大部分地区数量最多的大型食草动物。[8] 当研究者们意识到鹿亚科起源于欧洲时，他们震惊了，其中一人写道："（就迁徙而言）欧洲应被看作一个死胡同，而不是一个正常进化多样化的区域。"[9]

三趾马属中的马在1110万年前从北美洲迁徙到欧洲——它们是当时少数成功迁徙的物种之一。它们的到达标志着欧洲瓦里西期（中新世的子部分）的开始。[10] 它们的化石极为丰富，这为鉴定化石沉积物的年代提供了一种简单的方法。它们的外形与现代马大致相似，体重约为现代马的一半，每只脚上都有两个小的蹄形状侧趾。马的分布范围曾局限在北美洲数千万年之久，此时得以迁徙，是因为一段寒冷时期导致南极冰盖扩张。由于大量海水在极地冻结，海平面下降了140米，开辟出一条横跨白令海峡的草原陆桥。[11] 欧亚大陆此前不存在任何类似马的动物，于是它们迅速填补了这个空白的生态位。

来自渐新世的奇怪的狗熊和熊狗继续在中新世的欧洲生活，齿如匕首的原始捕食者猎猫科成员也是如此。早在1200万年前，作为所有现存猫科动物的祖先，如猞猁般大小的阿提卡猫就已经徜徉在古希腊和欧亚大陆其他地区的森林中，而剑齿虎也在崛起。[12]人们在马德里附近的巴塔利奥内斯山开采矿物时暴露的化石沉积物，揭示了它们进化的细节。[13]这些沉积物的历史可以追溯至1160万年前至900万年前，位于被填充的沟壑或洞穴中。大多数骨骼化石都来自食肉动物，说明这些空腔起到了天然陷阱的作用，即用腐肉的气味引诱这些食肉动物。从这里获得的一项不同寻常的发现是一种已经灭绝的小熊猫的骨头。

在巴塔利奥内斯山发现了几种早期剑齿虎的完整头骨，包括刃齿虎属谱系的一个早期成员和一种原始的似剑齿虎。刃齿虎属的祖先只有豹子般大小，而似剑齿虎的体形已经像狮子那么大了。[14]刃齿虎属祖先的腿比较短，身形很像斗牛犬。而且雄性和雌性的体形相似，这说明它们是独居的伏击捕食者。似剑齿虎拥有像斑鬣狗一样向后倾斜的背部，大概很善于奔跑。雄性比雌性大得多，并且拥有领地，其领地可能与数只雌性的领地有重叠，就像今天的老虎一样。

最大的剑齿虎在北美洲一直存活到13000年前，并且可以杀死年幼的大象。目前尚不清楚它们匕首似的犬齿是如何使用的，但是化石记录表明这些犬齿经常出现破损，说明猎物进行了激烈的反抗。有些研究者认为它们是用来切断脖部动脉的，另一些研究者认为剑齿虎用它们来挖出猎物的内脏。剑齿虎的犬齿一定让它们很难将大块的肉塞进嘴里，而它们大而尖的门齿可能被用来从尸体上咬下肉块。它们还可能有像狮子一样布满肉刺且像锉刀一样的舌头，用来从骨头上舔下肌肉。

在中新世的欧亚大陆，鬣狗由类似雪貂的祖先进化而来。它们分为两种类型：一种是能够咬碎粗重骨头的类型，另一种是动作敏捷、像狗一样的类型。这些像狗的鬣狗在中新世的欧洲数量极为丰富，在拥有大约1500万年历史的沉积物中，它们的化石数量比所有其他食肉动物的加在一起还多。但是到了700万年前至500万年前，气候变化导致它们数量减少，不过进入欧洲的第一批犬科动物带来的竞争可能也是一个原因。像狗的那种类型中唯一生存至今的是在非洲以白蚁为食的土狼。那种咬碎骨头的鬣狗成为欧亚大陆上的主要食腐动物——如今它们在非洲和亚洲仍然扮演着这样的角色。它们成功的原因之一似乎在于它们与剑齿虎的伙伴关系，因为这两类食肉动物是共同发展的。由于剑齿虎没有咬碎骨头的能力，所以据推测鬣狗会在剑齿虎饱餐一顿之后吃掉骨架。

但是犬科动物呢？它们还在另一片大陆（北美洲），等待一座合适的陆桥形成，然后进入欧亚大陆。在700万年前至500万年前，也就是中新世即将结束的时候，犬科动物中体形与胡狼相当的始祖犬属进行了这次迁徙并迅速扩散开来。[15]但是不久之后，它们就灭绝了。大约在400万年前，犬科动物从北美进行第二次迁徙，为欧亚大陆带来了新的、更大的物种：这些犬科动物将存活下去。

从中新世到更新世早期，鸵鸟在东欧的平原上漫步。除了来自摩尔多瓦的一个小型物种，它们都属于一个类群，即亚洲鸵鸟，该类型与现存的鸵鸟非常相似，但更重。一个科学难题是，虽然它们的骨骼化石看上去很像，但发现了三种截然不同的鸵鸟蛋化石。红腿叫鹤——身高1米的地栖捕食者，如今的分布范围仅限于南美洲的草原——在中新世的法国的平原上漫步，而鹦鹉在中新世的德国找到了家园。许多其他栖居在中新世欧洲的鸟类与今天你可能在欧洲看到的鸟类非常相似。

我们现在认为巨型龟是岛屿居民，但在过去，巨大的龟类爬行动物在每一块大陆上都能看到，而且它们在中新世的欧洲发展得十分繁盛。人们在希腊和巴伐利亚发现了中新世蟒蛇的骨骼，在瑞士瓦朗里的一座采石场里发现了世界上最古老的毒蛇的毒牙。[16]对在德国南部发现的一些距今稍近一些的毒牙的研究表明，这些牙齿注入毒液的方式和今天的毒蛇使用毒牙的方式是相同的。[17]

离龙目是一类形似鳄鱼的爬行动物，它们使用长而窄的下颚捕食鱼类。

在外貌和习性上，它们可能很像印度的恒河鳄，但是它们与鳄鱼完全没有亲缘关系。尽管开展了很多研究，但离龙目在进化树上的位置仍然不明确。不过，它们似乎起源于恐龙进化之前。到中新世时，它们成为仅存于欧洲的活化石。当科学家在法国和捷克境内有着2000万年历史的沉积物中发现一头原始离龙目动物的骨骼时，他们大吃一惊，描述这种动物拥有1100万年之久的"鬼魅般的血统"——因为科学家此前从未发现过3100万年前至2000万年前的离龙目化石。他们将该化石命名为"拉撒路斯鳄"*，因为它仿佛是死而复生的。[18]我们不知道拉撒路复活后又活了多久，但拉撒路斯鳄重回世间的时间似乎很短暂，因为这是我们最后一次听到这种古老爬行动物谱系的踪迹。

---

* "拉撒路斯鳄"（*Lazarussuchus*），字面意思是"拉撒路的鳄鱼"，源自《圣经》中耶稣让已死去的拉撒路复活的故事。——译者注

第 17 章

欧洲的非凡猿类

今天看来，猿类似乎是欧洲的外来户，但在中新世，大约有1200万年的时间，这块大陆在它们的进化过程中起着至关重要的作用。猿类（人科）包括人类谱系、猩猩、大猩猩和黑猩猩。最近的发现表明，第一批人科动物和第一批双足猿都是在欧洲进化的，第一批大猩猩也可能如此。这一结果不会让查尔斯·达尔文感到吃惊，因为他在一百多年前就推测："上中新世时期的欧洲生活着猿……其体形几乎和人类差不多大；而自如此遥远的年代以来，地球无疑发生了多次重大巨变，并且有充足的时间进行大规模的迁徙。"[1]

旧世界猴类和猿类最后的共同祖先是上猿，一种外形似猴子的动物。它们很可能起源于亚洲，但很快扩散到欧洲和非洲。[2]在第一批真正意义上的猿和欧洲旧世界猴类出现很久之后，上猿仍存在于欧洲、亚洲和非洲，而且其中一只上猿的化石正是达尔文提到的那个样本。它是19世纪20年代位于德国美因茨附近的埃佩尔海姆（Eppelsheim）的一座矿井里的矿工发现的。这根大腿骨位于含有许多已灭绝动物残骸的沉积物中，它又长又直，髋关节很小。从整体来看，它与人类的大腿骨是如此相似，以至于19世纪的一些学者认为它肯定属于某个小女孩。

这一非凡的发现被乔治·居维叶故意忽视。他的声明之一是"不存在人类的化石"（未能经受住时间的考验）。[3]作为一名虔诚的路德宗信徒，他拒绝接受任何进化论概念，而是提出了与《圣经》相一致的灾难和再创造理论。居维叶提出，只有最后一轮创造才涉及人——因此在更古老的岩石中没有人类的化石。虽然居维叶设法忽视这根不利于该理论的股骨，但在19世纪末，它得到了研究并被命名为 *Paidopithex rhenanus*。如今，人们认为这根骨头来自某种生活在大约1000万年前的晚期上猿。[4]

遗传学研究表明，猿类和旧世界猴类最后的共同祖先生活在大约3000万年前。但是最古老的化石来自坦桑尼亚，只有2520万年的历史。[5]最古老的猿类是 *Rukwapithecus* 猿，仅凭一根不完整的下颚骨命名，而最早的旧世界猴类是 *Nsungwepithecus* 猴，只有一块下颚骨碎片（含一颗臼齿）的化石记录。据科学家估计，*Rukwapithecus* 猿的体重约有12千克，而 *Nsungwepithecus* 猴稍轻一些。除此之外，关于这些重要的祖先，人们几乎一无所知。由 *Rukwapithecus* 猿进化出的猿类超科被称为人猿超科（该超科包括长臂猿、猩猩、大猩猩、黑猩猩和人类）。人猿超科成员与猴类有几点不同，最突出的一点是没有体外的尾巴。不过猿类保留了尾骨——它们进化成了一种完全位于体内、名为尾椎的弯曲结构。由于猿类和旧世界猴类有许多相似之处，所以将牙齿化石或四肢骨骼判定为猿类必然是推测性的。但尾椎化石是可靠的证据之一。

数百万年来，非洲一直在向北推进。我们常常谈论"大陆漂移"，但是这个词太被动了：大陆会弯曲、抬起或者压碎前进路线上的任何东西。大约在1900万年前，非洲开始逆时针旋转，挤压如今位于阿拉伯半岛的特提斯海。有那么一天，这片沙漠必定碰到了另一片沙漠。巨大的特提斯海被切断，一座陆桥将非洲与土耳其的欧洲部分连接起来。大象可能在两座大陆相连之前就游过了不断变窄的特提斯海，但是猿类惧怕海神的领地：它们会等到能够在干燥的沙子上踏足，甚至可能会一直等到林冠通道形成才进行迁徙。

来自肯尼亚的化石猿类 *Ekembo*（以前归入原康修尔猿属）生活在1950万年前至1700万年前。整体而言，它的外形像猴，但很可能缺少体外的尾巴。* 约1700万年前，类似*Ekembo*的猿类已经在欧洲定居，并经历了一个快速的进化阶段，演变成土耳其古猿。土耳其古猿是最早的人科动物，而且它们出现在欧洲的时间比出现在非洲的时间至少早100万年，这说明人科动物最有可能起源于欧洲，而不是像长期以来人们认为的非洲。1650万年前，特提斯海海道再次打开，欧洲的土耳其古猿被孤立出来。它们继续在孤立的环境中进化，直到大约1500万年前，当通往非洲的陆路再次被打开时，它们得以进入非洲并在那里站稳脚跟。[6]

拥有1500万年历史的非洲赤道古猿是新移民，它们与欧洲的土耳其古猿非常相似，但是更倾向于在地上生活。它的同时代近亲*Nacholapithecus*猿（也来自非洲）为猿类的关键特征（尾椎）提供了最早的明确证据。[7]大约从1300万年前开始，猿类的化石记录在非洲逐渐减少，直到在1100万年前完全消失。那里其他物种的化石都很丰富，所以看起来猿类似乎在非洲灭绝了，这或许是由于旧世界猴类与它们的竞争所导致的。

猴类能够在竞争中胜过猿类，这听上去似乎很荒谬。但是如果我们将人类剔除在外，并从进化论的角度问问自己是猿类还是旧世界猴类表现得更好，答案便显而易见了。旧世界猴类如今有大约140个现存物种，从日本的雪山到巴厘岛，从好望角到直布罗陀，到处都有它们的足迹。相比之下，猿类只有大约25个物种，而且除了我们自己，大部分都是非洲和亚洲雨林中数量稀少的居民。实际上，千百万年来，猴类一直在取代各种生境中的猿类，所以现存的猿类基本上都是大型物种，它们通过改善自己的体形来避免与能力强的猴类竞争。

极有可能的是，在大约1300万年前，也就是非洲猿类即将大规模减少之前，*Nacholapithecus*猿或者某个与其非常相似的物种通过另一条短暂存在的陆桥，从非洲进入了欧洲。然而，有些移民并没有留在欧洲，而是继续

---

* 令人沮丧的是，基于我们拥有的遗骸化石，我们无法完全确定这一点。

前往亚洲，并在1300万年前至1000万年前进化成一种猩猩的祖先。而一直生活在欧洲的猿类则蓬勃发展，因为它们的主要竞争者旧世界猴类直到大约1100万年前才抵达欧洲，直到700万年前才在欧洲广泛分布。也许欧洲季相更分明的环境不利于旧世界猴类生存。

第 18 章

第一批直立猿类

在1300万年前至1000万年前，哺乳动物在欧洲和亚洲之间进行迁徙的证据很少，而在欧洲和非洲之间进行迁徙的证据则更少。在这一时期，欧洲猿类开始发生重大变化。[1]这次变化在远古的加泰罗尼亚、匈牙利和希腊居民的骨头上体现得最为充分。大约在1000万年前，在一条水道中——如今是加泰罗尼亚萨瓦德尔镇附近坎洛巴特里斯（Can Llobateres）的一座垃圾场——包括远古犀牛、鼯鼠、马和羚羊在内的动物的骨骼开始堆积。1991年夏天，古人类学家大卫·贝根和萨尔瓦多·莫亚-索拉开始在那里搜寻化石。[2]他们不顾垃圾的恶臭，几乎同时将镐子扎进沉积物，然后惊讶地发现了一种古猿的头骨。

在接下来的几年里，这种名为克鲁萨佛特西班牙古猿的非凡物种的部分骨架从黏土中现身。这些骨头构成了欧洲有史以来发现的最完整的人科动物骨架。* 它的四肢骨表明西班牙古猿的运动方式与黑猩猩和大猩猩相似。但是当科学家检查它的鼻窦时，却感到十分惊讶，因为它的鼻窦不但大，而且其形状以前只有在大猩猩、黑猩猩和人类身上才能看到。从它的鼻窦来判断，克鲁萨佛特西班牙古猿是已知最早的类人动物（hominine，该类群包括除猩猩之外的所有大猿）。

---

* 这种动物是以加泰罗尼亚古生物学家米格尔·克鲁萨佛特（Miquel Crusafont i Pairó）的名字命名的，他一生都在研究伊比利亚的中新世哺乳动物。

第二个重要标本的骨头是在匈牙利城镇鲁道巴尼奥附近的一处铁矿区被发现的。人们在那里发现的沉积物分布在潘农湖及其周围，这个湖泊如今已经消失，它存在于1000万年前至970万年前，其大小相当于北美洲的五大湖。鲁道巴尼奥奇特的自然环境捕捉到了整个生态系统的"快照"。

让我们再次进入时间机器，参观1000万年前的匈牙利奇景。在黄昏时分，我们来到一个潮湿、翠绿的世界。我们首先注意到的是夜晚合唱团的喧嚣。鸭子、野鸡、乌鸦、青蛙和昆虫的叫声响彻空中，早飞的蝙蝠四处穿梭。这个地方给人的感觉不像是中欧，更像是今天的路易斯安那。

一场阵雨让地面变得十分泥泞——这里的年降雨量至少为1.2米，每年会下很多场雨。在离开时间机器时，我们惊动了一头大型野兽。它是一头貘，从水里冒出来，沿着一头巨型大象（恐象）留下的小道往前走，道路旁边的树皮都被这头恐象用它下面的象牙剥掉了。爪兽、犀牛和马一起在远处的林地里觅食，一只剑齿猎猫科动物和一只鬣狗在一旁窥伺。哺乳动物的多样性令人吃惊，有70多种，包括鼩鼱、鼹鼠、蝙蝠、上猿、野兔、河狸、许多啮齿动物——包括鳞尾鼯鼠（类似松鼠的奇特动物，尾巴上长着鳞片，至今在非洲中部仍然可以看到）——以及种类多样的食肉动物。[3]

被咕呱咕呱的叫声吸引，我们弯下腰看向生长在小水坑旁的芦苇丛，在里面看到了两种蟾蜍。我们拿起其中体形较小的一只，也就是铃蟾，然后将其翻过来，看到了它肚子上黑黄相间的鲜艳花纹。当我们这样做时，这种动物摆出了标志性的防御姿势，将"八"字形的两只后腿推高到鼻子上方，制造出一种奇特的假象，让人误以为它的屁股就是它的头。

较大的那种蟾蜍个头很大。它唯一的现存近亲是以色列的胡拉油彩蛙，但它与后者一点也不像。它在芦苇丛中大声鸣叫，看起来很安全，但是在未来的某一天，气候变化会将它所在的整个属从欧洲抹除。铃蟾和油彩蛙都是盘舌蟾科的成员，该科还包括产婆蟾。中新世对这些古老的动物很友善。

有东西从我们脚边的草丛里突然冒了出来，抓住了一只铃蟾。原来是一条眼镜蛇，而当它看见我们时，随即立起身子，并将"兜帽"张开。眼镜蛇很快就将在欧洲灭绝，但这种动物如今在亚热带气候区生活得非常自在。还有一个惊喜在等着我们：一声类似黑猩猩的叫声吸引了我们的注意，在林冠中，我们看到了一只非凡的猿。它被称为 Rudapithecus 猿，在某些方面与西班牙古猿相似，而且对人类的进化史来说特别重要。

在鲁道巴尼奥发现的 Rudapithecus 猿的颅骨极大地丰富了我们对这种已经灭绝的古猿的认识。该样本是由当地的地质学者加博尔·赫尼亚克发现的，他从 20 世纪 60 年代起就开始在鲁道巴尼奥的铁矿区挖掘化石，并找到许多宝贵的样本。赫尼亚克曾志愿参加大卫·贝根 1999 年在这个矿区开展的挖掘工作，但是根据贝根的说法，赫尼亚克对化石"记录归档的规范毫无耐心"，而在缺少记录归档的情况下，化石的科学价值就大打折扣了。于是赫尼亚克被打发去清扫一块长条形石头上的灰尘，当时参与该项目的古生物学家们吃午饭时会坐在那块石头上。赫尼亚克在支撑他们学术尊臀的石头表面之下几毫米的位置，发现了 Rudapithecus 猿的下颚骨，而随着挖掘工作的深入，又发现了至关重要的颅骨。[4]

Rudapithecus 猿的体形与黑猩猩差不多大，而且其头部大小也和黑猩猩的差不多；比较古老的猿类拥有相对其体形来说小得多的头部，而 Rudapithecus 猿提供了在全世界发现的头部尺寸如此大的猿类的最古老的证据。由于出生时头部大小的限制，脑容量大的猿类在出生后大脑仍在生长。在人类身上，这会导致一种名为"第四妊娠期"的现象，它指的是婴儿出生后的头三个月里，大脑快速发育，但此时已经暴露在社会环境的刺激下。一些研究者认为，这种现象造就了我们的社会性和智力。[5]若是如此，那么也许我们这个物种在这些方面的基础就始于大约 1000 万年前的潘农湖岸边。

在 Rudapithecus 猿的几只个体死在现今匈牙利境内巨大的潘农湖岸边大约 50 万年后，一种体形大得多的人科动物出现在了今天的雅典和塞萨洛尼基附近。欧兰猿的体形与大猩猩差不多大，有凸出的眉骨、硕大的下颚骨和上颚，全都与大猩猩十分相似。然而，它的臼齿与大猩猩的不同，但与人类的臼齿很像，表面覆盖着厚厚的珐琅质。它的犬齿也很短，与我们的很像，不像大猩猩的犬齿又长又尖。欧兰猿既令人着迷又令人沮丧，因为在原始人类进化史中，这个至关重要的一环只给我们留下几颗牙齿和颚骨，以及一个不完整的颅骨。我们无法知晓它的运动方式、它的大脑有多大，以及它是否拥有大鼻窦。当它首次被发现时，研究人员将其描述为南方古猿可能的祖先之一，因此与人类谱系的关系很近。新近的研究指出，欧兰猿与所有非洲猿类有着同样远的亲缘关系。

然而，在埃塞俄比亚境内发现的拥有约800万年历史的牙齿引发了另一种理论。它们被认为是最早的大猩猩牙齿化石，但看起来很像欧兰猿的牙齿。*因此，欧兰猿可能是大猩猩的一种祖先，而大猩猩可能是在希腊进化的。若是如此，那么进化过程必定发生了逆转：首先，大猩猩和黑猩猩臼齿的稀薄珐琅质一定是从类似人类臼齿的厚重珐琅质重新进化而来的；其次，大猩猩和黑猩猩的强大犬齿是从类似人类的短小犬齿进化而来的。如果是这样的话，那么人类、大猩猩和黑猩猩的祖先就拥有短小的犬齿和厚重的臼齿珐琅质——在现存猿类中，只有人类保留了这些特征。

2017年5月，随着弗氏希腊古猿被重新分析，希腊对原始人类进化的重要性得到深刻强调。[6]这种猿的故事可以追溯到1944年，当时驻扎在雅典附近的德国军队面临进攻威胁，正在挖避弹掩体。当士兵们在质地细腻的泛红沉积物中拼命挖掘时，有人挖出了这根属于某种灵长目动物的严重分解的下颚骨。在那样恶劣的条件下，关于这块缺少牙冠的被腐蚀的骨头是如何被发现的，又是如何保存下来的，都没有记录。而重新挖掘这处位于

---

* 这种类似欧兰猿的动物被命名为纳卡里猿（*Nakalipithecus*），凭借一根颚骨和11颗独立牙齿的化石记录命名。

皮尔戈斯的瓦西里西斯（Vasilissis，位于如今雅典的郊区）的遗址的希望也不大，因为这片土地上的业主在避弹掩体的原址上修建了一个游泳池。幸运的是，这块化石可以精确断定年代——来自约717.5万年前。

"二战"结束后，这块化石落入荷兰古人类学家古斯塔夫·海因里希·拉尔夫·冯·孔尼华的手中，他在1972年将其命名为 *Graceopithecus freybergi*，该拉丁学名的字面意思是"弗赖贝格的希腊猿类"。*冯·孔尼华以其关于"爪哇猿人"（直立人的一种）的研究著称，而将这块残缺的下颚骨碎片命名为希腊古猿是很冒险的行为。实际上，该名字被广泛视为可疑名称（*nomen dubium*），并且有被国际动物命名法委员会摒弃的危险，这对任何动物学家来说都是一个污点。长久以来，事态一直如此，直到新技术揭示这位伟大的教授是对的。

前臼齿的齿根是类人动物谱系的关键指标，而这些齿根的CT扫描结果加上在保加利亚发现的一颗前臼齿的齿根，使得研究人员们可以肯定地将这些遗骸判定为已知最古老的类人动物——也就是包括我们自己在内的直立猿类的直系祖先。这意味着现在我们还必须承认希腊是类人动物的摇篮，而我们人类是唯一活着的代表。

包裹这根下颚骨的红色沉积物也有自己的故事。对盐和微小岩石颗粒的分析表明，它们由外力从撒哈拉沙漠带到雅典，而负责转移它们的是规模比如今看到的那些沙尘暴至少大十倍的沙尘暴，这说明撒哈拉沙漠早在700万年前就已经干涸，而且有大量沙尘降落在欧洲。在该地区的其他地方，人们在类似的沉积物中还发现了远古犀牛、马、长颈鹿和大型羚羊的遗骸。来自这些地方的花粉揭示了松树、栎树、滨藜、菊科植物及禾本科植物的存在，而木炭则说明这些地方发生过火灾。[7]总之，希腊古猿居住在干燥、开阔的环境中，与欧洲早期猿类偏爱的潮湿栖息地大不相同。

---

* 这件标本藏于弗赖贝格博物馆。

2017年，在克里特岛上的特垃基洛斯村附近，人们有一项惊人的发现。在那里，大约在850万年前至560万年前（最有可能是570万年前），两只双足猿（也许有其他双足猿陪伴）走过海边的浅滩，而其留下的脚印被极其完整地保存了下来。在当时，克里特岛很可能是欧洲大陆的一座半岛。

这些动物留下的脚印长度为9.4～22.3厘米，比成年人类的脚印小，但与希腊古猿的尺寸差不多。这些脚印清晰地表明，它们的脚有一个"球"和一个与之对齐的大脚趾，就像我们的脚一样。只有直立行走的猿才有这样的脚；这些脚印如果不是希腊古猿自己留下的，那很可能是它们的某个近亲留下的。[8]

这些脚印是我们所能找到的关于大约200万年前直立人抵达欧洲之前，类人动物存活于欧洲的距今最近的证据。一想到欧洲的直立猿类在特垃基洛斯留下脚印后可能没能存活多久，就不免让人感伤，因为在中新世末期，欧洲失去了数个物种——它们在非洲存活了下来——包括模样像霍加狓的原始长颈鹿。造成这些物种灭绝的原因可能与直立猿类迁徙到非洲的原因相同，即墨西拿盐度危机，当时整个地中海都干涸了，一条通往非洲的广阔道路打开；不过这条通道可能只是短暂的，因为该盆地的条件很快变得不适宜生存。

非洲化石记录中出现的第一种可能的类人动物是乍得沙赫人，大约700万年前，他们生活在如今的乍得境内。第二古老的是拥有570万年至610万年历史的图根原人，来自肯尼亚。从一副残缺的骨架来看，其绝对是双足动物。此后，非洲诞生了一系列种类丰富、跨越原人属和人属之间鸿沟的直立猿类。神奇的是，非洲几乎没有发现黑猩猩的化石，而来自埃塞俄比亚的几颗50万年前的牙齿化石是目前仅有的得到鉴定的化石。

查尔斯·达尔文是对的。在大约570万年前的某个时刻，从欧洲走向非洲的猿类进行了"一场最大规模的迁徙"。我敢肯定，就连这位伟人自己也会对这场迁徙所使用的是两条腿而不是四条腿感到惊讶。但是在这一事件之后，一直到直立人在大约180万年前定居欧洲和亚洲之前，人类的故事全都在非洲开展。

渐新世–中新世时期的猿类进化总结

3000多万年前	作为旧世界猴类和猿类的祖先，上猿在亚洲进化。
3000万年前至2500万年前	*Rukwapithecus*猿（长臂猿、猩猩、大猩猩、黑猩猩和人类的祖先）在非洲进化。
1700万年前	土耳其古猿（猩猩、大猩猩、黑猩猩和人类的祖先）在欧洲进化。
1300万年前	*Nacholapithecus*猿（猩猩、大猩猩、黑猩猩和人类最后的共同祖先）在非洲进化。
1100万年前	西班牙古猿（大猩猩、黑猩猩和人类的祖先）在欧洲进化。
700万年前	希腊古猿（人类谱系的最早祖先）在欧洲进化。
600万年前	我们的直系祖先原人属在非洲进化。

第 19 章

湖泊和岛屿

大约在1100万年前至900万年前，大规模迁徙改变了欧洲淡水水域的动物群。要想了解当时发生了什么，最好的地方是保存在东欧和中欧古湖泊（包括潘农湖）周围的沉积物。这些辽阔的淡水水体让许多新鱼类得以在欧洲定居，而且它们几乎都来自亚洲，并造就了如今多瑙河流域极其丰富的动物群。[1]

欧洲如今有大约600个淡水鱼物种，其中50%属于鲤科，该科包括鲤鱼、丁鲷和鲹鱼等。欧洲大多数古老且特有的淡水鱼物种都分布在南欧，因为欧洲北部的动物群被不断推进的冰川摧毁了，只能在每次冰期过后从南部重新引进。

在罗马尼亚的喀尔巴阡山南部，人们发现了一种非凡的幸存者。罗马尼亚鲈是一种非常原始的鲤科鱼，有两片背鳍，身体上覆盖着一层粗糙的鳞片。它们于1957年在瓦格斯河上游被发现，在鱼类学界引起了轰动。此后，水电大坝的修建对罗马尼亚鲈造成了严重影响。它们也许可以在瓦格斯河的一条支流中存活下来，但在没有任何帮助的情况下，对这种古老的罗马尼亚居民来说，留给它们的时间已经不多了。

如今，全世界一共有27个鲟鱼种群，其中有8种生活在欧洲水域里。它们是古老的鱼类品系，其历史可以追溯到2亿多年前。然而，它们的化石记录是如此稀少，以至于人们尚不确定它们在何时抵达的欧洲水域。但是它们适应了湖泊中的生活，而且如今鲟鱼种类最多样化的地方位于欧洲东部的里海，那里有6个种群共存。可以假设欧洲物种的祖先是通过潘农湖到达这里的。

欧洲鳇是最大的鲟鱼，据说过去它们在里海中可以长到5.5米长，2000千克重，是地球上最大的淡水鱼之一。[2] 所有鲟鱼的寿命都很长，有些种群的寿命甚至超过了一个世纪，需要20年才能达到性成熟。它们实际上是大型动物，而且就像欧洲的所有大型动物一样，它们在这片人口越来越稠密的大陆上过得很糟糕。在塞尔维亚和罗马尼亚的多瑙河下游，非法捕捞仍在继续掠夺欧盟仅存的唯一鲟鱼种群。

现在该把目光转向欧洲的岛屿了，看看这里最后一种，或许也是最不同寻常的猿类之一。所以，让我们进入时间机器，然后将仪表盘拨到大约900万年前的地中海。在我们下方，颜色像葡萄酒一样深的海水十分辽阔，但是看不到意大利半岛的半点迹象。取而代之的是两座巨大的岛屿，它们的某些部分将在未来与意大利本土合并。这两座岛屿都留下了丰富的化石记录。

我们降落在失落的加尔加诺岛——存在于1200万年前至400万年前——进入这个气候温暖适宜的地方。展现在我们面前的是一座布满沟壑的石灰岩高原，覆盖着混合植被森林和更开阔的生境。一道阴影从我们头顶掠过。我们抬起头，看到一只如鹰一般大的隼在俯冲观察。它惊动了一群霍氏鹿。霍氏鹿的大小和外形与山羊很像，头上有5只角，其中一只长在两眼之间，再加上匕首似的长长的上犬齿，使它们的样貌看上去相当凶狠。虽然外表凶悍，但它们是食草动物——一种长角的鹿，并且是加尔加诺岛上体形最大的居民。岛上一共发现了5个物种的遗骸（它们可能存在于不同时期），而体形最大的和欧洲马鹿差不多大。

受惊的霍氏鹿朝一处灌木丛小跑过去，此时一只看上去全都是头且长着猪眼的丑陋动物突然冲出来，抓住一只幼鹿，然后它一边咆哮，一边努力制服自己的猎物。恐毛猬是有史以来最大的刺猬，身长60厘米，其中三分之一是头，剩下的是毛茸茸的身体，腿很短。它的门齿从凶残的咽喉中几乎水平伸出，而它小小的眼睛使其看上去尤为凶恶。在缺少猫科动物和其他食肉动物竞争的情况下，进化使这种最不可能的动物成了加尔加诺岛上哺乳动物中的顶级捕食者。但这种巨大的刺猬并不是古加尔加诺岛上唯一的捕食者。如果我们有时间进一步探索，我们可能会看到一种巨大的仓鸮，有1米多高，体形是如今最大的猫头鹰的两倍。再加上一种巨大的不会飞的雁、一种本地特有的水獭、一种巨大的鼠兔（一种像兔子的动物）、五个睡鼠物种（有些是巨型物种），以及三种巨大的仓鼠，这里的动物群真的很不寻常。

当加尔加诺岛的石灰岩高原被侵蚀成多孔地形，将这里的古代居民困住时，它也将这些古老居民的骨头保存了下来。这座岛屿上的大部分地区（或者全部）随后被淹没并被覆盖上一层海洋沉积物。随着靴子形状的意大利半岛的形成，它向后踢了一脚，也就是说从毗邻撒丁岛的位置旋转到更靠近亚得里亚海东部海岸的地方，与当时已经沉没的加尔加诺岛相撞，并将它推到海平面以上大约1000米的位置，随后其"融入"意大利半岛，成为靴子上的"马刺"。

我们返回时间机器，向西旅行，来到中新世欧洲最大的岛屿图斯卡尼亚。由今天的撒丁岛和科西嘉岛以及托斯卡纳的部分地区组成，图斯卡尼亚比任何一座现代地中海岛屿都大。在过去的5000万年里，它与欧洲大陆断断续续地连接，从而使新的物种得以定居于此。然而，到大约900万年前，一段长期隔绝导致这里形成了一种最不同寻常的岛屿动物群。我们的时间机器降落在一条热带河流入海口旁的沙丘上，这座高高的沙丘将广阔的沼泽森林与大海隔开了。

当我们走出去时，一群明显属于两个不同物种的小型羚羊正在啃食沙丘上稀疏的植被，旁边还有一头大得多的原始长颈鹿。*较大的羚羊物种是岛上数量最多的食草动物，长着独特的螺旋状角。较小的羚羊几乎只有野

---

* 这种"长颈鹿"的学名是 *Umbriotherium azzarolli*，它的确切身份仍有争议，但是前白齿的某些特征与原始长颈鹿相似。

兔般大小，长着更简单的、弯曲的角。这头长颈鹿（其化石很少）可能长得像一头小霍加狓。浅滩上站着一头低矮的、类似水牛的动物，它正在给自己降温，旁边还有一头伊特鲁里亚猪——一种鼻子短小的小肥猪。

一只不同寻常的猿漫步走上沙丘。这只体形如长臂猿般大小的动物以笨拙的步态直立行走，右手拿着一片巨大的叶子，以保护头部免受太阳照射。它走向一片红树林，然后爬进树冠，吃上面含盐的树叶。这种图斯卡尼亚猿名叫山猿，是迄今为止所有欧洲猿类中最出名的，因为人们在托斯卡纳的褐煤层中发现了它们的完整骨架。根据骨架判断，它们的体重为30～35千克，拥有长长的手臂、小小的球状头盖骨，以及适应了食用叶片的牙齿。该物种并不聪明，其大脑只有其他早期猿类大脑的一半大。

长长的手臂和以树叶为食表明，山猿属主要在树上生活，像长臂猿一样用手臂在林冠层中穿行。但这并不是故事的全貌。它的脊柱以一种非常独特的方式弯曲，而且它的骨盆与人类骨盆惊人地相似，这说明它习惯直立。此外，每只脚的大脚趾都以90度角向外伸出，提供了可保持平衡的稳固三脚架。山猿属是一个隐藏在全貌之下的谜：我们已经拥有了完整的骨骼证据，但是科学家们对于它在人类进化树上的位置仍不能达成一致。它是一种直立类人动物吗？若是如此，那它就在人类谱系上。或者它是一种更原始的猿类，独立进化出了双腿站立的能力？

山猿属是欧洲最后的猿类之一。如果我们在约600万年前抵达图斯卡尼亚岛并将目光投向北边，我们会看到对面有一片遥远的海岸。一代又一代之后，那片海岸以难以察觉的速度靠近，满载着潜伏在欧洲大陆海滩后面森林里的鬣狗、剑齿虎和原始犬科动物。当那片海岸最终与这片海岸相连时，这种小型猿猴将毫无生存机会。

*

如果你曾经去过摩纳哥，无论是去蒙特卡洛赌场玩几把还是去看方程式赛车大奖赛，你都很有可能与一个有趣的美国居民擦肩而过。不是格蕾丝王妃，而是斯特里纳蒂穴蝾螈——它们应该像那些演员或国家首脑一样受到称赞和重视。这种生物身长仅10厘米，性情孤僻，而且对陆生动物而言十分奇怪的是，它们没有肺，而是通过皮肤呼吸。由于皮肤必须保持湿润，所以它们生命中的大部分时间都是在洞穴、裂缝和其他潮湿的地方度过的，只在夜间出来觅食，用它可抛射的长舌头捕捉昆虫和其他小型动物，与蟾蜍的行为方式非常相似。

这种生性孤僻的生物的起源让科学家们猜测了一个多世纪。它们的祖先是何时抵达摩纳哥的石灰岩堡垒的？它们又是如何抵达的？斯特里纳蒂穴蝾螈是欧洲仅有的七种穴蝾螈之一，其中四种仅分布在撒丁岛，其他三种分布在法国西南部，以及意大利、圣马力诺和摩纳哥。有人可能会说，它们对小国家的喜爱简直和它们的起源一样神秘。

欧洲穴蝾螈所属的无肺螈科包含大约450个物种，是蝾螈和肋突螈类动物中最大的科。该科98%的物种都仅分布在美洲。所有物种都没有肺，不过这一生理缺陷对它们来说似乎影响不大。例如，在密苏里州的马克·吐温国家森林，它们是主要的生命形式（如果按照重量计算的话），60万公顷的落叶层和湿地里潜伏着1400吨的无肺螈科物种。

科学家们一致认为，欧洲穴蝾螈肯定来自北美洲。但它们是什么时候，以及通过哪条路线去的欧洲？它们是否像蚓蜥一样，是在恐龙灭绝后不久抵达的？它们走的是陆路还是海路？一些研究者怀疑它们是古老的孑遗物种，通过撤退到它们的地下堡垒中才得以幸存。它们的分布范围（直到最近还被认为仅包括美洲和欧洲）支持了这样一种观点：它们肯定跨越了这两个陆块之间的陆桥，或许发生在恐龙时代。但是该类群在欧洲最古老的化石（来自斯洛伐克，如今它们已经不在此生活）只能追溯到中新世中期——大约1400万年前。[3]

2005年，人们宣布了一项非凡的发现。一名在韩国工作的美国教师带领他的学生在忠清南道散步时，在岩缝里发现了一只蝾螈。他捉住这只蝾螈，并将其寄给蝾螈分类专家大卫·韦克博士，后者宣称它是"我这一生在两栖爬行动物学领域最惊人的发现"。[4]这是一种无肺螈——在亚洲发现的第一种。这个发现说明无肺螈很有可能是在中新世经由亚洲进入欧洲的。

第 20 章

墨西拿盐度危机

自19世纪以来，地质学家就知道地中海周围存在盐层和石膏层，但在1961年之前，没有人知道它们是如何形成的。1961年进行的地震勘探表明，整个地中海海盆下方有一层盐，有些地方的盐层厚度甚至超过1500米。倍感震惊的科学家们开展了一次钻探计划并在十年后证实，盐层以及其他蒸发岩层只意味着一件事，那就是地中海在过去的某个时刻干涸了。一项研究发现，这场大干旱始于大约600万年前的墨西拿期，也就是中新世的最后一个阶段。*这就是众所周知的墨西拿盐度危机，它是由于非洲顺时针旋转造成的，非洲在这个旋转过程中封锁了直布罗陀海峡，并将地中海隔绝在大西洋之外。

你可能以为就算地中海与大西洋隔绝，罗纳河、尼罗河和多瑙河等注入它的大河也能阻止这片海洋变干。但是每年从地中海蒸发的海水是如此多，以至于这些河流注入地中海的淡水与这里的所有降水加在一起也无法抵消。事实上，那些汇入地中海的河流只能带来蒸发损耗水量的大约十分之一。剩余的缺口由来自大西洋的海水补充，这就是为什么直布罗陀海峡会有一条湍急的洋流。如果没有大西洋的海水，地中海的海平面将以每年1米的速度下降。

与大西洋的连接被阻断后，地中海只用了1000年就干涸了，变成一片

---

* 墨西拿期以西西里岛墨西拿附近的露出蒸发岩层命名。

广阔的盐原，最低点位于海平面之下4000多米，点缀着盐度超高的潟湖。地中海中的岛屿此时变成了从这片盐原拔地而起的高山，有些甚至高达7000米，而盐原的温度可能高达80 ℃。该现象必定深刻影响了该区域的大气环流和降雨，而且除了亲极端条件的细菌之外，所有生命都被排除在外。*

地中海的干涸导致注入该盆地的河流切割出深谷。例如，当时尼罗河的水位比开罗低2400千米，而罗纳河从一面陡峭的斜坡上倾泻而下，创造出一个比今天的马赛低900米的峡谷。在墨西拿盐度危机时期，地中海并未持续保持干燥：随着气候的变化，它会周期性地部分注水，在沉积物中留下了一系列含盐量高和含盐量较低的沉积层。经过约60万年的封锁，在530万年前，注入地中海海盆的河流切开屏障，使地中海与大西洋重新建立了联系。

大西洋的海水一旦找到进入地中海海盆的通道，就会立刻冲出一条更深的水渠，从而开启了所谓的"兰格利安洪水"（Langelian flood），使地中海的水位以每天10米的速度上升。一开始，这些海水沿着一面相对平缓的山坡以一系列小瀑布的形式注入这片高盐盆地，垂直落差高达4000米。毫无疑问，那必定是令人惊叹的景象，足以让今天的任何瀑布都相形见绌。就这样，在一个世纪之内，地中海就被重新填满了。

墨西拿盐度危机改变了世界。全球平均海平面上升了10米，因为从地中海蒸发的水分被增添到其他海洋，而在地中海被重新注满的那个世纪，全球平均海平面又下降了10米。由于如此多的盐——大约有100万立方千米——被封锁在地中海之下的沉积层中，所以地球上所有海洋的盐度都保持在被降低后的水平。因为淡水的结冰点比海水高，所以两极附近海洋的表层更容易结冰。随着气候持续变冷，这将加快冰河时代的到来。

---

* 很难更精确地判定600万年前地中海岛屿的最高点。

中新世结束于530万年前。虽然这与墨西拿盐度危机的结束时间大致重合，但中新世的结束并不是由这一事件定义的。实际上，标志着中新世结束的不是什么全球性大灾难，而是一种不起眼的微小浮游生物的灭绝，即皱纹三棱棒藻。地质学家常常选择用某种浮游生物的灭绝来定义某个地质时期的结束，因为这些微小的化石分布广泛，而且易于发现，让古生物学家们能够在世界范围内追踪这一事件。

这是可靠的科学，但我内心的诗人对此感到恼火。新地质纪元的开始当然是有预兆的，而且应该以某件比微生物藻类的消亡更重大的事件为标志。按照这个思路，上新世开端的一种可能性是鳕属的诞生，这个属很重要，因为它包括最重要的经济鱼类——鳕鱼。[1]炸鱼薯条、腌鳕鱼和其他用鳕鱼制作的美味佳肴，欧洲人已经享用了数个世纪，因此这种鱼肯定可以成为上新世的先驱。然而，我感觉自己在打一场必败的仗——这里请允许我如此说：地质学家的方式就像一块鳕鱼，超越所有理解。

第 21 章

上新世——拉奥孔的时代

　　如果我们不能通过鳕鱼的崛起来定义上新世的到来，那么也许我们应该完全废除上新世。毕竟它短暂得可笑，而且与中新世没有太大区别。按照目前的定义，它从530万年前延续至260万年前。上新世的正式名称"Pliocene"由查尔斯·莱尔命名，可粗略地翻译成"近期的延续"。这位伟人在起这个名字时似乎犯了个错。实际上这个错误是如此惊人，以至于词典编纂大师亨利·沃森·福勒——以其编纂的《现代英语用法词典》而闻名——痛斥这个地质纪元的名字是"令人遗憾的非规范语言现象"。*莱尔给出的命名理由相当牵强，即上新世的许多软体动物与现存物种相似。但是上新世真正的独特之处在于那是一个存活着大量巨型生物的时代（至少在欧洲是这样）。实际上，上新世是欧洲最后的大繁荣时期，此后这块大陆的生物多样性开始减少。

　　上新世欧洲的地图给人一种奇特的感觉，它看上去很熟悉，但又感觉不太对劲。往冰岛的东边看，我们会发现整座斯堪的纳维亚半岛与其说是缺失，倒不如说是合并成一块巨大的陆地，构成了欧洲西北部的堡垒。这是因为波罗的海海盆还没有从岩石上"雕刻"出来。英国在哪儿呢？和斯堪的纳维亚半岛一样，它被嵌在一座宽阔的半岛上，而且这座半岛还从今天的法国向北伸出。英吉利海峡和爱尔兰海都不存在。在南边，地中海沿

---

* 用福勒的术语说，非规范语言现象（barbarism）是使用来自多种语言的单词创造出的单词。

岸陆地的形状更加令人困惑。从西边开始，巴埃蒂卡山脉（包括内华达山和巴利阿里群岛）仍然是一座独立且多山的岛屿，位于地中海的入海口，也就是今天直布罗陀海峡所在的位置。图斯卡尼亚岛在它的东边，通过一条细长的陆地与这块大陆相连，仿佛是从近海的阿尔卑斯山上垂下来的。与此同时，意大利与土耳其有着广泛的联系，希腊大陆是一座较小的半岛，而北至罗马尼亚的东欧部分地区还在海面之下。

如何解释这些差异呢？在上新世初期，海平面比现在高25米。然而，欧洲如今许多被海水淹没的地方在当时还是干燥的陆地。但是因为在北方，随后冰川和冰河时期的冰原造成的侵蚀将陆地凿开，"雕刻"出的水道和海湾使欧洲北部呈现出目前的地形。但塑造当代欧洲南部的大部分工作是由构造板块永不停息的能量完成的，并由向北移动的非洲驱动。

在上新世，全球平均气温比今天高2~3℃，而且直到300万年前，北冰洋上的北极冰盖还只会在冬季形成。但是随着气候变冷，欧洲变得更加干燥，并且季节更分明，这有利于落叶和针叶林在北方蔓延。在冰河时代（紧接上新世末期）之前，欧洲的森林和如今北美洲及亚洲的森林大致相似。它们由大量物种构成，包括如今已不存在于欧洲的枫杨（胡桃的近亲）、山核桃、鹅掌楸、铁杉、蓝果树、红杉、水松、木兰和枫香，以及如今常见的欧洲树种，如栎树、鹅耳枥、山毛榉、松树、云杉和冷杉。*

植物学家将这种植被类型称为"北极第三纪地质植物相"。它在上新世末期从欧洲的消失被称为"格雷分离"（Asa Gray disjunction），这个名字来自19世纪美国伟大的植物学家阿萨·格雷（Asa Gray），他令人信服地解释了该事件的原因。在格雷开展工作的年代，冰河时代还是个谜，尽管很显然地球在遥远的过去比现在寒冷得多。格雷认为，北极第三纪地质植物相

---

* 土耳其西南部的一小块区域，是枫香在欧洲的最后一个据点。

中对寒冷气候最敏感的树种被日益加剧的寒冷挤向阿尔卑斯山一侧,直到灭绝。相比之下,亚洲和北美洲拥有从赤道几乎一直延伸到极点的不间断的沿海森林,在气候变化时为各类物种提供了迁徙通道。[1]

阿萨·格雷的概念在欧洲景观的道德、哲学和文化层面上产生了回响。如果没有他的工作,我们会将枫香金灿灿的秋叶或者木兰盛放的春花视作欧洲的异乡人。但这些树其实是游子,被迫在200万年前离开故土,现在它们又回到故乡的怀抱,这要归功于殖民时代的植物学家和变暖的气候。

顺便提一句,千百万年来,亚洲为欧洲的生物学遗产提供了庇护所,而不仅仅是北极第三纪地质植物相。许多在欧洲漫长历史中灭绝的生物在马来西亚的热带雨林及其北部和东部地区幸存下来。例如,4700万年前生长在德国的水椰和落羽杉的近亲仍苗壮成长在马来西亚。1800万年前在巴伐利亚繁茂生长的炮弹红树至今仍可以在印度–马来群岛看到。此外,还记得来自艾南的骨舌鱼和来自梅瑟尔的猪鼻龟吗?只要搭乘前往马来群岛的喷气式客机,欧洲人就能进行一场时空旅行,穿越到这块大陆遥远的过去。

在上新世时期,有一些最有趣的生物生活在欧洲,但令人遗憾的是,其中最令人着迷的已经永远地消失了。1853—1856年的克里米亚战争可以说是欧洲最后一场出于宗教目的的战争,而一种非凡动物的遗骸就是在这场战争中发现的。在这场冲突中,随着对塞瓦斯托波尔发起的海上和陆地进攻陷入苦战,英国皇家海军舰艇“喷火号”的指挥官托马斯·艾贝尔·布里梅奇·斯普拉特上校率领轻骑兵向俄军发起致命的冲锋,后来斯普拉特也因其英勇的表现被授予最尊贵的巴斯勋位。斯普拉特是个追随自己内心真实想法的人。不知以何种方式,在炮弹和步枪的硝烟中,他挤出了寻找化石的空闲时间,而当他在塞萨洛尼基附近的岩石中翻找时,发现了一件相当特别的东西。他带着这件藏品回到英国,然后在1857年,伟大的解剖学家理查德·欧文爵士开始鉴定斯普拉特送来的标本。

欧文的职业生涯始于皇家外科医学院。他是个糟糕的人；他的传记作家黛博拉·凯德伯里在谈到自己的写作对象时说，他"有施虐倾向"，而其"驱动力来自傲慢和忌妒"。[2]在和恐龙研究领域的劲敌吉迪恩·曼特尔*打交道时，他或许暴露了自己最坏的一面。曼特尔发现了禽龙，这一功绩令欧文嫉妒不已，以至于他声称自己早就发现了这种生物。随着两人之间竞争的升级，曼特尔在谈到欧文时说："一个如此有才华的人竟然这样卑鄙和善妒，实在可惜。"多年来，曼特尔命名了当时已知的五个恐龙属中的四个，这更是刺激了欧文的忌妒之心。

曼特尔是一名医生，但由于他太专注于古生物学研究，以至于自己的医学事业也受到了影响。他搬到英格兰南部的滨海城市布莱顿，想去那里碰碰运气，但他很快就变得穷困潦倒，被迫将自己的化石收藏卖给大英博物馆，当时欧文在那里已经颇具影响力。†曼特尔要价5000英镑，但最终以4000英镑卖出——将毕生的古生物学研究成果交给竞争对手处置，这的确是个不理想的价格，但是可怜的曼特尔的霉运还没有结束。1841年，他遭遇了一场马车事故，从马车摔下的瞬间又被马的缰绳缠住。而当他被奔跑中的马拖行时，脊柱遭受了重创。为了缓解持续的疼痛，他开始服用鸦片，但在1852年，情况变得更糟糕了，后来这位医生因服用过量鸦片而死。曼特尔死后，欧文做了一件极其冷血的事，他让人将曼特尔脊柱受损的部分取出，然后处理后将其存放在一个玻璃罐里，与曼特尔的恐龙一起成为自己的战利品。

欧文迅速驳斥了达尔文的进化论，部分原因或许在于他既是一个狡诈的政客，也是一个有才华的解剖学家。然而，不知为何，即使他顽固地坚持创世论，他在科学领域的声誉也没有受到影响。事实上，残酷的真相是，

---

* 吉迪恩·曼特尔（Gideon Mantell，1790—1852），英国医生、地质学家和古生物学家，在白垩纪的地层中首次发现了著名的恐龙类爬行动物化石。

† 欧文在1856年接管了大英博物馆的博物学部门。

理查德·欧文爵士，这位最尊贵的巴斯勋爵、英国皇家气象学会会长、皇家学会会长、英国科学促进会主席和贵族阶层的宠儿，几乎逃脱了所有罪名。在2008年之前的90年里，他的雕像骄傲地矗立在英国自然历史博物馆大楼梯的顶端。而曼特尔的脊柱依然被保存在皇家外科医学院里的那个玻璃罐里，直到1969年，为了腾出空间，它被摧毁了。

欧文自认为知道地球上每一种动物的内部结构，但是斯普拉特在塞萨洛尼基附近采集的化石迫使他扩大了自己的研究范围。欧文断定，斯普拉特找到的13根骨头只能属于一种毒蛇。然而，令人困惑的是这种毒蛇的大小，因为这些骨头肯定来自一种至少有3米长的动物。为了解释这一点，欧文引经据典：

> 一个先是被写入维吉尔的诗篇，后又用拉奥孔大理石雕像来展现的古典神话表明，古希腊居民心中至少存在大型毒蛇的概念……但是根据实际的文献资料，以及任何可靠的动物学记录，这种毒蛇……一定是已经灭绝的物种。[3]

根据得到的残骸，欧文将这种巨大且可怕的毒蛇命名为民蛇，字面意思是"类似响尾蛇的人民之蛇"。[4]

像民蛇这样重要的化石在大英博物馆丢失简直令人难以置信，但它真的就丢了，而且在将近160年里，来自塞萨洛尼基的这条巨型毒蛇几乎被人们完全遗忘。然后在2014年，一群研究人员宣布，他们在希腊北部塞萨洛尼基附近的迈格洛埃姆弗龙发现了一根残缺的蛇脊椎骨——仅2厘米宽。它有大约400万年的历史，而且很明显它与欧文那条近乎神秘的毒蛇的遗骨相吻合。

保存这根脊椎骨的沉积物形成于一个古老的湖泊，根据那里的花粉化石判断，这个湖泊当时被疏林草地包围。伴随大蛇遗骸一起被发现的化石动物群，让人想到如今印度北部季节性干旱地区的动物群，包括已灭绝的马、猪、巨型陆龟、一种猴子、兔子，以及一种巨型孔雀。[5]虽然这根脊椎骨是破碎的，但研究人员仍断定民蛇是有史以来最大的毒蛇。这头怪物似乎与如今生活在欧洲的蝰蛇属有着紧密的亲缘关系，尽管目前最大的蝰蛇属物种——生活在南欧和中东地区的角蝰——身长不足1米，只有它的三分之一长。

蛇的重量会随着长度的增加而不成比例地增加。据估计，3米长的民蛇重达26千克，重量是眼镜王蛇（如今最大的毒蛇）的2.5倍。[6]这种巨大的毒蛇以什么为食呢？今天的角蝰吃哺乳动物（主要是啮齿动物）、鸟类和蜥蜴，也许民蛇吃的是猴子、兔子和巨型孔雀。我们能确定的是，在上新世初期，欧洲是有史以来最大的毒蛇的家乡。

与民蛇共享栖息地的巨型陆龟也是有史以来最大的龟。*Titanochelon*龟确实令人惊叹：龟壳有2米长，尺寸相当于一辆小汽车。这些庞大的龟类爬行动物是欧洲独有的物种，它们看起来很像加拉帕戈斯象龟，但要大得多。巨型陆龟需要温暖的气候条件，因为它们不能像小型陆龟那样挖洞。随着冰河时代的到来，它们被限制在欧洲南部，而且像许多其他物种一样，西班牙是它们最后的据点。距今最近的骨头化石是在河漫滩上一个古老的鬣狗洞穴中发现的，有大约200万年的历史。[7]伴随这种巨大龟类一起消亡的动物，包括欧洲最后的鳄鱼和短吻鳄——它们都是被日益加剧的寒冷气候带走的，尽管从非洲来的直立人可能也在这种陆龟的灭绝中发挥了作用。毕竟，化石记录雄辩地说明了这样一个事实：直立猿类和巨型陆龟不会共存。

随着寒冷气候和草原的扩张，牛科动物迎来了大发展。该科的9个族中只有2个——牛族和羊族——在欧洲大大提高了其物种数量。[8]牛族包括家牛、野牛和水牛，它们首次出现在上新世初期的欧洲化石记录中，并且数量迅速激增。羊族包括山羊、绵羊和源羊，在上新世也实现了多样化。

在整个上新世时期，海洋中一直生活着长有利齿的巨型生物，也许最壮观的是巨齿鲨。作为地球历史上最大的捕食者，它身长18米，重达70吨。1835年，它由瑞士博物学家路易斯·阿加西命名。阿格西研究了它那硕大无比的牙齿，其中最大的一些长达18厘米，重量超过1千克。这头猛兽的嘴里长着数百颗牙齿，而且与这样尺寸的怪物相称的是，它以鲸鱼为食。巨齿鲨的咬合力是大白鲨的5~10倍。弧形缺口在鲸鱼化石的鳍状肢和尾部骨骼上十分常见，这表明巨齿鲨在享用鲸鱼之前，会先咬掉其运动肢体。巨齿鲨在中新世初期就进化出来了，并且一直在不断变大。最大的个体生活在上新世，也就是大约260万年前该物种快要灭绝之前。[9]

在陆地上，更多的巨型动物进入欧洲。在中断了1000多万年之后，大象重新开始迁徙，为欧洲带来了新的物种，而早期移民的后代在此时逐渐衰落，直到灭绝。现存的所有非洲象、亚洲象及猛犸象的祖先都起源于中新世末期的非洲。大约300万年前，猛犸象从非洲迁徙到欧洲，并很快诞生了南方猛犸象，这个物种重达12吨，而且很适应欧洲林地的生活。[10]亚洲象的一个近亲也在上新世末期进入欧洲，但不久后就在那里灭绝了。此外，灭绝的还有欧洲的恐象和嵌齿象。[11]

上新世预示着欧洲第一批现代熊的到来。奥弗涅熊与亚洲黑熊相似，但体形稍小。它的后代似乎是伊特鲁里亚熊，后者与亚洲黑熊非常相似，以至于有些研究者认为它们是同一种熊。在一个童话故事般的转折中，伊特鲁里亚熊进化出了欧洲三种古老的熊：棕熊、洞熊和北极熊。

在离开上新世之前，我必须和那些不起眼的阿尔班螈（小型两栖动物）告个别。在历经近3.5亿年的风雨之后，它们最终在280万年前灭绝，我们见到的最后一批是保存在维罗纳附近石灰岩缝隙中的遗骸化石。如果它们幸存至今，我们一定会赞叹它们是地球上最值得尊敬的生物之一。

冰河时代到来时，欧洲动物群的组成是一个谜；化石遗址很少，迁徙的可能性却很多，而且千差万别。[12]西班牙南部一处有着200万年历史的丰富化石沉积层为我们打开了一扇了解这个"失落世界"的窗口。人们在那里已经发现32种哺乳动物的遗骸，包括一种原始的麝牛（显然比如今的麝牛更适应温暖得多的气候）、狼、长颈鹿、棕鬣狗和红河猪，最后两种动物在欧洲的其他地方从未出现过，但如今在非洲十分兴盛。通过对这些化石的分析，阿方索·阿里瓦斯博士和他的同事们提出了一种简单的迁徙假说，而且根据奥卡姆剃刀原则，越是简单的解释，越有可能是正确的。*

阿里瓦斯和他的团队认为，欧洲冰河时代初期的动物群是大约200万年前发生的一次迁徙事件的结果，这条迁徙路线跨越了位于今天直布罗陀海峡的几座岛屿。这些研究者指出，甚至连亚洲物种在横穿北非之后也使用了这条路线。该理论在提出仅仅一年后就受到了挑战，当时有研究犬科动物进化的专家宣布，他们在距今约310万年的法国化石沉积层中发现了最早的类狼生物，即伊特鲁利亚狼。[13]我认为，我们距离全面了解冰河时代前夕发生在欧洲的迁徙还有很长的路要走，而且只有更仔细地挖掘才能找到答案。

---

* 奥卡姆的威廉（William of Occam）是14世纪一位生活在英格兰的方济会修道士。他因其格言而被世人铭记："在所有可供选择的假设中，应该选择前提最少的假设。"

三

冰河时代

260万年前至38000年前

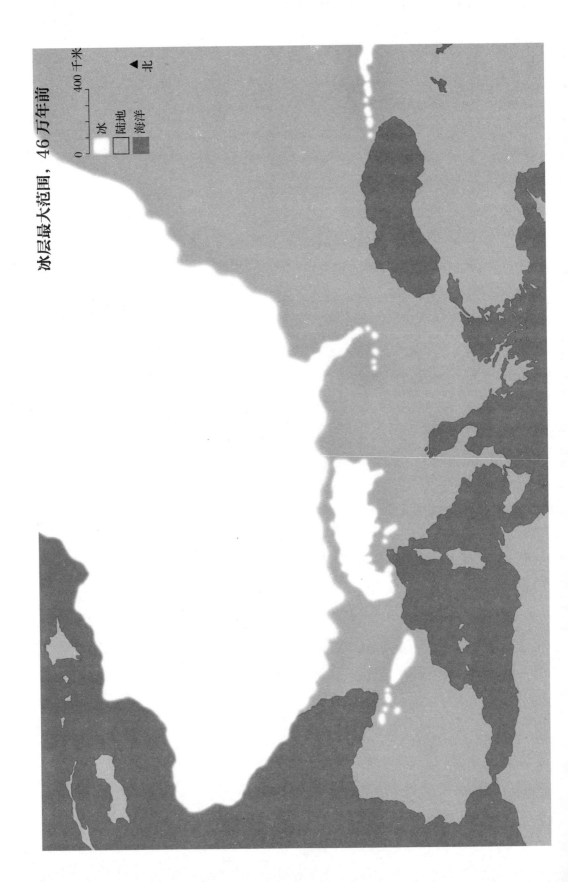

冰层最大范围，46 万年前

图例：
冰
陆地
海洋

北

0 400 千米

第 22 章

更新世——通向现代世界的大门

2009年，也就是阿里瓦斯及其团队发表他们令人振奋的关于欧洲西南部拥有200万年历史的"晚上新世"动物群的研究结果的那一年，国际地质科学联合会的官员们将更新世的起点向前推了几十万年——从180万年前改到了260万年前。他们的理由是冰川周期（冰河时代是其中的一部分）应该全部包含在更新世中，而第一个冰川周期始于260万年前。这是一个有价值且明智的决定，尤其因为它进一步缩短了上新世末期。

"*Pleistocene*"这个词由地质时期的命名老手查尔斯·莱尔创造，它的字面意思是"大部分是新的"，因为这位德高望重的教授在研究西西里的沉积层时发现，大约70%的软体动物的化石属于现存类型。虽然更新世的起点被适当地重置了，但对于它的终点，我无法做出同样的评价。国际地质科学联合会认为更新世结束于11764年前，因为那是最后一次冰期，也就是"新仙女木事件"结束的时候。之后是最短的地质纪元——全新世。

我不是一个吹毛求疵的人，但如果冰期是更新世的特征，那么我们至今仍身处其中（或者说直到几十年前还身处其中），因为根据米兰科维奇循环理论，冰期原本会再次到来。但是在过去的20多年里，温室气体造成的影响已经积累到如此程度，并使地球变得如此温暖，以至于科学家们确信冰期不会再来了。

最近国际地质科学联合会收到的一项提议主张承认另一个地质时期——人类世。它被定义为始于人类活动开始在地球沉积物上留下不可磨灭的广泛印记的那一时刻。也许我们排放的温室气体阻止冰期在未来的回归就是恰如其分的标志。按照这种解读，更新世应该一直持续到20世纪末前后，然后再被人类世取代。

更新世的特征是气候的迅速变化，包括11个主要的冰川事件——冰期——以及许多次要的冰川事件。每次冰川和冰原都会扩张并保持较长一段时间，然后在短暂的温暖期融化。在更新世时期，冰河时代占据了90%的时间，而在其规模最大的时候，冰川和冰原覆盖了地球表面的30%。在北半球，永久冻土或冰川型荒漠从冰原向南延伸数百千米。如果再稍微冷一点，冰川有可能会延伸到赤道。*

这些剧烈的气候变化留下了许多证据，如冰川地貌和降雨模式的变化。但是直到1837年，瑞士科学家路易斯·阿加西（命名了巨齿鲨的人）才提出地球的很大一部分曾被冰层覆盖的观点。他在1847年移民到美国，并在哈佛大学谋得一个职位，还在新英格兰发现了大量支撑自己假说的证据，包括被冰川移动的巨石。但冰期的成因仍然是个谜，直到塞尔维亚非常知名的土木工程师、数学家师米卢廷·米兰科维奇开始关注这个问题。

米兰科维奇出生在现今克罗地亚境内的多瑙河沿岸，于1912年开始研究冰期的成因。但由于忙于建造大桥和实验混凝土，他没办法将太多时间投入天体研究中。"一战"爆发时，米兰科维奇正在他出生的村庄度蜜月，在那里，当时东欧复杂多变的政治局势对他很不利。他被视为敌对的外国居民，遭到奥匈帝国当局逮捕，并被送往奥西耶克要塞——在那里被当作战俘关押起来。对此，他写道：

> 沉重的铁门在我身后关闭……我坐在床上，环顾四周，开始

---

* 冰层为什么会一再增长，直到覆盖地球，原因仍有争论。一个因素可能是极地荒漠，来自它们的尘埃可能覆盖了冰层，使它们变暗。海洋在加速由天体周期引发的弱变暖趋势中起着重要作用，因为温暖海水含有的气体少于冷水。

　　接受新的社会环境……我随身携带的行李中，有我已经打印好的和刚刚开始的关于宇宙问题的研究的资料；甚至还有一些白纸。我查看了一下这些材料，然后拿起我忠实的钢笔，开始书写和计算……午夜过后，我再次环顾了一下房间，因为我需要一些时间才能反应过来自己在什么地方。在我眼中，这个小房间就像是我在宇宙长途旅行中的一夜栖身之所。

　　然而，米兰科维奇夫人对这一遭遇就没有那么乐观了。她通过维也纳的一名同事，安排米卢廷陪同自己前往布达佩斯。到那里后，米兰科维奇在其他同事的帮助下，在匈牙利科学院和匈牙利气象研究所的图书馆得到了一份差事。几乎在整个"一战"期间，米兰科维奇都在快活地研究其他行星的气候，以及冰河时期这一重大问题，而在战后脆弱的和平时期，他在贝尔格莱德成为一名数学教授。

　　米兰科维奇在1930年发表的研究表明，冰期是由地球绕太阳轨道的微小变化以及地球绕地轴的倾斜和摆动引起的。1941年年中，他完成了一本全面解释自己理论的书，即《地球日射能量的规则及其在冰期问题上的应用》，书中包括对冰层扩张诱因的解释：当天体因素导致北半球夏季变凉爽时，并非所有的冬季积雪都会融化；年复一年，冰盖将不断扩大，而且由于冰表面明亮且能反射阳光，所以它会加速变冷的趋势。

　　1941年4月2日，米兰科维奇将手稿送到贝尔格莱德的一家印刷厂。灾难在仅仅四天后就降临了：德国袭击了南斯拉夫王国，并在轰炸中摧毁了这家印刷厂。一场战争所赠予的东西，马上就要被另一场战争夺走。但值得庆幸的是，一些印好的内文在仓库里得以幸存。一个月后，也就是1941年5月，有两名德国军官带着沃尔夫冈·泽格尔教授的问候来拜访米兰科维奇。他们解释说自己是地质学专业的学生，于是米兰科维奇将自己作品仅存的唯一完整副本交给了他们。泽格尔确保了这本书的出版（德语版本），但那已是米兰科维奇的《地球日射能量的规则及其在冰期问题上的应用》一书被忽略几十年之后的事了。1969年，当首个英语译本出版时，它立刻颠覆了人们对冰期的认知。

米兰科维奇确定的周期已经存在了数亿年之久。那为什么它们偏偏在260万年前触发了一次冰期？在更早的时期，无论地球相对于太阳的方向造成什么样的影响，各个大陆的构造以及大气中较高水平的温室气体似乎都阻止了气候的全面变冷。然而，自大约260万年前起，这些缓冲效应被消除了，而米兰科维奇的周期开始像演奏手风琴一样玩弄欧洲的生物群。一开始，每个周期的持续时间大约为41000年，影响是温和的。但是在大约100万年前，持续寒冷的时期（被称为盛冰期）变得更冷更长，这个周期从41000年延长到了10万年。[1] 这种转变（从41000年到10万年的周期）为什么会发生，人们还在进行激烈的争论。但影响是显而易见的：两种动物群开始在欧亚大陆形成；新的动物群适应寒冷阶段，而从前的动物群适应温暖阶段。

冰河时代对喜欢温暖的动物群很不友好。随着周期变长，它将所有物种从温暖欧洲的舒适领地扫地出门。伴随着风箱的每一次收缩，严酷的北风从北极往外吹，将温带欧洲动植物群中喜欢温暖的物种赶到位于西班牙、意大利南部和希腊的面积不断收缩的避难所；这些物种将被限制在此，直到地球轨道模式引发一次短暂的温暖期。因此在欧洲，冰河时代的特征是物种大规模的迁徙和灭绝。欧洲一半以上的哺乳动物随着冰期的到来而消失；生存全都取决于适应和迁徙。

生活在冰河时代的欧洲会是什么感觉？在上一次盛冰期（在约2万年前达到高潮），因为大量的水都结成了冰，所以海平面比今天低120～150米。欧洲北部出现一片宽阔的平原，将爱尔兰、英国及欧洲大陆连在了一起。在北边，一大片冰雪原野横跨陆地和海洋，直达北极。在南边，只有较浅的亚得里亚海的北部露出水面，但也有些地中海岛屿相互连在了一起

（如撒丁岛与科西嘉岛、西西里岛与欧洲大陆）。当时的海水温度比现在低13 ℃，如今已灭绝的大海雀在西西里岛海岸繁殖，而数以百万计的海鸥、海雀和塘鹅在伊比利亚半岛、法国和意大利地中海沿岸的悬崖上筑巢。

当时陆地上的平均气温大概比今天低6~8 ℃，而冬天冷得多，永冻层一直向南延伸到普罗旺斯。强劲的风从高耸的冰盖吹来，将来自极地荒漠的细小沙尘颗粒带到整个欧洲。在今天的伦敦、巴黎和柏林所在的这片区域，一片广袤的极地荒漠一直延伸到北方地平线上或者更远处的冰层，几乎没有一丁点植物。而对任何来如此遥远的北方之地冒险的人来说，迎接他的必将是冻伤、牙齿中的沙砾，以及灌满肺的尘埃。

在这片寒冷荒漠的南边，从西班牙北部延伸到希腊北部，这一长条形地带分布着干草原，以及与如今西伯利亚地区生长的北方针叶林相似的荒凉森林。再往南，落叶树和地中海灌木林地找到了它们的避难所。尽管范围有限，但这些适应了温暖气候的生境拥有可观的多样性。例如，在直布罗陀海峡周边，你可以在一天之内漫步松林或栎树林，收获蓝莓，然后再徜徉在如今该地区典型的地中海灌木林中。[2]

当海洋开始变暖，二氧化碳从中逸出时，作为冰河时代典型特征的寒冷时期突然加速终结。但是还需要数千年的时间才能让气候达到一种新的、更温暖的平衡。在末次盛冰期结束时，冰层花了12000年至13000年的时间才融化，使海平面重回目前的水平。在此之前，黑海是一个淡水湖，人类生活在海平面比现在低150米的湖边。然后在8000年前，地中海冲过达达尼尔海峡和博斯普鲁斯海峡，并在短短几年之内将黑海注满，赶走了那些生活在古老湖泊周边的居民。冰的融化释放了整个欧洲土地上的重量。有些区域向上升了数百米，包括意大利南部的巴斯利卡塔、科林斯湾和苏格兰西北部。这段历史产生了许多奇怪的后果。如果你是一个观鸟爱好者，当你站在一片成熟的地中海森林中时，就能观察到其中一个后果：你听不到任何一种地中海地区特有鸟类的鸣叫声。然而，在附近的地中海灌木林地，你会听到许多特有的鸟鸣。这是因为即便在地中海这样靠南的地区，高大的森林也在冰河时期遭到了严重破坏，以至于幸存下来的零散生境中没有一个面积大到足以养活那些特有鸟类。[3]

在260万年前至90万年前，冰期长达41000年且相对缓和，因此形成了一种独特的动物群。短吻硕鬣狗肩高1米，体重190千克，是有史以来最大的鬣狗。它是在非洲进化的，出现在欧洲的最早时间可以追溯到190万年前。[4]短吻硕鬣狗将洞穴作为自己的巢穴，如今有些洞穴里还完好保存着它们吃剩的食物。就连河马和犀牛这样的大型动物的尸骨上也有它们独特的撕咬痕迹，不过短吻硕鬣狗是直接杀死这些野兽还是仅仅以腐肉为食尚不清楚。短吻硕鬣狗很可能是群居动物，而且它们的力量肯定足以杀死如欧洲野牛般大小的动物，或者将直立人赶出洞穴。

短吻硕鬣狗从非洲抵达欧洲的时间与我们的祖先直立人抵达欧洲的时间大致相同。这些鬣狗的队伍日益壮大，但是我们的祖先数量稀少，几乎没有留下什么痕迹。但在大约40万年前，短吻硕鬣狗消失了，而我们这个属的新成员（以早期尼安德特人的形式）的数量开始增长，并开始使用洞穴。[5,6]导致短吻硕鬣狗消失的原因尚不清楚。不过，有些研究者将它与剑齿虎和似剑齿虎的衰落联系在了一起，因为短吻硕鬣狗是食腐动物，以这些大型猫科动物捕杀的猎物的尸体为食。欧洲剑齿虎（刃齿虎属的近亲）在90万年前灭绝，而体形巨大的似剑齿虎属在50万年前开始在欧洲衰落。

从大约160万年前到大约50万年前，欧美洲豹一直生活在欧洲大陆。它比如今生活在南美洲的美洲豹更大，有时被认为是南美洲物种的一个巨型版本，在旧世界被豹取代。欧洲冰河时代初期另一种令人惊叹的猫科动物是巨猎豹：它与狮子差不多大，但体重轻得多，大约100万年前从欧洲消失了。

冰河时代初期的欧洲还是大河狸属的巨型河狸的家乡。它们身长近2米，与今天的海狸有相似的啃咬习性，但尾巴不是扁平的，而是较长的圆柱形。它们在俄罗斯部分地区幸存到大约125000年前。欧洲的巨型河狸与第一种驼鹿 *Libralces gallicus* 生活在同一时期。人们在法国南部发现了距今约200万年的 *Libralces gallicus* 的遗骸化石，当时它生活在那里温暖的草原上。

还有一种让人出乎意料的非洲移民是欧洲河马。它们在180万年前抵达，并在130000年前至115000年前一段被称为"埃姆间冰期"的温暖期快活地生活在泰晤士河及其他河流中。*在这一时期，气温短暂上升到比前工业化时代稍高的水平，这使埃姆间冰期成为最近100万年来最温暖的时期。

大约200万年前，一种小型的原始欧洲马鹿在欧洲出现。[7]它的腿骨表明它可能已经适应了崎岖不平的山地环境。它与一种早期形态的黇鹿共享森林。约100万年前，更大的欧洲马鹿和黇鹿进化出来，它们与如今的类型非常相似。另一个在冰河时代初期蓬勃发展的类群是原始的牛、野牛和麝牛，以及身躯庞大的大角鹿的一个原始形态。[8]在90万年前——正好是长达10万年的冰期开始的时候，欧洲第一种狮子的祖先，也就是穴狮，昂首阔步地来到这块大陆。

作为一种原始的狼，伊特鲁利亚狼在300万年前从亚洲抵达欧洲，但直到冰河时期才繁盛起来。它们可以在许多生境中生存，但最适应的是冻原。[9]在欧洲的化石沉积物中，它们的骨头常常与郊狼大小的犬科动物阿尔诺河狗一起出现。随着时间的推移，这种体形较小的犬科动物的分布范围被局限在毗邻地中海的陆地上，直到约30万年前在欧洲灭绝。如今，狗可能是我们最好的朋友，但奇怪的是，在整个欧洲的化石记录中，只有一处遗址同时出现了原始的类人动物和原始的狼的遗骸：位于格鲁吉亚有着185万年历史的德玛尼斯遗址中。

---

* 埃姆间冰期（Eemian）又称海洋同位素阶段 5E（Marine Isotope Stage Five E）。

第 23 章

杂交——欧洲，异种交配之母

DNA分析方面的进展，尤其是对古代DNA的研究，正在揭示此前未知的杂交方面的重要信息。越来越多的研究表明，杂交在物种的起源以及帮助物种适应环境方面发挥了重要作用，欧洲就有很多这样的例子。但也许最引人注目的是，杂交对人类在欧洲的进化产生了非常重要的影响。我们常常将杂交种视为劣等的东西——一种血统不纯的类型。20世纪上半叶，"杂交种"一词的贬义联想特别普遍，当时关于遗传学的错误观念使"种族纯洁"成为一个危险而又充满吸引力的概念。遗传学领域的先驱R. A. 费希尔*是优生学（认为社会可以通过选择性地培育"优越"人类来改善）的积极推动者，他认为杂交种是"我们可以想到的任何动物在性偏好上犯下的最荒唐的错误所导致的"。[1]

物种是离散实体（一种独特的基因遗传载体）的观念深植于我们内心，也许这在某种程度上反映了一个完美的前人类世界，因此杂交种会威胁我们的秩序感。它们无疑使分类学家的工作变得复杂，而且有些杂交种藐视简单的分类方法，并威胁到已经统治生物学250多年的林奈分类体系。

然而，我们早就知道杂交是广泛存在的。到1972年时，已有大约600种哺乳动物杂交种得到鉴定（许多来自动物园或其他生境）。[2]到2005年，

---

* R.A. 费希尔（R.A.Fisher，1890—1962），英国统计学家、遗传学家，现代统计科学的奠基人之一。——译者注

据估计，有25%的植物物种和10%的动物物种参与了杂交。[3]在过去的一些年里，对古代DNA的研究表明，这些数据被大大低估了，即使对那些生活在自然界中的野生物种来说也是如此。最近有两项研究可以说明我们正在了解的东西，其中一项涉及熊类物种，另一项涉及大象。

现存的6个熊类物种（北极熊、棕熊、亚洲黑熊、北美黑熊、懒熊和马来熊）在过去的500万年里由一个共同祖先进化而来。虽然它们在外观和生态上差异巨大，但是DNA分析揭示了它们的谱系中存在惊人程度的杂交。例如，北极熊与棕熊杂交，所以棕熊基因组的8.8%来自北极熊。这意味着"北极灰熊"（Pizzlies，近年来人们对北极熊与棕熊的杂交后代的称呼）并不是新现象，而是早已产生了数十万年。在这项研究提到的许多其他杂交中，还包括棕熊与美洲黑熊的杂交、亚洲黑熊与懒熊的杂交，以及懒熊与马来熊的杂交。研究者断定，不同熊类物种之间的杂交已经进行了数百万年，所以若是将熊类物种之间的交配加入熊的家族树，这个图表看上去更像是一张家族网。[4]

大象之间的杂交历史更加惊人。哈佛大学古生物学家埃莱夫塞里娅·帕尔科普洛和她的同事们最近开展的一项研究涉及三个现存物种（非洲象、非洲森林象和亚洲象）和三个已经灭绝的类群（古菱齿象、真猛犸象和美洲乳齿象），研究结果表明，大象在其历史上的大多数时期都是通过杂交方式延续下一代的。实际上，某些已经灭绝的大象就是这种大规模杂交的产物，所以人们无法在林奈系统中轻易地将它们分类。

帕尔科普洛的团队在总结他们的发现时说："在数百万年的时间范围内，杂交能力在许多哺乳动物身上都是常态，而不是例外。"[5]他们还推测，以杂交方式实现的基因共享可能有助于物种迁徙，并通过允许物种从近亲获得基因来应对威胁和机遇。从这个角度来看，我们可以认为那些失去杂交能力的物种都是脆弱和孤独的，比如我们自己，因为我们的近亲都已经灭绝。

如果杂交足够广泛，生命将成为一个未分化的群体。那么物种为什么会存在呢？事实证明，有一些机制（如物种隔离机制）使杂交种的产生变得困难。很少有个体能够克服这些障碍，但是在构成一个物种的数百万个体中，常常可以产生足够多的杂交种，使基因在物种之间流动。某些物种的隔离机制是行为模式上的——例如拥有特定的求偶叫声，只有特定物种的雌性才会对这种叫声做出反应——或者偏好在一年当中的特定时间繁育。其他隔离机制是生理性的，例如阴茎的尺寸或形状。但也存在遗传和表观遗传障碍。有时，遗传因素会阻止成活胚胎的形成。但它们也可能导致大多数第一代杂交种个体不育或者生育能力低下。在一种名为霍尔登氏法则的现象中，哺乳动物中的雄性杂交种尤其如此。但是如果第一代杂交种的确设法产生了一些后代，那么下一代的生育能力通常会有所提高——尽管通常只能与最初涉及的物种之一进行杂交（但不会同时与两者）。所有这些障碍往往会限制一个物种向另一个物种的基因流动，但并不会完全消除这种流动。

有时候，杂交的作用不仅仅在于允许物种之间的基因流动，还会创造出全新的杂交物种。通过杂交产生的欧洲物种包括欧洲水蛙，这种生物分布广泛且拥有重要的经济价值，在法国被视为珍馐美味。而孕育它的亲本物种是湖侧褶蛙和莱桑池蛙（这件事大概发生在数十万年前）。你可能已经注意到，这种动物的拉丁学名中间插入了一个"kl"。这意味着它是一个"盗贼"或"基因窃贼"——指的是需要另一个物种来完成其繁殖周期的杂交种。大多数"基因窃贼"都是雌性，而且有些根本不使用雄性的基因，只是利用对方的精子来刺激卵子发育，但不使其受精。[*]

就连有些哺乳动物也是通过杂交产生的。最近，亚洲胡狼被认为是两

---

[*]　"基因窃贼"的遗传学可以非常复杂，有些物种在产生精子或卵子的过程中消除了亲本之一的基因。欧洲存在三个基因窃贼杂交物种，都以湖侧褶蛙为亲本之一，而且它们都有独特的遗传繁殖途径。在所有三个物种中，湖侧褶蛙的基因从不会丢失。

个不同的物种——一个物种体形较小，起源于狼谱系的一个早期分支；另一个物种体形较大，更接近现代欧亚狼，而且其祖先肯定先迁徙到非洲，然后与体形较小的胡狼杂交，创造出一个新的杂交物种。*

欧洲野牛（欧洲现存最大的哺乳动物）是一个稳定的杂交物种，诞生于大约15万年前，当时原牛与西伯利亚野牛经历了一段漫长的杂交期。西伯利亚野牛（美洲野牛的祖先）生活在猛犸草原上，并在最后一次冰期结束时从欧洲消失了，而原牛是气候更温和的森林地带的动物。欧洲野牛携带的主要是西伯利亚野牛的基因，并健康地融合了（大约10%）原牛的基因。随着气候的变暖和森林的扩张，这些混合在一起的遗传基因显然帮助欧洲野牛在变化的环境中生存了下来。[7]

农业中的杂交与自然中的杂交不同，一方面是因为人为创造的条件让绝不可能自然杂交的物种之间能够进行杂交，另一方面是因为我们选择了许多驯化形态中的极端特征。当驯化物种恢复野性，或者与非驯化近亲繁殖时，保育工作者会面临两难的困境：他们是否应该设法消除杂交种，从而保证野生物种不会被驯化物种压倒？有些人将经过高度修饰的驯化生物视为一种污染（尽管是基因层面的污染），因为数量庞大的驯化生物可能会危及比它们更稀有的野生近亲。*

例如，可能会出现这样一种情况：由于担心狗的基因在狼的种群泛滥（我将再次谈到这个问题），所以应该将狗和狼的杂交种从自然界清除出去。但是一个更艰难的例子涉及苏格兰的野猫，在这个例子中，种群中的绝大部分个体是野生猫和家养猫的杂交种。清除杂交种似乎是可取的，但是这样做会让种群规模缩小到濒临灭绝的程度。

当涉及法律政策时，杂交种会带来一个特殊的问题。我们保护物种的主要法律文书，包括《保护欧洲野生动物与自然栖息地公约》（也称为《伯

---

* 这些物种与 *Lupulella* 属的"真胡狼"都没有紧密的亲缘关系。

尔尼公约》）和1973年的《美国濒危物种法》，都是针对纯种物种，而不是杂交物种。实际上，《美国濒危物种法》被描述为"几乎在搞优生学"，因为它将杂交物种排除在保护范围之外。[8]鉴于我们对杂交水平的了解，这是有问题的。而且定义杂交种并不总是那么简单直接，因此事情变得更加困难了。第一代杂交种可能会很突出，但是随着时间的推移，杂交动物的鉴定会变得越来越困难。实际上，我们对于杂交在自然界中重要性的最新见解大多来自对许多杂交动物的DNA研究，而且这些动物乍一看似乎并不是杂交种。

杂交还可能导致杂种优势（heterosis，又称异配优势）——一个科学术语，指生产"超健康"的杂交种个体——很多例子都来自农业领域。杂种优势可以看作近交衰退的反面，而所谓"近交衰退"指的是基因背景过于相似的个体——例如兄弟姐妹——的后代可能会患上使其变弱的疾病。杂种优势通常发生在亲本差异适度的情况下，因为如果个体差异过大，它们的基因常常无法结合形成可存活的胚胎。动植物育种家很熟悉杂种优势，并且想要得到它：例如，通过杂交不同品系得到的谷物通常拥有更高的抗病性，而且生长得更快。

关于杂种优势个体的一个典型例子是"博茨瓦纳土司"（The Toast of Botswana）。它是一只母山羊和一只公绵羊的杂交后代。因此，它是一只极为稀有的野兽——山羊和绵羊的基因差异极大，很难产生可存活的后代。"土司"出生在博茨瓦纳农业部凯迪基卢韦先生的羊群中，他发现这只动物比同一时期出生的绵羊羔和山羊羔长得都快。令他吃惊的是，"土司"几乎不生病，即使其他的羊暴发口蹄疫也不例外。

顾名思义，在出生之后的一段时间里，"土司"在各个方面都堪称典范。但是当它进入青春期后，问题出现了：这只动物的性欲变得极其旺盛，不加选择地与绵羊和山羊交配，甚至在繁殖期之外也交配。这种不得体的行为使它得到"强奸犯"的可耻称号。然而，尽管不断努力，"土司"却从未让母羊怀孕。凯迪基卢韦先生对它的堕落感到羞耻和恼火，于是把"土司"给阉割了。[9]

杂交物种常常以其强烈的性欲而闻名——好像它们知道自己传递基因的唯一可能就是投入各种各样的交配中去，希望能够找到某种绕过物种隔离机制的方式。但是由于人类将道德标准错误地运用在动物身上，导致我们常常会打断它们的努力。如果凯迪基卢韦先生能够刀下留情，我们可能会了解到更多关于杂种优势和杂交的新知识。

杂种优势不仅影响生长速度和抗病性，还会影响大脑功能和行为，就像骡子所表现出来的那样。正如查尔斯·达尔文所观察到的："骡子在我看来一直是令人惊讶的动物。这个杂交物种在智力、记忆力、倔强程度、社会情感及肌肉耐力方面胜过其双亲中的任一方，这似乎表明艺术在这里超越了自然。"[10]我们将达尔文观察到的骡子的一些关键特征——理性、记忆力和社会情感——视为我们这个物种最有价值和最独特的特征。然而，我们从不认为它们可能是杂种优势带来的结果。

由于身处世界的十字路口，欧洲拥有许多移民物种，为杂交提供了前所未有的机会。也许正是这一事实将欧洲生物的进化速度推动得如此快，而这反过来又赋予了许多欧洲物种在环境不同的新土地上定居的能力。自农业出现以来，欧洲生物的杂交步伐大大加快，并且创造出了更多的杂交物种。例如，意大利麻雀是西班牙麻雀与家麻雀——1万年前的某个时刻起源于意大利——的杂交种。[11]仅在英国，自1700年以来，至少有6个植物新物种通过杂交诞生，而杂交种"超级蛞蝓"正在成为英格兰花园里的瘟疫。[12]随着气候变化将越来越多的生物带到欧洲，杂交的速度很可能会飙升。

在哺乳动物首次出现后的数百万年里，杂交可能是"常态"，并且这有可能会帮助它们适应新的环境。但对许多人而言，这种观点极具挑战性，而且与那个认为杂交是大自然"最荒唐的错误"理念完全相反。但是费希尔关于杂交的观点如今就像他对优生学的背书一样过时。现在已经很清楚的是，物种不是"固定"实体，而是可渗透的。在欧洲的整个史前时代，迁徙为杂种优势在野生环境中的出现创造了机会，因此欧洲的自然成员更好地适应了环境。也许假以时日，我们会开始重视许多杂交种，并认识到再也没有比种族或基因纯洁更危险的概念了。至少，我们对杂交种的新理解意味着对分类学、濒危物种立法和基于实验室的基因转移进行根本性的重新思考早已刻不容缓。

第 24 章

直立猿类的回归

在570万年前（一种小型猿类在如今塞浦路斯的海岸漫步时）到185万年前（直立人出现时）之间，欧洲没有猿类存在的证据。我们的谱系一直在非洲进化，而回到欧洲的动物属于我们人类所在的属——人属。关于它们，我们所知的一切都来自格鲁吉亚德玛尼斯的一处化石遗址，20世纪80年代，人们在那里发现了丰富的直立人以及许多其他物种的遗骸化石。[1]

这些沉积物位于格鲁吉亚首都第比利斯西南方向约85千米的一处海岬状高原上——从那里可以俯瞰皮纳索里河和马萨维拉河的交汇处——被保存在中世纪的德玛尼斯遗迹之下，这座古城是格鲁吉亚国王建造者大卫在12世纪从土耳其人手中抢来并重建的。骨骼化石保存在高原上的沟壑中，后来这些沟壑又被沉积物掩埋。1984年，有一个团队在此处展开一项大规模的挖掘工作，结果发现了大量的石器和原始人类遗迹。在德玛尼斯开展的这些挖掘工作是在格鲁吉亚国家博物馆馆长大卫·洛尔德基帕尼泽的指导下进行的，之后每隔几年就会有新的发现。

德玛尼斯迫使人们重新思考人类以及欧洲史前时代。这处沉积层的历史可以追溯到185万年前至178万年前，因此在这里发现的直立人残骸是已知最古老的。[2]德玛尼斯直立人的脑容量是600～775立方厘米（从解剖学层面而言，其大小约为现代人类大脑体积的一半）。这比其他直立人的脑容量小得多，但与能人（直立人的非洲祖先）的差不多。一种极端的观点认为，直立人在欧洲是从某种更早但尚未被发现的人属物种进化来的。无论如何，令人惊讶的是，德玛尼斯直立人的颈部以下与现代人相似，尽管它们的手臂仍然保持着树栖祖先的一些原始的典型特征。[3]德玛尼斯遗骸的另一个显著特征是它们的变异性。这里同时存在大个的和非常小的个体。古人类学家假定，如果到目前为止发现的这5个头骨来自不同的地点，那么它们将被归属于几个不同的物种。

于2002年发现的一个男性直立人的无齿头骨与在2003年发现的一块无齿下颚骨完美匹配，这一发现为研究该物种的社会生活打开了一扇窗。对许多物种来，缺少牙齿意味着死亡：相关个体会饿死。来自德玛尼斯的没有牙齿的直立人提供了此类残障个体在世界上某个地方生存下来的最古老的证据。洛尔德基帕尼泽认为，这名男子只有在其他个体的帮助下才能活下来。德玛尼斯直立人一定是高度社会化的，或许是以小家庭的形式存在，以便照顾家庭中能力较弱的成员。[4]

直立人会说话吗？人们在德玛尼斯发现的通常极少能保存下来的部分头骨和脊柱（包括一连串6根椎骨）透露了一些线索。德玛尼斯直立人的呼吸系统的配置可支持说话——实际上，它的配置在我们这个物种的范围之内。[5]而头骨内侧的一处放大的凹陷提供了布罗卡氏区（大脑中负责处理语言表达的区域）存在的证据，所以德玛尼斯的这些双足猿类有可能会说话。

许多古人类学家拒绝接受直立人有语言的观点，并将这些古生物学数据视为类似于在沙滩上建城堡。但是我们应该谨慎一些；自维多利亚时代的绅士们将尼安德特人想象成低等的穴居人，并将他们自己想象成进化的极致以来，我们一直在低估我们遥远的祖先和亲缘物种的能力。然而，伴随着每一项新的科学发现，我们发现它们比我们之前认为的更有能力。

德玛尼斯的直立人是优秀的猎手，他们反复占领了这座高原至少8万年。这里肯定是一个具有战略优势的地点，可以监视迁徙中的动物。鬣狗的粪便化石以及其他14个食肉物种的骨骼表明，直立人并不是唯一在这里俯视下方动态的物种。我们可以想象一下，当时的欧洲就像如今的塞伦盖蒂草原一样，每当迁徙中的食草动物穿越河谷时，捕食者就会从它们的"瞭望台"冲下来杀戮，然后将肉拖到山顶上吃掉。目前在山顶上发现的动物遗骸包括大象、犀牛、巨型鸵鸟、已灭绝的长颈鹿、七个羚羊物种、山羊、绵羊、牛、鹿和马，而最后两种动物的数量尤其丰富。[6]

这些不同的捕食者之间是如何互动的，如今只能靠猜测。不过，作为体形最大也是社会化程度最高的物种，硕鬣狗似乎在与直立人争夺对这个"瞭望台"的控制权。虽然这种鬣狗比直立人大得多，但是原始人拥有使用投射物等工具的优势。我怀疑在德玛尼斯这样的开阔地，直立人（起源于热带的昼行猿类）在多数情况下能胜过夜行性的鬣狗。然而，在黑暗的洞穴中，局面基本会发生逆转。

在德玛尼斯的个体死去大约100万年后，直立人在欧洲生活的证据变得极为罕见。但我们从其他地方保存的化石中了解到，该物种的大脑变得越来越大，并且还发展出一套更加多样化的工具包。欧洲直立猿类留下的下一批清晰的证据来自西班牙北部的阿塔普埃尔卡山，人们在那里的山洞里发现的支离破碎的骨头和工具可追溯至120万年前至80万年前。最重要的遗址位于格兰多利纳洞穴，提供了同类相食的有力证据。这些遗骸大部分是幼年直立人的，上面有猎杀痕迹和牙印。[7]1997年，这些遗骸被命名为先驱人，而人们于2005年在萨福克郡帕尔菲尔德的一处悬崖发现的一些距今约有70万年历史的成人牙齿和石器被认为属于该物种。实际上，先驱人是否只是直立人的另一种形态，仍然是个悬而未决的问题。我将采取保守的态度，将它和所有类似的欧洲古老遗骸都称为直立人。

在西班牙和英国的洞穴中发现的直立人遗骸引发了控制火的问题。洞穴是个又冷又暗的地方，大型食肉动物喜欢将它们用作巢穴。食肉动物（而不是食草动物）与洞穴的关系可能与个体能够在庇护所中停留的时间有关。食肉动物的捕杀频率不高，饱餐一顿后可以睡上好几天，以消化食物，而食草动物必须将大部分时间都用来觅食。因此，除了冬眠物种之外，如洞熊，食草动物无法从洞穴提供的更温和的条件中获得同样程度的好处。

在冰河时代的欧洲，侵占洞穴的能力很可能是直立猿类生存的关键。起源于热带的它们缺少用来保暖的皮毛，而如果没有庇护所的话，就无法在严寒的环境中生存。但对洞穴的争夺一定是激烈的，而且随着欧洲气候的变冷，控制火这一能力可能是直立猿类拥有立足之地的决定性因素。人类使用火的最早证据令人喜忧参半，来自150万年前焚烧的沉积物。有更好的证据表明，直立人在80万年前就使用火了，而在50万年前，一些直立猿类已经在烹饪它们的食物（从烧焦的骨头判断出这一点）。但是我们不应该认定在洞穴中发现原始人类的骨骼就能证明它们占领了该洞穴。有可能是硕鬣狗或穴狮将直立人的遗骸带回了巢穴，也有可能它们是被洪水冲进来的。

2013年，在英格兰哈比斯堡发现的脚印提醒我们，我们对欧洲冰河时代初期人类谱系的了解非常少。这些脚印是一个五人团体留下的，个体身高在0.9~1.7米，可能是100万年前至78万年前沿着古泰晤士河河口向上游行进的一家人。[8] 他们可能刚刚在一座相对安全的岛屿度过了一夜，此时正准备离开去寻找食物。这些惊人的脚印在被记录下来后不久就被一次涨潮破坏了。

当这些类似直立人的生物沿着古泰晤士河游荡时，欧洲这部分地区的气候是凉爽的——与如今斯堪的纳维亚半岛南部的气候相似。人们在哈皮斯堡发现的一头原始猛犸象和多头野牛的骨骼残骸上面有人类猎杀的痕迹。也许留下这些脚印的直立人会季节性地向北迁徙和狩猎。无论如何，在这样的气候条件下，很难想象我们的祖先全年可以在不用火的情况下生存下来。随着气候进一步变冷，直立人从英国完全消失了，而且大概在整个欧洲北部都没了踪影，不过他们可能在温暖的伊比利亚半岛、意大利和希腊找到了庇护所。

当这些脚印留在哈比斯堡时，长达10万年的冰期已经开始。冰层的每一次前进都和上一次略有不同。最极端的冰期发生在478000年前至424000年前。在英国被称为盎格鲁冰期，在欧洲大陆北部被称为埃尔斯特冰期，在欧洲阿尔卑斯地区被称为民德冰期，它见证了一直延伸到英国南部和锡利群岛的冰层。*在欧洲东部，这次冰川的推进似乎导致了蛙和蟾蜍类群中古老成员古蟾的灭绝，我们第一次见到它们是在哈采格。它们最喜欢的生境是大型的永久性湖泊。随着极端冰期的出现，它们最后的藏身之所（位于如今俄罗斯境内的顿河河谷）对它们而言太干燥了。[9†]在盎格鲁冰期，冰盖比此前冰川事件中的要小，但在冰川边缘区域，气候条件比此前恶劣得多。古蟾科的最后一批成员被北边极其寒冷的冰川边缘和南边的荒漠化挤压得荡然无存。我必须承认，在转瞬之间（地质学意义上的）错过这些奇妙而古老的生物，真让人感到沮丧！

盎格鲁冰期无疑将直立人及其竞争对手（如硕鬣狗）和它的猎物赶出了欧洲的大部分地区。在冰层终于消退后，新的物种将从非洲向北移动，斑鬣狗将取代硕鬣狗。此外，还有一种新的直立猿类将进入欧洲。遗传分析表明，尼安德特人于80万年前至40万年前在非洲进化。他们可能取代了直立人谱系，或者与直立人杂交。‡无论发生了什么，大约40万年前之后，欧洲未再发现直立人的任何踪迹。

---

* 该事件的一个公认的科学名称是"海洋同位素阶段12"（Marine Isotope Stage 12）。

† 在欧洲东部，盎格鲁冰期被称为奥卡冰期。

‡ 少数科学家认为，尼安德特人是在欧洲由先驱人进化而来的。

第 25 章

尼安德特人

"猛犸动物群"总是令人联想起冰河时代的欧洲,而该动物群是在盎格鲁冰期首次进化出来的,大约在尼安德特人抵达欧洲的那段时间。所以在我们心中,尼安德特人、猛犸象和其他冰河时代的动物是永远联系在一起的。到40万年前,一些尼安德特人向北进入欧洲和亚洲,并最终向东扩散至阿尔泰山脉,以猛犸象、驯鹿、马和其他物种为食。早期的尼安德特人(存在于40万年前至20万年前)被冠以各种不同的名字,如海德堡人、直立人或尼安德特人。在这里,我将他们全都称为早期尼安德特人。他们比我们稍矮一点,尽管他们的大脑与我们的差不多大。相比之下,后来的尼安德特人的大脑比今天人类的更大(不过他们的身体也更大)。我们倾向于将尼安德特人视为拥有粗糙物质文化的原始人类,但在德国舍宁根附近的一处泥炭沉积层中发现的六把制作精良的木矛被认为是早期尼安德特人制造的,则驳斥了上述这一观点。木制工具通常不会形成状况良好的化石,所以这些木矛为我们提供了一个观察尼安德特人木工技术的罕见视角。这些木矛制作于40万年前至38万年前,可能是用来猎杀马匹的。它们的非凡之处在于其复杂程度。它们的重心靠前,并且带有制作精良的尖端:其复制品的表现和最好的现代标枪一样好,可以投掷到70米之外。[1]

尼安德特人还掌握了使用树皮制造沥青黏结剂的技术。最早的证据是在意大利发现的,可以追溯至30万年前至20万年前。这比智人独立发明黏结剂的时间要早很多。沥青的制造需要预见性,以及对材料和温度进行控制（与简单的方法相比，使用更复杂的方法得到的产量要多得多）。[2]研究人员认为，在生产过程中使用复杂方法需要大量准备工作。沥青的重要性体现在很多方面，如可以用来将燧石矛头装在木制长矛上，从而创造出高效的武器。[3]

在西班牙阿塔普埃尔卡山脉的胡瑟裂谷遗址发现了5500块距今30万年的早期尼安德特人的骨骼化石，它们至少属于32个个体。这些骨头（其中很多来自幼体）是在一个垂直洞穴的底部发现的，占那里发现的所有遗骸的75%，其余遗骸大多数是原始的洞熊和食肉动物，它们可能是被腐肉的气味吸引过来掉进这个陷阱的。在这个洞穴里，人们还发现了一把美丽的红色石英岩斧头，而制作它所用的原材料则来自距离此处很远的另一个地方。一些研究者认为，这些骨头是安置尸体（一种埋葬方式）时放的，而这把石英岩斧头是一种祭祀死者的祭品。[4]若是如此，那它就是世界上发现的关于安置死者的最古老的证据之一。

到大约20万年前，"典型的"尼安德特人出现了，他们拥有大鼻子、尺寸超大的大脑和强壮的身体。尼安德特人和智人在基因上极为相似，共享99.7%的DNA（相比之下，人类和黑猩猩共享98.8%的DNA）。由于这种相似性，以及人类和尼安德特人进行杂交的能力，很多学者将尼安德特人称为人类。但是这样做会让我们难以区分我们自己这个独特的人类类型。所以我在这本书里将"人类"这个称呼留给了智人。

第一批受到科学界关注的尼安德特人遗骸是1856年采石场工人在多塞尔多夫附近的尼安德山谷的费尔德侯佛洞穴中发现的骨头。多位专家先后对它们进行了研究，并提出了关于其身份的多种理论。有人认为，它们是拿破仑战争中为俄国沙皇效力的一名亚洲士兵的遗骸。有人认为，它们来自一个古罗马人，还有人认为它们属于一个荷兰人。

1864年，随着达尔文《物种起源》的出版，这些骨头引起了地质学家威廉·金的注意，当时他在戈尔韦女王学院工作。他对这些骨头进行了科学描述，并将其命名为 *Homo neanderthalensis*。不久之后，金改变了他的想法，断言这些骨头不应该被归属于人属，因为它们来自一种无法"拥有道德及有神论观念"的生物。⁵尽管金的说法模棱两可，但他为这些骨头起的名字发表了，这也是一件好事，因为德国生物学家恩斯特·海克尔当时也在研究这些骨头，而他为它们起的名字十分糟糕。

　　海克尔是一位非常有才华的科学家，他构建了第一张全面的生物进化树图谱，命名了数千个物种，并创造了"干细胞""第一次世界大战"等词语。但在1866年，他将尼安德特人的化石命名为 *Homo stupidus*＊，我不得不说，这件事他办得很没有水平。†根据《国际动物命名法规》的规定，金命名的 *Homo neanderthalensis*（尽管他后来有别的想法）具有优先权，所以现在人们使用的就是这个名字。

　　尼安德特人生活的大多数证据来自距今13万年的遗址，当时尼安德特人已经完全适应了欧洲冰河时代苛刻的环境。男性的平均体重为78千克，女性的平均体重为66千克，而且通过分析骨骼的化学成分，发现他们是专性食肉动物。他们的垃圾堆表明，他们的主要猎物是欧洲马鹿、驯鹿、野猪和原牛，不过他们偶尔也会捕一些更具挑战性的物种，如年幼的洞熊、犀牛和大象。⁶然而，在极端的情况下，他们会吃一点植物和真菌，有时还会吃同类：来自西班牙埃尔锡德洞穴的12具骨架上有致命打击和去肉的痕迹，这显然是同类相食的证据。

　　像许多其他食肉动物一样，尼安德特人也喜欢在洞穴里安家，而且毫无疑问的是，他们能够将竞争对手从自己喜欢的巢穴里赶出去。有充分的证据表明，他们掌握了使用火的技能，而且他们的工具表明他们会对皮毛进行粗略的加工，也许是为了制作斗篷，尽管他们不会制作合身的衣服。

＊　字面意思是"愚蠢的人"。——译者注
†　奇怪的是，海克尔忽视了尼安德特人拥有非常大的大脑，而最初的头盖骨已经证明了这一点。

他们的穴居习性、火和斗篷对他们能够定居在冰层以南的欧洲大部分地区来说至关重要。[7]

基因研究表明，在任何一个时期，尼安德特人的总数都不超过7万人，并且稀疏地分布在整个欧洲西部。[8]来自克罗地亚的一名女性的基因组显示出较低水平的遗传多样性，这种较低水平的遗传多样性是孤立的小型亚种群在经历了许多个世代的繁殖之后产生的。在亚洲阿尔泰山脉发现的一具女性遗骸是高度近交的——她的父母是一对同父异母或同母异父的兄妹或姐弟——尽管这不是所有尼安德特人的特征。[9]在埃尔锡德洞穴里发现的12具被同类吃掉的个体的骨架似乎来自一个家庭群体，他们在被杀死和吃掉之前，可能被出其不意地偷袭了（也许是在他们自己的洞穴里）。法医对他们骨骼的DNA分析显示，男性之间亲缘关系密切，而女性之间没有这样近的关系。这意味着尼安德特人与许多近代及当下的人类社会相似——女性离开她们的大家庭，嫁入其他群体。[10]

尼安德特人的身体非常强壮，而且许多骨骼上都有受伤的痕迹，但看起来像是在使用手持武器捕杀大型哺乳动物时受伤的。尽管大脑较大，但他们的前额迅速后退，眼睛被凸出的眉骨遮住了。他们有桶状的胸部，这可能有助于他们维持身体热量，还有大鼻子，这可能有助于过滤冰河时代的尘埃，以及加热他们吸入的空气。至于他们毛发的浓密程度，仍然是推测性的。DNA分析显示，他们皮肤苍白，眼睛通常是蓝色的，毛发是红色的。[11]

尼安德特人的眼睛比我们的大，就像他们的大脑一样。* 在现代人类中，我们认为这是正面属性。然而，关于尼安德特人大脑尺寸的问题一直存在争议。一些研究者认为，与我们相比，尼安德特人将大脑的更大一部分用于视力，因此用于其他功能的部分比我们的要少。同一项研究还提出，尼

---

* 他们的大眼睛可能适应了欧洲冬季的低光照水平，或者适应了洞穴中的生活。

安德特人的体形比现代人大，因此他们大脑的相对尺寸比我们的小。[12]即便如此，我们仍然面临着令人无法抗拒的问题：那双蓝色的大眼睛如何看待这个世界，那个无疑很聪明的大脑又是如何理解这个世界的？唉，对于这些问题，考古学目前只能回答这么多了。

尼安德特人埋葬他们的死者吗？南安普敦大学的萨拉·施瓦茨宣称，他们埋葬死者的做法很普遍。但是她引用的证据，包括骨头的去肉痕迹以及它们在天然凹陷处的聚集，也可能是同类相食或者自然过程的结果。[13]无论如何，缺乏复杂的埋葬手法可能并不代表他们对死者没有感情。在一些非洲牧民中，尸体有时会被放置在围绕定居点的荆棘篱笆外。第二天早上，死者将以鬣狗的形式开始新的生命。

最近，至少拥有65000年历史（甚至可能更古老）的尼安德特人的艺术在西班牙的三个地点被发现。手模图案、梯形图案和抽象形状全都是用红色赭石颜料绘制的，但是没有发现对动物的描绘。[14]用于个人装饰的证据也很少，重要的例外是来自西班牙的11.8万年前的穿孔的彩绘贝壳，以及在克罗地亚的一处岩石掩体中发现的13万年前的白尾海雕的爪子，上面还有加工过的痕迹，这表明它们过去是穿在项链上的。[15]在某种程度上，更大胆的推测是，在直布罗陀的洞穴中发现的一些秃鹫翅骨让一些研究人员相信，生活在那里的尼安德特人将秃鹫的羽毛当作装饰品。

2006年，考古学家在法国西南部布吕尼屈厄洞穴中发现了两个环形结构（最大的直径6.7米）和六个凸起结构，它们由大约400个被小心切割并堆叠在一起的大型钟乳石建造而成，这一发现发表时，科学家们都震惊了。这些结构全都建在一个距离洞口300多米的黑暗洞穴里。这个空间当时采用的肯定是人工照明，而且有大量证据表明石圈周围曾有使用火的痕迹。[16]钟乳石会生长，因此它们被折断的时间可以精确地追溯到17.6万年前，毫无疑问，这是尼安德特人的杰作。这些结构的用途尚不清楚，有人推测它们是某种仪式的背景，还有人认为它们不过是庇护所的一部分。无论如何，它们都强调了这样一个事实，即尼安德特人有能力完成伟大的工作，关于他们还有很多东西有待发现。

尼安德特人文化的另一个方面高度揭示了他们的内部生活。尼安德特人猎杀洞熊（通常是幼崽）的时机，可能是在它们从冬眠中醒来时才进行伏击的。而且这一行动可能是在洞穴系统中有战略优势的位置完成的，在这些要点，他们可以用火或长矛将成年洞熊驱赶出去。无论采用什么狩猎方法，尼安德特人在整个欧洲留下了所谓"洞熊狂热"的非凡证据。

1984年，人们在位于罗马尼亚特兰西瓦尼亚的比霍尔山发现的祭坛石洞穴是最引人注目的例子之一。来自克卢日波利泰尼卡的洞穴探险爱好者探索了这个壮观的洞穴，山体庞大的内腔贯穿了整座山，里面布满巨大的钟乳石和精致的洞穴装饰。在对这次发现的描述中，克里斯蒂安·拉斯库 * 说在抵达该地点之前，他们在洞穴中爬行、游泳和行走了一天一夜。

洞熊的坟场突然出现在我们面前，在一条水平通道里，拱形的天花板上悬挂着尺寸惊人的管状钟乳石。我们首先看到的是一个小头骨，上面覆盖着爆米花状的凝结物。然后是另外两个小头骨，鼻子前面摆着长长的骨头。在更远处地面上的一处凹陷中，有一个成年洞熊的头骨，几乎有半米长，然后我们在一个石头坑里发现了混在一起的下颚骨、头骨和脊椎骨。在这堆骨头旁边还有许多幼年洞熊和成年洞熊的头骨，它们被覆盖在一层厚厚的方解石下面，很难发现。其中四个头骨吸引了我们的注意：它们紧密地排列在一起，枕骨朝向内部，构成了一个不太完美的"十"字。[17]

四只幼年洞熊的头骨排列成一个"十"字，以及放置在成年洞熊头骨前面的四肢骨，这些排列方式不可能纯属偶然。欧洲的其他洞穴中也有类似的发现，人们认为将四肢骨放置在头骨前，以及将幼年洞熊的头骨以

---

*　克里斯蒂安·拉斯库（Cristian Lascu），罗马尼亚科学家。莫维尔洞穴被发现后，他是第一个进入该洞穴探索的人。——译者注

"十"字形或背靠背的方式排列（有时被燧石环绕），这些都是尼安德特人抚慰仪式的一部分。

来自多种文化的人类猎人都举行过涉及熊类头骨的仪式。例如，在成功猎杀北极熊之后，北极地区的猎人会以最大的尊重对待死去的北极熊。楚科奇人会对死去的熊说"别生气"，而生活在附近的尤皮克人则对熊解释说他们只是拿走它的肉和皮毛，而不是杀死它，因为这头野兽的灵魂并没有死。在其他地方，猎人会向被宰杀的熊的头骨敬献礼物——雄熊是小刀和鱼叉头，雌熊是针和珠子。[18]在有些情况下，猎人还会搭建"祭坛"，在上面摆放熊的头骨和礼物。它们的摆放方式与尼安德特人留下的幼年洞熊的头骨以及相关的燧石工具的摆放方式相似。

尼安德特人关于这些洞熊头骨的摆放方式是一个谜。许多头骨保存得近乎完美，这是个体在冬眠期间死去并在洞穴中不受打扰地降解的特征。被捕杀的熊的头骨上常常有切割痕迹或其他损伤，但这些头骨上没有。所以这些排列整齐的骨头很可能来自自然死亡的熊。因此，抚慰仪式可能涉及尼安德特人眼中的洞穴家庭（包括活着的和死亡的个体），而不只是他们捕杀的个体。若是如此，这表明他们对血缘关系拥有复杂的理解。

尼安德特人是一个深奥的谜团。虽然脑容量比我们的大，身体也更强壮，但他们的物质文化仍然很原始。令人惊讶的是，尼安德特人的伟大成就——包括饰品（可以追溯到13万年前至11.8万年前）和钟乳石结构（17.6万年前）——都如此古老。在尼安德特人存在的最后8万年里，我们没有发现任何类似的东西。然而，绝大多数尼安德特人遗址都可以追溯到这一时期。尼安德特人是否遭遇了某种程度的文化衰退？

一个有参考价值的类似例子发生在塔斯马尼亚岛上的原住民身上。正如贾雷德·戴蒙德在《枪炮、病菌与钢铁：人类社会的命运》中所解释的那样，大约在1万年前，由于海平面上升，巴斯海峡被淹没，这导致他们与其他原住民群体隔离开来，数千人规模的塔斯马尼亚人族群失去了制作骨针的能力（因此也就失去了用它缝制毯子的能力），很可能也丢失了生火所需的技能。如果一个群体中只有一个或几个人知道如何制造或者做某些事，那么当这些人死后，这些技术就会失传。遗传学研究已经证实，尼安德特人的族群规模小且分散。随着时间的推移，技术失传可能是由于隔离和族群规模小造成的。

必须指出的是，尼安德特人和塔斯马尼亚人的创新能力持续存在。19世纪初，塔斯马尼亚原住民在与欧洲人接触之后，学会了养狗和用枪。而且有证明表明，尼安德特人在与人类接触之后，便开始借鉴对方的思考方式和做事方式，从而创造出一直持续到尼安德特人灭绝的查特佩戎文化。

该如何理解这些最令人不解的生物？当我们自称智人时，其实是在强调我们的脑容量很大。认为尼安德特人在某些方面的能力可能超过我们的观点是不理性的吗？此外，要如何看待他们制作工艺精湛的标枪——可以与今天我们最优秀的工匠制作的工具相媲美，如何看待他们在最极端的环境下通过捕杀凶猛的大型猎物生存下来的能力？想象一下，如何杀死一头真猛犸象，或者将一只硕鬣狗从洞穴里赶出来？我怀疑，尼安德特人在某些方面的确比我们出众。

但是动物地理学对他们不利。非洲的面积比欧洲大，而且其热带气候以及东非大裂谷的肥沃土壤使非洲的部分地区十分高产。这意味着与欧洲相比，非洲部分地区的大型哺乳动物种群的规模通常更大，且分布也更密集。此外，现代人类似乎比几乎只吃肉的尼安德特人占据了更广泛的生态位，因为他们食用经过烹饪的可食性植物，这让人类能够维持比尼安德特人更高的人口密度。

在规模庞大且分布密集的种群中，个体之间的竞争加快了进化的速度。这会产生更有竞争力的类型，同时这些类型会从起源地扩散开来，取代此前分散的群体。疾病可能会加快这一过程，而且由于传播速度加快，疾病也会在密集的种群中迅速演化。免疫力可以在密集的种群中产生，但是当不曾接触过这些疾病的孤立种群遇到它们时，他们很容易遭到毁灭性的打击。这种从中心扩张的现象被称为"离心进化"（centrifugal evolution），指的是离心机在工作时将物质向外推的方式，这对解释尼安德特人的消亡大有帮助。

人们对尼安德特人最后的日子进行了广泛的研究。直到前些年，人们还认为他们在直布罗陀海峡沿岸一直存活到约24000年前，但如今该日期被认为是错误的。新近的一项研究使用了更严格的方法，并没有找到比约39000年前更近的关于尼安德特人存活时间的有效日期。现在人们认为，约41000年前，尼安德特人开始在东欧迅速衰落，而到约39000年前，他们已经在各地灭绝。[19]

如今人们普遍认为，尼安德特人和人类曾在欧洲短暂共存了2500～5000年。但我对此持谨慎的态度：现代人类出现在欧洲的最早时间非常可疑。尼安德特人是人属中与现代人类共享这颗星球的最后一个物种。在他们于大约39000年前在西欧的某个地方灭绝后，就只剩下我们自己了。我们的直系亲属都被消灭了，而且几乎可以肯定的是，他们都是被我们人类消灭的。然而，这充其量只是部分事实。尼安德特人并没有消亡，现代人类也没有殖民欧洲。

第 26 章

杂交种

大约30万年前，第一批解剖学意义上的现代人类（智人）在非洲进化。此时，包括直立人和尼安德特人的祖先在内的一拨又一拨直立猿类从非洲进入欧洲已经近200万年。我们这个物种注定要追随他们的脚步。到了大约18万年前，智人已经向北推进到今天的以色列，并且很可能在那里与尼安德特人杂交。[1]但是出于目前尚不清楚的原因，这些最初的非洲移民并未抵达欧洲。直到大约6万年前，当人类再次走出非洲时，我们这个物种才开始扩散开来。

最近的一项遗传学研究表明，欧洲最早一批人类定居者是一个单一的种群，部分来自约37000年前抵达欧洲的非洲移民，并且处于现代非洲人遗传变异范围之内。[2]

对原始人类大批进入欧洲及灭绝进行年代测定可能会导致混乱。部分原因是这些事件的年代测定采用了不同的方法（如基因比对和放射性碳年代测定法）。根据基因比对确定的时间取决于基因变化的速度（以化石记录为"基准"），而放射性碳年代测定的结果取决于对碳-14衰减的估算。所有时间都是估算值，通常有很大的误差范围，而且所有年代测定方法都有自己的偏差，这可能会导致更多错误。我们应该牢记，尼安德特人灭绝的时间（放射性碳年代测定为约39000年前）和人类抵达的时间（遗传学分析得出的时间为37000年前）实际上完全可能在同一个千年。

在来自欧洲的最古老的无争议人类遗骸收藏中，包括在罗马尼亚境内多瑙河铁门峡附近的"骨头洞"(Pestera cu Oase)中发现的部分骨架、头骨和下颚骨。这些骨骼被认为来自42000年前至37000年前,最有可能是37800年前。[3]这些洞穴位于一条通往西欧的被称为"多瑙走廊"(Danubian Corridor)的迁徙路线上。这条路线最早由考古学家维尔·戈登·柴尔德*发现,数百万年来,许多物种无疑都是沿着它进入西欧的。

在"骨头洞"里发现的这些骨骼化石一开始被认为属于现代人类,但后来有人注意到它们带有一些类似尼安德特人的特征。从一具骨架中提取的古代DNA显示,它是人类和尼安德特人的杂交种,大块的尼安德特人的DNA片段(包括几乎所有的12号染色体)中散布着现代人的DNA。随着世代的更迭,DNA被混合成了越来越小的片段。尼安德特人的DNA以如此大的片段存在于"骨头洞"内的个体身上,这表明杂交事件仅仅发生在第四代到第六代之前。[4]因此,我们知道大约在38000年前,在铁门峡附近的某个地方,一个人类与一个尼安德特人进行了交配,然后雌性成功地孕育出有繁殖能力的后代。

人类与尼安德特人的这些杂交后代可能只是类人动物进化过程中出现的众多杂交种类群之一。我们的基因中仍然保留着新近发生的另外至少一起事件的证据,即丹尼索瓦人与向东扩散至亚洲的人类之间的杂交。[†]但是,欧洲第一代人类-尼安德特人的杂交后代呢?他们是什么样子的?纳菲尔德教区牧师格里菲斯·哈特韦尔·琼斯在他1903年的巨著《欧洲文明的开端》中,用各种各样的古老资料重塑了一个他认为在农业出现之前生活在欧洲的类群。他称他们为雅利安人,并如此描述该类群中的一名男性:

> 他的眼睛是蓝色的,目光锐利……眉毛突出。他身材高大,

---

* 维尔·戈登·柴尔德(Vere Gordon Childe, 1892—1957),澳裔英籍考古学家,曾任伦敦大学学院考古学院院长、爱丁堡大学教授和不列颠学院院士。——译者注

† 丹尼索瓦人是一个已灭绝的人类物种或亚种,只在西伯利亚的丹尼索瓦洞穴(Denisova Cave)中留下几颗牙齿和一根指骨。他们与人类杂交,其基因保存在如今的亚洲和大洋洲人类种群中。

体格健壮。他在寒冷的气候中长大，那里的自然环境十分恶劣，他从小就习惯了艰苦的生活……追逐是他的日常消遣活动，这使他不停地练习使用武器……[5]

虽然这段话是在现代科学丰富了我们对尼安德特人的理解之前写成的，但它已经完整地描绘了尼安德特人的样子。如果将尼安德特人的基因与非洲人的基因混合，那么其后代将具有高度的多样性。也许当今欧洲人之间的巨大差异正是对人类与尼安德特人的第一代杂交后代所表现出的多样性的呼应。*

2010年，研究人员宣布他们已经对尼安德特人的整个基因组进行了测序。[6]在现今人类的Y染色体上均未发现尼安德特人的DNA，并且这条染色体仅由男性传递。[7]除非是偶然的，否则这种缺席可能代表着两种情况之一：有可能性行为只发生于男性人类和女性尼安德特人之间，或者这可能是一种被称为霍尔登氏法则的奇怪遗传现象所导致的结果。这条法则是由英国伟大的进化生物学家J.B.S.霍尔登于1922年提出，它指出如果某个杂交种中只有一种性别是不育的（如骡子），那么它很可能是拥有两条不同性染色体的性别。在人类（和大多数哺乳动物）中，雄性拥有一条X染色体和一条Y染色体，而雌性拥有两条X染色体，所以霍尔登氏法则预测，在哺乳动物中，雄性杂交种比雌性杂交种更有可能不育。一项研究暗示霍尔登氏法则可能是导致杂交种的Y染色体上缺少尼安德特人DNA的原因，但目前我们还不能完全确定。[8]

目前欧洲主要有两处遗址宣称他们那里的人类遗骸化石比"骨头洞"里的更古老：研究人员们在意大利塔兰托南部一处洞穴中发现的两颗乳牙据说属于现代人类，可追溯到45000年前至43000年前；而来自肯特郡一处

---

*　在这个杂交种群中，发现有1万年历史的"切达人"（Cheddar Man）有蓝色的眼睛和深色皮肤是意料之中的事。

洞穴的人类上颚骨化石碎片则可以追溯到44200年前至41500年前，并且其与动物骨头关系密切。[9]这两颗乳牙是通过提取其中的元素测定年代的，但没有提取出DNA，这意味着它们被鉴定为人类凭借的只是其形状。另一方面，肯特郡的上颚骨碎片显然是人类的，但它的年代是根据保存在同一沉积层中的动物骨头的年代推断的。而认为这里的人类和动物骨骼属于同一年代只不过是人们的一种大胆假设。我认为在这两处遗址中，证明欧洲存在更古老人类的证据都过于单薄。

作为古生物学家，我习惯于处理零碎的证据，并像西格诺尔－利普斯效应所阐释的那样，不情愿地接受我永远也无法找到任何物种的第一个或最后一个成员的事实。我们真有那么幸运吗，竟然在"骨头洞"里发现了欧洲最早一代拓荒者之一的证据？我无法证明这一点，但是这处遗址看上去很特别——实际上，特别到足以成为整个生态史中西格诺尔－利普斯效应的一个可能的例外。

研究人员在"骨头洞"里没有发现尼安德特人的骨头；杂交后代的骨头似乎是从外面被水冲入洞窟的，而且里面没有发现垃圾堆，这表明洞穴里曾经有人居住。我们永远无法确切地知晓数万年前铁门峡附近发生了什么。我们所能做的就是试着描绘一个与我们所知的寥寥事实相符的场景：一群人类在前往欧洲新领地的征途中，遇到了一群尼安德特人，他们伏击了对方，杀死了除女性成员之外的所有尼安德特人，而女性成员被绑架，并在之后生下了绑架者的孩子。

但是除此之外，故事中肯定还有更多细节。人类在欧洲开始定居的时间是如此晚，这一点有些奇怪。随着现代人类的扩散，一个分支沿南亚海岸前进，在至少45000年前抵达了澳大利亚。与澳大利亚相比，欧洲离非洲近得多，为什么人类花了更长的时间才在欧洲定居？部分原因可能在于早期人类移民占据的生态位。前往澳大利亚的那批人似乎已经很擅长捕捞鱼类和贝类——这种生态位此前基本上是空白的，但能提供丰富的脂肪和蛋白质。使用长矛、渔网、石锤和筏子，人类能够利用近海礁石和滩涂上的庞大资源，这是其他物种无法做到的。

但是生活在远离海岸的人类不得不与相关物种——无论是尼安德特人、丹尼索瓦人还是直立人——争夺陆地上的资源。此外，38000年前的欧洲是一个环境恶劣的寒冷之地，来自热带地区的原始人类想必在那里是挣扎求生。数千年来，尼安德特人已经适应了欧洲的恶劣环境，他们可能经历了激烈的竞争。但后来的一个偶然事件创造出人类与尼安德特人的杂交后代，他们迅速向西扩散，取代了"纯种"尼安德特人。[10]人类与尼安德特人的第一批杂交后代很可能从他们的尼安德特人母亲那里习得了有用的知识；而且在欧洲的气候条件下，尼安德特人苍白的皮肤肯定拥有特别的优势，因为它可以允许阳光穿透皮肤，有助于人体合成维生素D。

最近一项针对来自欧洲各地的50块化石开展的研究表明，生活在37000年前至14000年前的所有欧洲人都是这批人类－尼安德特人杂交种的后代。这意味着非杂交种人类直到最多14000年前才进入欧洲。如果那时候有科学家，他们可能会将欧洲人归类为新的杂交物种，就像欧洲野牛一样。但是随着时间的推移，尼安德特人的DNA在欧洲人基因组中的占比减少了。在生活在37000年前至14000年前的欧洲人的基因中，尼安德特人遗传基因的占比大约是6%。在约14000年前的一次来自亚洲西南部的迁徙之后，这一贡献被稀释到1.5%~2.1%（如今的平均水平）。研究人员认为，尼安德特人的许多基因必定使它们的杂交后代在竞争中处于劣势。但究竟是哪些基因，以及它们如何不利于生存，目前尚不清楚。[11]然而，有趣的是，整个尼安德特人基因组的至少20%（也许有40%）存在于欧洲人和亚洲人的基因中，因为每个个体都拥有不同的尼安德特人基因组片段。[12]

第 27 章

文化革命

　　1861年，法国作家、画家爱德华·拉尔泰发表了一幅骨头画作，这块骨头发现于法国南方的查菲特洞穴，上面还雕刻着两只鹿的图案。拉尔泰声称这件雕刻品及其他的人工制品，可以追溯到最早的古代文化。他的主张一开始遭到了极大的怀疑，因为欧洲的专家们坚信石器时代粗野蛮横的洞穴居民根本不具备创造高雅艺术的能力。但是随着越来越多的画作和石器被发现，拉尔泰的观点变得无可辩驳。然后在1868年，人们在西班牙阿尔塔米拉附近一处溶洞里发现了一些壁画，欧洲人进一步了解了他们最遥远的祖先遗赠给他们的宝藏。很明显，随着越来越多的旧石器时代艺术被发现，可以看出欧洲石器时代最伟大的艺术家在想象力和执行力方面可以与如今最杰出的艺术家相媲美。

　　欧洲冰河时代早期的艺术是最引人注目和最巧妙的艺术之一。其中一个例子是一尊宏伟的、有着4万年历史的半狮半人雕像，它由猛犸象的象牙制作而成，于1939年在德国施瓦本汝拉山中一个名为赫伦施泰因－施塔德尔（Hohlenstein-Stadel）的深邃洞穴中被发现。该遗址没有发现任何家庭生活的证据，如食物残渣和工具，它可能专门用于仪式活动。这尊狮人像被发现时已成碎片，有超过250个碎片。[1]修复后，它有30厘米高，散发着威严的气息。人们在施瓦本汝拉山还发现了最古老的人形雕像之一，即"赫伦·菲尔斯的维纳斯"（Venus of Hohle Fels，直译为"岩洞的维纳斯"），其历史可以追溯到40000年前至35000年前。令人惊讶的是，世界上最古老的乐器——象牙长笛——也发现于施瓦本汝拉山。它被认为有42000年的历史，但是我们必须牢记这类时间的不确定性：这支长笛可能与"骨头洞"中的骨骼处于同一时代。这些创造被认为是格拉维特文化（Gravettian culture）的产物，其创造者是早期的人类-尼安德特人杂交种。

施瓦本汝拉山位于"多瑙走廊"上，而这条走廊很可能就是铁门峡附近出现的杂交人种所走的路。我可以想象得到，这些先驱者具备他们的双亲都没有的能力，向西推进，然后取代他们遇到的尼安德特人。当他们在新的土地上定居时，他们寻求新的表达方式。尼安德特人的知识可能有助于这些杂交种占领洞穴。在寒冷的欧洲，洞穴是他们在整个冬季的家，附近储藏有冻肉和其他食物。而生活在洞穴里为讲故事和图像描绘创造了新的必要条件和机会。

来自施瓦本汝拉山的发现所展现的艺术表达之盛行在人类进化史上是独一无二的。这些人工制品是我们从世界各地获得的关于想象中的动物、人类及乐器的最古老的证据。促成这种艺术盛行的是杂交物种，他们就像骡子一样，似乎拥有强大的理性、记忆力、社会情感及创造精神。让我感到惊讶的是，他们的新颖创造是艺术作品，而不是拥有早期进步特征的新武器或石器。就仿佛这些人开始了一种"自动驯化"的过程，开始专注于和平，而不是冲突。

人们很容易将这些雕像和长笛视为冰河时代文化成就的巅峰，但这些物体是有用途的，我们必须将它们服务的更高层次的艺术视为巅峰。有理由相信这种艺术就是戏剧：戏剧是澳大利亚原住民的伟大艺术，而且可以说它是所有尚未出现文字的社会的首要艺术。对这些社会而言，戏剧是如此重要，因为它提升了模仿、修辞，以及通过全身表达情感和讲故事的技能，正是这些技能造就了伟大的猎手和领导者。因此，莎士比亚的戏剧并不是凭空产生的——就像雅典娜从宙斯的脑袋里蹦出来那样——而是源自一个至少从第一批人类-尼安德特人杂交种诞生以来就存在的传统。

我可以想象那些最早的表演，一小群人在黑暗的冬夜中心怀敬畏地观看。有些人可能已经见过技艺精湛的工匠为伟大的狮人雕像所费的功夫，而如今它拥有了生命——以影子的形式投射在岩壁上。随着雕像在篝火前移动，剪影时而清晰，时而模糊，它的制造者完美地模仿其祖先（一只发情的母狮人），发出咕噜声。这只杂交野兽正在寻觅人类伴侣。观众是否还记得这段口口相传的记忆，即是否知道他们自己是不同类型交配的产物。例如，一个皮肤黝黑的人类和一个肤色苍白的尼安德特人的后代？

随着笛子的乐声在洞穴中飘荡，族长的声音响起，人们的情绪从恐惧、忧虑和惊奇发生变化。他模仿起逝者的声音，讲述着部落的狮子祖先。入迷的观众被带到另一个时空，另一个维度。在欧洲最早的神话中，漫漫长夜就是这样度过的。

在实现了自动驯化后，早期的人类－尼安德特人杂交种开始着手将这一成就扩展到对其他物种的驯化中。在大约26000年前的某一天，一个年龄在8～10岁的孩子与一只犬科动物一起走进了位于如今法国境内的肖维岩洞的深处。从他们并行的足迹（在洞穴底部延伸了45米远）来看，他们经过了那些壮观的、令肖维岩洞闻名世界的艺术作品，并进入了"骷髅室"（Room of Skulls，一个保存了许多洞熊头骨的洞室）。他们一起走着，相互陪伴，其间，孩子滑倒了一两次，还停下来清理了一次火把，而在这个过程中，洞穴的地上留下了木炭的污迹。想想就很有趣，他们俩像哈克·费恩*一样的探险在他们的部落里一定成了传奇谈资，因为当时肖维岩洞的凹穴已经被废弃，里面的艺术作品和洞熊骨头有着数千年的历史。而不久之后，一场山体滑坡将洞穴入口封住。无论如何，这对搭档的冒险之旅在2016年出名了，当时人们对肖维岩洞里的化石和人工制品（包括孩子丢弃的木炭留下的污迹）进行了大规模的年代测定，证实了这些痕迹是人类和

---

* 马克·吐温的小说《哈克贝利·费恩历险记》中的人物。——译者注

犬类之间关系的最古老的明确证据。[2]*

DNA研究表明，在4万年前至3万年前的欧洲，狗开始从狼中分化出来。[3]最古老的骨学证据是在比利时的戈耶洞穴发现了一个犬科动物头骨，其历史可以追溯到36000年前。它的鼻子短而宽，这一特征与狼截然不同——但是基因分析将它排除在如今现存的所有狗和狼的谱系之外。这个头骨很可能来自一群与人类有关系的犬科动物，但它们后来灭绝了。无论如何，西格诺尔－利普斯原理提醒我们，在26000年前，也就是在这个孩子和他的犬科伙伴漫步在肖维洞穴很久之前，孩子们和狗之间可能就已经有联系了。

尼安德特人与狼共存了数十万年——至少从50万年前至30万年前从亚洲抵达欧洲的第一批灰狼开始（最古老的证据来自法国吕内维耶的洞穴沉积物）。[4]而现代人与狼的共存至少始于18万年前智人从非洲扩散开以后。但是直到人类与尼安德特人的杂交后代在38000年前出现之后，犬科动物和人科动物才开始有联系。关于犬类驯化的一种流行理论是，狼开始在人类的营地周围徘徊，希望从人类那里获得一些残羹剩饭，或者以人类的粪便为食，这使二者产生了联系。但更有可能的情况是，驯化始于对年幼动物的饲养，就像如今狩猎－采集社会中仍会发生的那样。饲养通常发生在猎人杀死携带幼崽的雌性动物并将其幼崽带回营地时，这些幼崽在营地里将成为孩子们的玩物。以狼为例，只有当幼崽出生不超过10天时才能这样做，因为这个阶段它们还在窝里。如果它们能够靠残羹剩饭存活下来，或者再加上某位哺乳期母亲捐赠的母乳的话，它们就可以长大。在冰河时代的欧洲，狮子和熊的幼崽以及狼崽无疑是作为孩子们的玩物进入人类营地的，而且由于营地的卫生条件和安全水平不如今天，这偶尔会给饲养家庭带来灾难。但是狼更适合做人类的伙伴。

---

* 这些脚印的年代是通过对一些据推测从孩子的火把上落下的木炭进行的放射性碳年代测定间接确定的。

在苏联遗传学家德米特里·别利亚耶夫的指导下，研究人员们从20世纪50年代开始对狐狸（犬科成员）进行长达数十年的实验，得出了关于狗的祖先的重要见解。别利亚耶夫的方法很简单：在苏联一家毛皮农场饲养的数千只银狐中，他有选择地繁殖那些在人类面前更镇定的个体。短短几代之后，一些狐狸开始寻求人类的陪伴。与这些个体交配的结果是狐狸在繁殖方面表现出驯养动物的典型特征（通常每年产一胎以上）。有些狐狸甚至开始摇尾巴和吠叫——这些特征通常只见于狗身上。最终，研究人员培育出颜色多样、尾巴卷曲和耳朵松软的狐狸。有些狐狸甚至能够发出类似人类笑声的声音。这些性状都不是选择来的——唯一被选择的是它们与人类相处时的舒适程度。然而，在短短几十年里，别利亚耶夫创造出了行为模式像家养狗一样的狐狸，而且这些狐狸确实适合当宠物养。[5]

从懦弱胆小到勇猛好斗，狼总是有各种各样的行为模式，所以我们不能仅凭别利亚耶夫的研究来解释驯化为何始于37000年前。我怀疑驯化之所以在那时发生，是因为人类与尼安德特人的杂交种是第一批将狼崽带回营地的原始人类，目的不是吃掉它们，而是让它们成为玩物。

肖维岩洞的脚印和家犬第一个被广泛接受的证据（一块拥有14000年历史的下颚骨被埋在德国一座人类坟墓中）之间存在巨大的时间差。[6]这块下颚骨标志着人犬共葬这一历史悠久传统的开始，揭示了一些人与犬类动物之间深厚的感情。到4000年前时，第一批驯养品系（类似于灵缇犬）出现，而狗正在逐渐成为如今陪伴着许多人的那种高度改良的动物。就像38000年前至14000年前的人类-尼安德特人的杂交后代很乐意与像狼的狗共存一样，后来的人们更喜欢改良型的犬类伙伴。

最近有人提出，曾有第二批狼在中国或者东南亚独立驯化。[7]有几个因素使这一理论难以验证，其中之一是遗传学无法提供清晰的指南，因为在现存的所有狗中，没有任何一种狗与任何特定地区的狼的亲缘关系近过其与其他狗的关系，这很可能是因为狗与狼的基因反复混合导致的。而且自首次驯化以来的几千年里，品种选育进一步打乱了狗的基因组，因此很难确定其地理起源。考古记录在弄清事实方面只能提供有限的帮助：人们在欧洲发现的关于狗的化石可以追溯到36000年前，在东亚发现的化石可以追溯到12500年前，而在中亚发现的化石只有8000年历史。长达4500年的时间差异可能是证据，表明狗不是从欧洲抵达东亚的，而是在东亚独立驯化的。但是对于这一点，西格诺尔和利普斯可能也有话要说。

第 28 章

动物群和大象

当人类抵达欧洲时，一个本就已经很冷的地球正变得更加寒冷。庞大的冰盖使海平面比今天低了80米。在此后的几千年里，冰川变得越来越厚，并且延伸得越来越远，导致海平面又下降了40米。所以此时没有波罗的海，你可以从挪威步行到爱尔兰，虽然这意味着要穿越冰层和几条河流。按照地质学标准，降温速度很快，但是当时的人都未察觉到这种变化，毕竟与我们现在体验到的因温室气体增多而导致的变暖趋势相比，当时气温的变化速度最多只有当前速度的三十分之一。尽管如此，这还是迫使欧洲整个动植物群的数量和分布发生了变化。

在发生于大约50万年前的冰川扩展之后，许多欧洲动物开始以两种相关或生态上类似的形式存在——一种在寒冷时期占优势，另一种在温暖时期（在过去的100万年里只占10%的时间）占优势。真猛犸象和欧洲的古菱齿象就是这样的一对，披毛犀和已灭绝的欧洲森林犀也是如此。食肉动物不太可能像食草动物那样分裂成两类，因为它们能够通过躲在洞穴中来更好地应对气候变化。例如，斑鬣狗的分布范围曾经从欧洲的极地荒漠边缘延伸到非洲的赤道地区。

科学家们将欧洲的哺乳动物描述为动物群（faunal assemblages，指通常一起出现的物种群）。让我们看一下来自欧洲冰河时代的五种大型生物，它们构成了喜暖的动物群：古菱齿象、两种犀牛、河马，以及一种水牛。它们当中体形最大的是古菱齿象，大约80万年前首次从非洲抵达欧洲。古菱齿象的确可以长到非常大：一头公象据估计重达15吨，其重量是如今最大的象的两倍。

欧洲的古菱齿象很可能拥有与其他大象类似的象群结构，即母象和幼象以小群体的形式生活在一起，而较大的公象要么独居，要么聚集成单身象群。古菱齿象生活在森林和更开阔的生境，包括如今仍在地中海周边以及欧洲南部和中部地区生长的喜温栎林和各种其他植被类型。可以合理地假设一下，如果欧洲的古菱齿象能够存活至今，并且不受猎人侵扰，那么它们将可以在从德国到西西里岛、从葡萄牙到里海沿岸的森林中繁衍生息。

长期以来，欧洲的古菱齿象一直被归为已灭绝的古菱齿象属，该属的各个物种曾分布在西欧、日本及东非的广大地区。但是在2016年9月，研究人员宣布他们从一头来自德国的12万年前的古菱齿象的骨骼中成功提取DNA，并确定了与它亲缘关系最近的物种——非洲森林象。[1]非洲有两种大象：一种生活在雨林里，另一种是更常见且分布广泛的稀树草原大象，它们在700万年前至500万年前分道扬镳。当这项工作的完整研究结果在2018年2月发表时，故事变得更加令人惊讶。从共同祖先传递到这两种非洲大象的基因构成了欧洲古菱齿象基因组中最大的部分，而第二大的贡献（35%～39%）来自非洲森林象，真猛犸象和非洲象的贡献较小。由此可见，欧洲的古菱齿象是一个复杂的杂交种。[2]

综合所有数据，欧洲的古菱齿象很可能在如今的非洲物种分离之前就出现在了非洲。然后在80万年前的某个时期，它与非洲森林象广泛杂交。最后，它与真猛犸象和非洲象都发生了有限的异种杂交。分类学家将如何对此类生物进行分类还有待解决。

欧洲古菱齿象和非洲森林象都有长而直的象牙；年龄较大的雄性非洲森林象的象牙几乎能触及地面。这与亚洲象、猛犸象及其他非洲象的弯曲象牙形成了鲜明对比。古菱齿象这一类群包括所有象类物种中最大和最小的物种。现存最大的非洲森林象重达6吨，但是生活在刚果的侏儒象在成年后平均体重只有900千克。欧洲古菱齿象的体重可达15吨，但有一些生活在岛屿上的类型却和猪差不多大。

这听上去几乎难以置信，但直到2010年，科学家们才发现现存的这两种非洲大象是不同的物种。但是早在110年前，有史以来最古怪的动物学家之一保罗·马奇*就已经发现这种非洲直牙象是完全不同的物种。马奇的职业生涯始于在柏林动物园做志愿者，尽管没有规范的任职资格，他还是在1895年被任命为该动物园哺乳动物馆馆长。他有戴夹鼻眼镜的习惯，留着漂亮的小胡子，到1924年时，他已经成为这所权威研究机构的园长。

在和动物园里的动物打了多年的交道之后，马奇形成了自己极为不同寻常的分类理论。该理论被称为"半边杂交种理论"，它宣称地球上的每个重要分水岭都养育着一种特定动物的独特物种。如果生活在分水岭上的动物在分隔它们的山脊上相遇，这些动物就可能会杂交。这样的杂交种可以被认为是"半边杂交种"，因为它们的头一侧长得像其双亲之一，另一侧则长得像另一个亲本。

我可以想象得到，马奇的下属们为了巴结这位"园长大人"，不断地将一只只犄角比其他山羊更直的奇怪山羊、一只只鹿角比其他鹿更复杂的鹿或者一头头象牙比其他象更直的大象带到他面前。这些新鲜事物很可能鼓舞了马奇，直到他怪异的理论成为其思想不可动摇的基石。实际上，当一个不同寻常的头骨出现不对称的角或象牙时，欢欣鼓舞的马奇甚至会基于这一标本描述出两个新物种——每个新物种都被认为是未知的亲本物种之一，他认为它们肯定潜伏在其未被探索的集水区。这就不难理解马奇的许多工作为什么会被忽略了。然而，谁能相信，关于直齿象，真相比这个理论更加奇幻？

---

* 保罗·马奇（Paul Matschie，1861—1926），德国动物学家。——译者注

也许有一天，欧洲人会决定让大象重回他们的大陆。若是如此，那么从来自非洲的森林象开始就可以很好地满足欧洲人的要求。但是它们不应该等待太久，因为这些动物正变得越来越濒危。部分原因是它们的繁殖速度极为缓慢。这种直齿象需要长到大约23岁才能达到性成熟，此后每五六年才繁殖一次。相比之下，非洲草原象在12岁达到性成熟，每三四年可繁殖一次。繁殖速度越慢，捕猎的影响就越大。2002—2013年，有65%的非洲森林象被猎杀，其中大部分是被寻求象牙的偷猎者杀害的。以这种速度，这一物种的灭绝将在未来的几十年内发生。

很多人认为大象在欧洲的森林里漫游的前景是荒谬的，甚至是危险的。然而，他们接受非洲人必须和这些庞然大物共享家园。我认为，我们应该将目光放长远些，更公平地分担保护动物这一重任。但是官僚机构一直在阻碍。例如，国际自然保护联盟将"再引进"（reintroduction）一词的使用范围限制为不超过200年至300年前在本地或整个欧洲灭绝的物种。我无法想象这种限制的原因，但我敦促国际自然保护联盟任命更多古生物学家进入其委员会!

是什么导致欧洲的古菱齿象走向灭绝的？我们永远无法知晓其原因，但我们可以查看当时的气候、捕猎和分布模式。化石显示，随着冰河时代降临欧洲大陆，古菱齿象撤退到了西班牙、意大利和希腊等更温暖的南部半岛。这将限制它们的整体种群规模，并将其种群分为无法轻易混合的亚种群，使它们更容易遭受灭绝的威胁。毫无疑问，古菱齿象也有它们的捕食者，比如狮子和斑鬣狗会捕捉落单的小象。另外，有充分的证据表明尼安德特人也猎杀它们。人们在肯特郡斯旺斯库姆附近的埃布斯弗利特山谷发现的那具有着40万年历史的古菱齿象骨架被众多石器环绕，这表明它是被屠杀的，而在英国发现的第二具遗骸上的痕迹则说明它曾被切割过。然而，在这两种情况中，尼安德特人很可能是以偶然遇到的古菱齿象的尸体为食。但在德国勒林根附近发现的第三具大象骨架，被发现卧躺在一支有着125000年历史的木制长矛上，而这根长矛似乎是用来杀死它的。[3]在西班牙、意大利和德国，还有其他几具大象骨架与石器一起被发现，因此可以相当肯定地说，尼安德特人可以杀死成年古菱齿象。

化石显示，大约5万年前，古菱齿象在欧洲大陆活动的最后一站是西班牙。这很反常，因为在5万年前，冰层还没有全面扩张，仍然存在大面积的森林。实际上，这时的自然条件与这些大象此前所经历的冰川扩张没有太大不同。古菱齿象在欧洲大陆存活的时间有没有可能比我们所知道的更久？西格诺尔与利普斯对这个问题有着坚定的看法。事实上，一幅来自法国肖维岩洞的距今37000年的壁画描绘的那头无毛大象，很可能就是这个物种。

从欧洲大陆消失后，欧洲古菱齿象又在地中海的各个岛屿上生存了数千年。所有的岛屿种群都是侏儒类型，有些甚至非常矮小。例如，塞浦路斯的古菱齿象肩高只有1米，体重有200千克。这些矮小的象一直生存到大约11000年前，它们与已知最小的河马（塞浦路斯侏儒河马）共同生活在这个岛屿上，后者的大小与绵羊相当。塞浦路斯至少在10500年前已有人类定居，而人们在阿克罗蒂里半岛秃鹫悬崖的山洞里发现了这些早期塞浦路斯人的营地。[4]在人类营地下面的沉积层中发现了河马的骨头，但尚不能确定这些河马是人类捕杀的，还是大象捕杀的。多德卡尼斯群岛中的提洛斯岛可能提供了最后的庇护所。这里的大象平均肩高2米，一直生存到大约6000年前。不过这个时间值得进一步调查，因为提洛斯岛在此之前养活了一个人类种群有数千年之久。另外，至少在小型岛屿上，来自其他地方的考古证据表明，人类与大象并不共存。

如果将古菱齿象的灭绝归咎于气候变化，那为什么邻近的欧洲大陆上的古菱齿象灭绝之后，岛屿上的那些还能存活很久？气候变化对岛屿和邻近大陆产生的影响难道不一样？侏儒大象在塞浦路斯岛一直生存到差不多人类发现这座岛屿，我认为这个事实很能说明问题。冰河时代的寒冷阶段对古菱齿象而言是个坏消息，但是还存在另一个更具决定性的影响因素——人类。

第 29 章

其他温带巨型动物

　　在大象之后，人类在欧洲遇到的最大动物是犀牛。梅氏犀和窄鼻犀是近亲，在大约100万年前由某个共同祖先分化出来。梅氏犀体形较大（体重可达3吨），以嫩叶为食，很像今天非洲的黑犀牛，而窄鼻犀以禾草为食，和非洲的白犀牛一样。虽然这两个物种在生态上相似，但它们与现今非洲犀牛的亲缘关系并不密切。*相反，令人相当意外的是，欧洲的灭绝犀牛与极度濒危的苏门答腊犀的亲缘关系十分密切。欧洲犀牛的分布范围曾延伸到很远的东方：梅氏犀远至阿富汗，而窄鼻犀远至中国东部。[1]

　　尽管它们的化石遗迹非常丰富，但是对这两个物种的研究仍然很不充分。DNA研究可以揭示关于它们进化关系的许多信息，而仔细的年代测定可以告诉我们关于其灭绝的很多内幕。它们似乎在西班牙（梅氏犀）和意大利（窄鼻犀）生存到大约5万年前。但在法国肖维岩洞中发现的距今37000年的那些壁画也许描绘的就是其中的某个物种。壁画中，这些野兽的体表长着深色的带状花纹，这增加了一种有趣的可能性，即它们拥有与荷斯坦奶牛相似的花纹。

　　人们在泰晤士河下游、莱茵河及多瑙河中的沉积层中发现的河马遗骸，可以追溯到大约10万年前。河马不喜欢严寒冰霜，随着气候的变冷，它们的分布范围向南收缩，并在人类抵达欧洲很久之前就从这里消失了。温带

---

*　非洲的犀牛在大约 2400 万年前从其他犀牛中分离出来。

欧洲五大巨兽中的最后一个成员是水牛。欧洲西部和中部的河谷之中存在着大量它们的化石，尤其是荷兰和德国。欧洲的水牛化石和亚洲现在的水牛在角的形状上似乎存在着微小的差异，这使一些人将欧洲水牛化石归为不同的物种。无论如何，已灭绝的欧洲水牛种群与现在的亚洲河水牛非常相似。它们的基因及灭绝时间尚未得到充分研究，尽管这个物种可能在奥地利东部存活到大约1万年前。[2]

水牛是一种非常有用的动物，因此它们被重新引进欧洲。伦巴第国王阿吉勒夫可能是第一个这么做的人，于公元600年将它们带到米兰地区。亚美尼亚也很早就接受了它们，而且引进工作一直持续至今，从罗马尼亚到英国，家养水牛种群如今在欧洲各地繁荣发展。但也许观赏它们的最佳地点是意大利南部萨勒诺附近的平原，它们的牛奶被用来制作该地区美味且著名的马苏里拉奶酪。

温带欧洲"五霸"中有三种没有灭绝，也没有现存的近亲：古菱齿象、河马和水牛。只是没有一种能在欧洲持续生存下来，尽管水牛很早就被重新引进，并以家养的形态存在。但在智人到来之前，还有其他大型草食动物在温带欧洲繁荣发展。按体形从大到小排列，它们依次是：原牛、大角鹿、洞熊、欧洲马鹿、野猪、黇鹿和西方狍。在这些动物中，只有洞熊和大角鹿灭绝了，而其他动物在某种意义上仍存活于欧洲。

洞熊和欧洲的棕熊是近亲，但是棕熊分布在欧洲、亚洲和北美洲（它们在那里被称为灰熊），而洞熊仅分布在欧洲。它们都是存在于100多万年前的祖先伊斯特鲁里亚熊的后代。棕熊和洞熊共存，但它们似乎按照体形大小和食谱划分了不同的生态位。欧洲的棕熊如今基本上是食草动物，但是骨骼分析表明，它们在过去吃很多肉。相比之下，洞熊是纯草食性动物。[3]

洞熊很可能长得像额头中凹的超大号棕熊。它们的体重可达1吨，是欧洲最大的棕熊的两倍大，头骨长达四分之三米。洞熊的数量在大约5万年前开始减少，并且其分布范围一直向西收缩，直到最后的已知种群驻留在阿尔卑斯山及附近地区——约28000年前在那里灭绝。[4]*尼安德特人和人类–尼安德特人的杂交种都有猎杀它们：人们在位于施瓦本汝拉山的赫伦·菲尔斯洞穴中发现了一节拥有29000年历史的脊椎骨，其中还保存着杀死这头动物所用的燧石矛头，而来自该遗址的洞熊的骨骼上（大部分是幼熊）有宰杀和剥皮的痕迹。来自赫伦·菲尔斯洞穴的证据表明，洞熊是居住在这里的人类–尼安德特人杂交种的重要猎物：在至少5000年的时间里，他们吃它们的肉，用它们的皮毛制作地毯或衣服，用它们的牙齿制作装饰品，并焚烧它们的骨头取暖。[5]

人们在爱尔兰的泥炭沼泽中发现了无数大角鹿化石。19世纪，在任何一座爱尔兰大庄园，如果门厅里没有摆放"爱尔兰麋鹿"的头骨，那这处庄园就是不完整的。从爱尔兰到中国，它的化石遍布欧亚大陆。大角鹿的体重超过600千克，和驼鹿差不多大。它那巨大的鹿角重达40千克，并且两端之间的距离超过3.5米。洞穴壁画表明，它的体色较浅，肩上有深色条纹。与它关系最近的近亲是体形小得多的黇鹿，它们的鹿角形状十分相似。

对于大角鹿的灭绝，传统解释集中在其鹿角出于某种未知的原因不适应植被或气候条件的变化，或者是它们可获取的营养减少了。但是我们掌握的证据并不符合这两种理论中的任何一种。最近的记录来自西伯利亚北部，它们在那里一直存活到大约7700年前，那时的气候与今天大致相似。此外，最新的化石并没有显示出它们有营养不良的迹象。人们在马恩岛上发现的那两具骨架被判定来自大约9000年前。[6]此时，上升的海平面已将马恩岛与英国的其他地区隔开3000年。与数千年前生活在该地区的大角鹿相比，这两具骨架来自小得多的个体。它们较小的体形可能是岛屿生活或气

---

* 到目前为止，仅在阿尔卑斯山区实施了一项针对晚期洞熊的大规模年代测定。可能有少数洞熊徘徊在西欧其他地方。

候变暖造成的结果。也许这些"侏儒"之所以能在马恩岛幸免于难，是因为它们的家园还没有被人类入侵？

冰河时代的欧洲拥有丰富多样的大型食肉动物，包括棕熊、狮子、斑鬣狗、豹和狼。在这些动物中，如今只有棕熊和狼生活在欧洲。穴狮是体形巨大的捕食者，体重比今天的狮子大约重10%，与现存的狮子种类只有略微的区别，在约70万年前分化出来。它们的样貌通过洞穴绘画、象牙雕像和泥塑而为人所知：没有鬃毛，颜色与现代狮子一样或略浅，有着与现代狮子相同的耳朵和带簇毛的尾巴。但是它长着浓密的下层绒毛，部分个体可能还有淡淡的条纹。[7][*]它是所有哺乳动物中分布最广的物种之一，从欧洲到阿拉斯加，其分布范围一直延伸到寒冷的北方。最近人们在西伯利亚永久冻土层中发现了一对一周大的幼崽，至少有10000年历史。

穴狮的饮食结构似乎因地区而异。一些专门捕食驯鹿，而另一些则更喜欢小洞熊。[8]人类抵达欧洲后，穴狮的个头开始变小。最近发现的一只来自西班牙北部的个体不比现在的非洲狮大。人们在西班牙坎塔布里亚附近的嘎尔玛洞底部发现了一块"起居地板"，在沉寂了14000年之后，它为我们提供了一个了解人类与最后一批穴狮之间相互作用的绝佳视角。[†]在这个内壁上装饰着艺术作品的洞穴里，有三间石屋的废墟，位于距离原始入口约130米的地方，其历史可以追溯到143000年前至14000年前。这三间石屋似乎是一次相对短暂的定居的结果，而这次定居以一次岩崩将该洞穴封住结束。马、原牛、欧洲马鹿、驯鹿、棕熊、狐狸和斑鬣狗的骨头显然是进食后留下的。但其中一间石屋周围摆放着9根穴狮的爪骨。它们身上的切割方式表明，这头动物被剥了皮。研究人员们认为，这些前爪曾是某间石屋里的狮子皮地毯的一部分。[9]骨骼沉积物表明，在嘎尔玛洞被人类占领时，

---

[*]　保存在西伯利亚永久冻土层中的皮毛的发现揭示了颜色和下层绒毛的细节。

[†]　按照考古学的定义，"起居地板"（living floor）是指人类曾在上面生活并且保留了其活动证据的洞穴地板。

人类对食肉动物的捕猎已经有所增加。食肉动物成为捕猎目标是因为大型猎物变稀少了？抑或是捕猎技术的进步让人类更容易杀死狮子和鬣狗？无论如何，嘎尔玛洞都是穴狮在欧洲留下的最后证据。

仅次于穴狮的第二大食肉动物是洞鬣狗。它们的体重超过100千克，比如今生活在非洲的斑鬣狗大至少10%，是一种可怕的捕食者，甚至能够杀死披毛犀。尽管体形巨大，但遗传学研究表明，它和今天的非洲斑鬣狗属于同一个物种。[10]该物种在大约30万年前首次抵达欧洲，大约是硕鬣狗（其大小约是洞鬣狗的2倍）灭绝的时候。从西班牙到西伯利亚，洞鬣狗曾广泛分布于欧洲和亚洲北部。尽管几乎所有生境都能生存，但它们更喜欢在洞穴里安家，所以它们的分布范围可能仅限于石灰岩和其他以洞穴形式构成的多岩石地区，尤其是在寒冷的北方地区。尼安德特人和鬣狗很可能争夺洞穴：鬣狗似乎偶尔会窃取尼安德特人捕杀的猎物，而尼安德特人偶尔会杀死并吃掉鬣狗。

一项关于欧洲气候变化和鬣狗分布情况的研究表明，该物种的灭绝不能归咎于气候变化。实际上，非洲（它们生存的地方）不断变化的气候似乎对这种鬣狗更具挑战性。[11]虽然将人类的抵达视为原因是很有吸引力的选项，但遗憾的是，目前缺乏这方面的证据。我们所能确定的是，在2万年前，洞鬣狗开始从欧洲消失。

现存的雄豹体重为60~90千克，雌豹为35~40千克，是欧洲已灭绝的第三大食肉动物。当时它们的分布范围北至英格兰，并且可能在西欧存活到1万年前。[12]如今，欧洲最后一批豹子在土耳其和亚美尼亚坚守着它们最后的栖息地，但它们在那里也处于濒临灭绝的状态，可能只有几十只幸存了下来。但是豹子不会轻易放弃。19世纪70年代，一只豹子从土耳其游了1.5千米到达希腊的萨摩斯岛。这只动物被当地一个农民困在一个山洞里，最终被杀死，但在此之前，它已经对迫害它的人造成了致命的伤害。

第 30 章

冰河时代的野兽

当我们听到"冰河时代"一词时，我们会想到那些没有树木的严寒地区，这些地区有时会扩张成为地球上面积最大的生境。寒冷的北方也有五大巨兽，其中包括标志性的物种，如真猛犸象和披毛犀。这两个物种都由约翰·弗里德里希·布鲁门巴赫[*]于1799年命名，他最著名的事迹或许是对人类种族的命名。他认为每个人都是亚当和夏娃的后代，而种族之间的差异是由人类从伊甸园（被认为位于高加索地区）离开并分散四方后的环境因素造成的。布鲁门巴赫相信，只要环境条件适宜，人类就能恢复到最初的高加索人种形态[†]。他有一个格鲁吉亚妇女的头骨，并认为这个骨头在形态上与夏娃的头骨十分相似。他很可能也认为自己的猛犸象和犀牛化石与生活在伊甸园中的那些由造物主创造的个体相似，因为他将真猛犸象命名为"*primigenius*"（意为首个），将披毛犀命名为"*antiquitatis*"（意为美好旧时光的）。本质上，布鲁门巴赫的分类依赖于原型——物种在创世之初的理想状态。

真猛犸象进化出来时，冰河时代已经进行了将近200万年。盎格鲁冰期（478000年前至424000年前）特别寒冷，它标志着一个出现重大变化的时代。其中一个最近被称为"地质脱欧"（geological Brexit）的地形改变，直到今天仍能引起共鸣。在盎格鲁冰期之前，一条高高的白垩山脊从现在的多佛

---

* 约翰·弗里德里希·布鲁门巴赫（Johann Friedrich Blumenbach，1752—1840），德国解剖学家、人类学家，现代人类学奠基人之一。——译者注
† 也就是白种人形态。——译者注

白崖一直延伸到加来。在温暖时期，当海平面上升时，这条山脊成为连接欧洲与不列颠半岛的唯一陆地走廊，它可能是冰河时代所有陆地生物向东或向西迁徙的高速公路。

到了大约45万年前，融化的冰川在这条白垩山脊的北边形成一个巨大的湖泊，之后不断有水注入湖泊，直到湖水漫出山脊，开始以一系列瀑布的形式倾泻而下，甚至还在瀑布底部形成了深达140米的"跌水池"。[1]大约16万年前的第二次决口彻底摧毁了这座远古陆桥。在温暖时期，不列颠变成了一座岛屿。唯一的陆上通道仅出现在寒冷时期海平面下降时，有利于适应寒冷的陆地动物迁徙。

盎格鲁冰期促进了一种独特的哺乳动物动物群的发展，即猛犸草原动物群。这种动物群在寒冷时期的欧洲占据主导地位，最早出现在约46万年前。[2]它的"核心动物群"包括真猛犸象、披毛犀、高鼻羚羊、麝牛和北极狐。[*]除了披毛犀之外，其余所有动物都是在北极的北部地区进化的，而且在它们的现代形态出现之前，它们已经进化了数百万年。

真猛犸象是欧洲冰河时代最典型的物种之一，因为它被认为帮助创造和维持了陆地上有史以来最大的生境——猛犸草原。该词由来自美国阿拉斯加的古生物学家R. 戴尔·格思里创造。他对"猛犸草原"这一消失生境的兴趣源于这样一个观察结果：猛犸象曾经游荡过的部分地区如今成了贫瘠的栖息地，只有一层薄薄的沼泽植被覆盖在永久冻土层上，养分都被锁在了里面。这些地区几乎无法养活野牛，更别说猛犸象了。他的理论认为，存在于冰河时代的截然不同的生境是由猛犸象自己的行为造成的。他认为猛犸象的象牙就像巨大的扫雪机（由于这种用途，人们经常会发现猛犸象象牙的底部都被磨平了），将积雪扫去，露出许多野兽赖以为食的草，于是到春天时，植被的地上部分被啃光，露出裸露的地表，从而让阳光可以温

---

[*] 核心动物群指的是始终存在关联的一组物种。

暖大地。这促进了新植被的快速生长，并防止了沼泽植被的形成——这些植被有可能会冻结成永久冻土并锁住养分。实际上，高强度的放牧创造出了一种生产力巨大的生境。

虽然真猛犸象对冰河时代的生态极为重要，但它本身在公众的想象中多少有些被夸大了。包括美洲哥伦比亚猛犸在内的一些猛犸象的确是有史以来最大的象之一，但是真猛犸象的平均体形并不比亚洲象大。亚洲象和真猛犸象是近亲，它们的祖先在600万前至400万年前才在非洲分化。[3]直到大约80万年前，典型的真猛犸象才首次出现在西伯利亚。大约50万年前，它们才抵达西欧。[4]

除了浓密的长毛和绒毛，真猛犸象看上去与今天的大象截然不同，它们的头上有一个高高隆起的圆顶，肩部有富含脂肪的隆起结构，背部陡峭地向后倾斜。它们的耳朵很小，象牙弯曲得很厉害，有些个体的左右象牙甚至相交了，尾巴很短。此外，它们还配备了一个能够遮挡肛门的"瓣阀"，保护它们免受寒冷侵袭。

洞穴壁画如此精致地描绘了这些雄伟的动物，以至于看到这些图像时，我们马上就能想到这些毛发乱蓬蓬的耸肩巨兽的样子，它们仿佛从洞穴的岩壁上赫然出现，然后排成"一"字形纵队走进了暴风雪中。保存在永久冻土层中的那些遗骸让我们能有机会触摸它们的长毛，研究它们的寄生虫，从它们的牙齿之间撬下食物残渣。甚至有人说，西伯利亚的探险家们吃过保存在永久冻土层中的猛犸象的肉。[*]最近，法医DNA技术的进步使我们得以复原猛犸象的全部基因组。

真猛犸象在化石记录中出现以后，每当冰层扩张时，它们都会出现在除南方温带庇护所之外的整个欧洲。然而，在2万年前，它们遇到了麻烦。

---

[*] 似乎并不存在现代人类食用猛犸象的已验证实例。1951年，据说纽约探险家俱乐部的食客们享用了一头25万年前的阿拉斯加猛犸象，但这一臭名昭著的事件从未发生过。

对线粒体DNA的详细研究表明，从大约66000年前开始，北美猛犸象在欧亚大陆定居，并逐渐取代了那里现存的猛犸象类型，直到欧亚猛犸象在大约34000年前灭绝。奇怪的是，这些来自北美的移民直到32000年前才在西欧出现，留下了2000年的"猛犸间隔"。在21000年前至19000年前，真猛犸象再次从欧洲大陆中部消失，而到2万年前时，它们已经从伊比利亚消失。大约在15000年前，它们曾短暂地回到德国和法国，并向西扩散至英国，但在1000年内，它们又消失了。大约在14500年前，一头成年雄性猛犸象和四头幼象被困在了什罗普郡境内冰川消融留下的沼泽"锅形陷洞"中，这是英国最近的记录。随着最后一批德国猛犸象在大约14000年前消亡，这种野兽从西欧永远地消失了。[5]

欧亚大陆比北美洲大得多，而且它始终是面积最大的猛犸草原的所在地。正如达尔文的法则告诉我们的那样，来自较大地区的动物常常入侵较小的地区，因此北美洲的猛犸象取代了欧亚大陆的类型似乎有些反常。不过，这条法则的前提是种群密度相当：北美洲没有捕杀猛犸象的直立猿类，所以北美洲的猛犸象种群可能比欧亚大陆的更密集。

最后一批欧洲猛犸象在俄罗斯平原生存到约10000年前，其分布范围包括今天的爱沙尼亚。顺便说一句，欧洲已知的最后一头猛犸象的遗骸是在十分恶劣的环境下被发现的。1943年，也就是"二战"期间，饥寒交迫的俄罗斯人在位于列宁格勒以西500千米的切列波韦茨附近的一片泥炭沼泽挖掘，寻找取暖用的燃料。他们只找到少量泥炭，但是在地下2米深的地方，他们发现了巨大的骨头，这些骨头后来被证实是猛犸象的遗骸。有人将这些骨头送到了当地博物馆，而在2001年，研究人员对一些肋骨碎片进行了放射性碳年代测定，确定这头猛犸象的年代在9840年前至9760年前。[6]

猛犸象的分布范围在2万年前迅速缩小，但是气候大规模变暖和冰川融化直到大约7000年后才开始，因此猛犸象的急剧衰落与气候变化并不匹配。但是人类已经开始在猛犸草原定居，向北一直推进至北冰洋地区，也许伴随他们而来的还有苔原上的资深居民(狼)的驯化版本。到15000年前,人类猎人似乎可以抵达欧亚大陆上的几乎所有猛犸栖息地,只有北冰洋中孤零零的弗兰格尔岛不曾被他们染指。猛犸象在欧亚大陆灭绝之后,在这里生存了整整6000年。弗兰格尔岛位于西伯利亚大陆以北140千米的地方,面积有7600平方千米。这里的猛犸象是岛屿侏儒。在弗兰格尔岛上发现的人类存在的最早证据可以追溯至约3700年前,而在这里发现的最近的猛犸象可以追溯至4000年前,所以(记住西格诺尔和利普斯的话,以及年代测定有限的精确性)人类的到来最有可能是它们灭绝的原因。*

根据一些研究人员的说法,真猛犸象的灭绝敲响了猛犸草原的丧钟。猛犸草原是一种由占主导地位且营养丰富的禾草、草本植物和灌木柳构成的生态系统,这些植物能够在寒冷干燥的气候中茁壮生长。巨大的冰原将该生境与海洋隔开,由于受到冰层的限制,它成为一个干燥、尘土飞扬的地方,而在温暖的春天,热量可以迅速穿透土壤,让植物在生长季茁壮生长,然后提供丰富的食物,使得大型哺乳动物能够在此繁衍生息。大约12000年前,猛犸草原迅速退化。阿尔泰-萨彦地区还保留着最后一片遗存区域。这里是如今唯一一个同时存在高鼻羚羊和驯鹿——猛犸草原上的两个核心物种——的地区。在没有猛犸象的情况下,气候的稳定可能让这片区域得以幸存下来。

除猛犸象之外,猛犸草原和其他北方生境还养活了各种各样的哺乳动物,包括披毛犀、野牛、马、驼鹿、麝牛、驯鹿、高鼻羚羊和北极狐。它们基本上都是我们熟悉的现存动物(披毛犀除外)。犀牛家族的这个成员并非起源于西伯利亚,而是起源于青藏高原。与它关系最近的现存近亲是苏门答腊犀,大约在400万年前与其分道扬镳。苏门答腊犀体重1000千克,是现存最小的犀牛物种,而如今它们仅生活在雨林中。但是有一个更靠北

---

* 猛犸象在阿拉斯加州的圣保罗岛上生存到约5000年前。

的亚种存在于缅甸，它的体形更大且耳朵多毛。*或许在400万年前，某种长得像它的动物游荡到喜马拉雅山区中海拔较高的地方，然后在360万年前诞生了披毛犀的祖先。随着冰期的到来，披毛犀在横跨欧亚大陆的猛犸草原上找到了适宜的生存环境，于是它们从法国扩散到了西伯利亚东部。

1929年，人们在乌克兰斯塔鲁尼亚附近的沥青苗中发现了两头保存完整的披毛犀。这些遗骸以及保存在永久冻土层中的木乃伊化碎片，让我们能够重新构建这些灭绝动物的样貌和生活方式。和真猛犸象一样，披毛犀也没有传说中那么大。只有雌性的体重得到了估计，它们可以长到大约1500千克重。雄性可能更大，但没有非洲白犀牛大。和白犀牛一样，披毛犀有宽宽的上唇，很适合在由草甸植物、禾草及其他草本植物构成的草地上觅食。

披毛犀的大部分解剖学特征都是为了适应寒冷的北方生活。身体上覆盖着浓密的毛绒和长毛，尾巴短，耳朵呈短而窄的叶子形（与现存的犀牛较圆的耳朵不同），这些特征都限制了热量的流失。它的两只角是扁平的，而当你从正面看它时，它们会显得非常窄。角上的磨损表明，这种动物会左右摇摆头部的角来扫雪。[7]披毛犀似乎在大约35000年前在英国灭绝，最后一批个体栖息在苏格兰。[8]它们可能在西伯利亚西部一直生存到8000年前。

要想完成这部关于冰河时代食草动物的寓言集，我们还得见一见我们的祖先可能在欧洲遇到的两种令人惊讶的动物。"独角野兽"板齿犀是一种长腿犀牛，重达3.5~4.5吨——和大象一样重。最大的个体生活在位于欧洲和亚洲交界的高加索地区。板齿犀是一种食草动物，善于奔跑。它们之所以得到"独角野兽"的绰号，是因为它们只有一只角，而且从它在头骨上留下的凹痕来看，这只角的基部周长有1米，长2米。膝盖骨上的伤口表明，这些巨大的动物用它们的角来搏斗——最有可能是为了争夺雌性。最

---

* 这个亚种有很长的第二角，比苏门答腊的犀牛大得多，被命名为 *Dicerorhinus sumatrensis lasiotis*（中文名为婆罗洲犀）。虽然最后一批可证实的样本来自19世纪，但有传言称它可能仍然存在。将它与披毛犀进行DNA对比将会很有趣。

近发现的化石表明，板齿犀在哈萨克斯坦的巴甫洛达尔地区生存到29000年前。[9]法国鲁菲尼亚克洞穴内壁上描绘的一头轮廓大致为隆肩独角的动物，可能是它们的分布范围曾延伸至西欧的证据。

2000年3月16日，荷兰拖网渔船"UK33号"从诺福克郡沿海布朗浅滩的北海深处打捞上来一块来自一种奇怪动物的颚骨化石。在渔民手中度过大约6周时间后（在此期间，它丢失了几乎所有牙齿，仅剩下两颗），这块化石落入荷兰古生物学家克拉斯·波斯特的手中，后者认出它是似剑齿虎的右下颚骨。似剑齿虎体重可达440千克，比狮子大得多，饮食结构也与其体形相匹配。在美国得克萨斯州的福瑞森汉洞穴中，人们发现一个里面装满幼年猛犸象骨头的巢穴。对这块下颚骨进行放射性碳年代测定后，结果发现它仅仅来自28000年前。[10]而在这一发现之前，该物种被认为早在30万年前在欧洲就已经灭绝了。果然不出西格诺尔和利普斯所料！

你可能会以为在此类野兽和人类之间的较量中，结果将不言而喻。但是似剑齿虎和剑齿虎的历史表明，情况并非如此。这些猫科动物是在非洲进化的，但是150万年前，似剑齿虎在那里灭绝了，而剑齿虎于100万年前在非洲灭绝。直立人大约于200万年前在非洲进化，到100万年前时，他们的脑容量已经增加，生存技能也有所提高。

似剑齿虎和剑齿虎在欧洲生存得更久，一直到大约50万年前，也就是尼安德特人的祖先抵达的时候。作为高效的猎手，尼安德特人使用火，这可能在竞争中压制了剑齿虎和似剑齿虎。然而，在13000年前人类抵达美洲之前，这两种类型一直在美洲繁衍生息。[11]这一全球性的灭绝史表明，每当人类或者他们的祖先出现，这些大型猫科动物就开始衰落。

这块28000年前的似剑齿虎骨骼的发现不应被当作人类与似剑齿虎曾在欧洲长期共存的证据。早在大约50万年前，似剑齿虎就从欧洲较为温暖的地区消失了，而这块化石来自一段极为寒冷的时期。这种大型猫科动物可能只存在于遥远的北方，直到约15000年前，那里基本上超出人类的定居范围。

第 31 章

祖先画了什么

人们在欧洲发现了一个巨大的艺术宝库——被岩崩封存在洞穴中已有数千年之久，让人们得以瞥见一个展现欧洲创造力的失落世界。可以说，这种最精美也是最古老的艺术作品来自法国南部的肖维岩洞。*但是如果我们要通过猛犸象猎人的眼睛去看世界，就必须将冰河时代的艺术当作一个整体来看待。在这方面，最好的向导无疑是阿拉斯加猎人、画家、古生物学家兼博物学家 R.戴尔·格思里——为猛犸草原命名的人。

格思里在他的《旧石器时代艺术的本质》一书中指出，冰河时代的艺术专注于主题的一个特定子集。毛茛、婴儿和蝴蝶都没有出现在这些艺术作品中，尽管它们在冰河时代肯定数量丰富。实际上，这些艺术作品中几乎没有关于植物的描述。就食物而言，冰河时代艺术的主要关注点是大型哺乳动物，较少关注可食用的鸟类、鱼类和昆虫，不过几乎所有昆虫图像描绘的都是牛皮蝇的幼虫，一种生活在驯鹿皮肤下面的蛆虫，它们至今仍是北极地区居民的珍馐美味。[1]

格思里还观察到，冰河时代的艺术家们描绘的不是动物的一般形象，而是拥有典型行为方式的特定性别或年龄的动物。例如，驯鹿被描绘成雄性或雌性（很容易通过它们的鹿角来区分），并且处于发情前（胖）或发情

---

* 该洞穴中最古老的绘画来自约 33000 年前，但是最古老的居住平面可追溯至 37000 年前。还需要做更多的工作，才能清楚并全面地理解该遗址的年代顺序。

后（瘦）的状态。最后他解释说，冰河时代的艺术绝大部分是"学习者"的作品，他们的素描和绘图包含许多错误，或者只是偶然的尝试。

欧洲三大"旧石器时代美术馆"都是优秀画家的作品：法国南部的肖维岩洞，可以追溯至37000年前至28000年前；同样位于法国南部的拉斯科洞穴，可以追溯至17000年前；西班牙北部的阿尔塔米拉洞窟，可以追溯至18500年前至14000年前（尽管它的部分图像可能拥有36000年的历史）。[2]虽然时间可能跨越25000年之久，而且每一处遗址都有自己的独特之处，但这些"美术馆"里的艺术作品在风格、用途和主题方面有着共同的元素。

这些图像是用类似的材料绘制的，其中最重要的是赭石、赤铁矿和木炭。最常出现的主题是原牛、野牛、马和鹿。肖维岩洞中描绘的动物可以鉴定出13个物种，包括各种食肉动物，如狮子、豹、熊和洞鬣狗。除了一些犀牛，这里还描绘了一头瘦而无毛的大象（可能是古菱齿象）。肖维岩洞中的犀牛看上去没有毛，身上常常环绕着一条深色条带。所有其他关于冰河时代大象的描述似乎都是真猛犸象，而其他关于犀牛的描绘则展示出更均匀的体色和蓬松的皮毛——几乎可以肯定是披毛犀。

拉斯科洞穴拥有迄今最丰富的艺术作品，大约2000幅画作，其中包括一幅人类画像。有趣的是，从洞中保存的骨头来看，驯鹿是拉斯科洞穴居民的主要食物来源，但它只出现在了一幅画作中。时间距今最近的阿尔塔米拉洞窟拥有的图像最少。这里有一幅画描绘的可能是一头野猪（格思里认为它是一头画得不好的野牛）。令人印象深刻的是，它们描绘了欧洲林地中的多个物种（包括原牛、鹿，可能还有林地犀牛）。

动物排便的场景在冰河时代的艺术作品中十分常见，这使得一些专家怀疑我们的祖先有一种"排便崇拜"。然而，格思里认为，许多大型哺乳动物会在逃跑之前排便，所以我们看到的是对动物刚被追逐时的描绘。长矛从有些动物的身体中刺出，或者内脏从腹部的伤口露出来挂在半空，或者动物咳出类似肺血的东西，这表明这头动物正在垂死挣扎。冰河时代艺术的另一个特点是大量的红色斑点，格思里将其解释为滴下的鲜血，即受伤动物逃跑时留下的痕迹。因此可以得出这样的结论：大部分岩画描绘的都是被猎杀的动物。

洞穴岩画还提供了关于狩猎技术的见解。格思里认为，狩猎团体的平均人数约为5人，猎人们穿着讲究，他们可能会使用伪装（如戴着鹿角）来接近猎物。长矛造成的伤口倾向于聚集在胸腔周围，而且常常见不到矛柄，这表明猎人使用的是带套接头的长矛。此外，在为数不多的关于猎人的图像中，每个人通常都只带一支长矛，但他们可能为每支矛配备了多个矛头。图像描绘的是落单的受伤动物，而不是兽群。有大量证据表明，冰河时期的欧洲人使用投矛器，有些投矛器可以投掷出有羽毛尾翼的飞镖。[3]投掷尾翼飞镖是一项高度复杂的技术，即使从很远的距离投出，也极具杀伤力。

格思里将他的书献给了自己少年时代的导师和朋友，这一事实似乎令人惊讶——直到你读到这本书，因为他认为冰河时代的大部分艺术作品都是由无所事事的懒散年轻人创作的。这些画家留下许多手印和手指涂抹痕迹，大部分位于远离"大型画廊"的地方，对它们的分析表明，绝大多数此类痕迹都是年轻人留下的——他们在岩壁上作画时不小心留下了痕迹。有时候，这些艺术家会携带婴儿，如法国的加尔加斯洞穴中保存着一个非常小的幼童的手印及其袖子的印记。在210个手印样本中，格思里确定了其中有169个是处于青春期的男孩留下的，39个是处于青春期的女孩或者11～17岁男孩留下的。一项针对数量有限的脚印的透彻研究得出了相似的结果。勒马什的一块石雕上描绘了四个10来岁的男孩，展现了其面部绒毛等细节——也许是自画像。

冰河时代的许多艺术作品是被年轻人发现的，包括阿尔塔米拉洞窟的美术馆和拉斯科洞穴美术馆，前者由一个8岁的女孩发现，后者由18岁的马塞尔·雷维戴特发现。年轻人拥有最伟大的冒险精神，他们的体形和灵活性足以探索黑暗的裂缝和洞穴，所以艺术家和发现者属于同一年龄段可能并非偶然。除了肖维岩洞、拉斯科洞穴和阿尔塔米拉洞窟，大部分艺术作品都是随兴创作的，充满了错误和笨拙的笔触。

许多不那么精致的作品本质上都与性有关。最常见的图像是风格化的外阴，成批成批地出现在某些洞穴的岩壁上。不那么普遍但仍然频繁出现的是勃起的阴茎、更完整的女性裸体、交配，甚至还有兽交场面。我们可以想象一下当时的情况。时值冬季，外面冰天雪地，在空间有限的山洞里，一群无聊且精力旺盛的青少年快要把他们的爹妈逼疯了。在被父母严厉斥责之后，一个年轻人抓起火把，带上他最喜欢的小弟，然后和自己的朋友钻进了山洞后面的岩缝里，那里有一个神奇的世界，他们可以在那里短暂地发泄怒气，如画画。

冰河时代的一些艺术作品至今仍然令人困惑，包括一些用象牙、鹿角骨和石头制作的类似真人大小般勃起的阴茎的东西。如果不是如此古老，它们可能会被认为是假阳具。旧石器时代艺术值得一提的最后一个特点是，有大量关于肥胖女性的图像。在所有女性画像中，只有不到10%的人身材纤细，而其余的都被格思里形容为"丰腴至肥胖"。[4]顺便说一句，画中没有一个女人是有阴毛的。格思里认为，冰河时代的欧洲女性很可能会为她们的阴部脱毛（这种做法在今天的部落居民和西方人中很普遍）。他认为这些图像（以及无数脱离肉体的外阴，有些被一本正经的研究者描述为驯鹿的脚）是男性的作品，描绘的是他们感兴趣的性。为了支持自己的论点，格思里指出，除最基本的装饰外，画中的女性几乎没穿任何衣服（虽然画了发型），但男性（图像很少）衣着整齐。此外，也没有关于婴儿、青春期前的少女和育龄后妇女（35~50岁）的描绘。

格思里认为，冰河时代的艺术为艺术家们赖以维生的那些常见大型哺乳动物的习性和外貌提供了精确的描述。猎人们把肉带回家（通常是山洞）与大家分享，使不在哺乳期的女性吃得胖乎乎的。旧石器时代的艺术创作主要是男性的活动，而且大部分与现代涂鸦的起源方式相似。关于欧洲冰河时代的艺术，这是一种质朴且亲切的人性化观点，让我们能更容易地理解遥远祖先的思想和文化。

尽管几千年来冰河时代的艺术展现了稳定的一致性，但动物和人类猎手之间的关系正在发生变化。利用考古记录中消失文化魅影般的轮廓，我们可以对其原因做一些猜测。矛头在欧洲快速变化的技术和文化发展中留下了连续的记录。实际上，欧洲的各种文化都以矛头为特征。人类-尼安德特人杂交种先驱们的文化——被称为"奥瑞纳文化"（以法国的一个考古遗址命名）——是短暂的，只持续了数千年。而奥瑞纳人是能干的猎人，能够捕杀大型哺乳动物，但他们没有配备后来欧洲文化中特有的燧石矛头。取而代之的是，他们制作了工艺精湛的骨头矛头，安装在他们的矜上，而燧石主要用于刀片和刮片。

骨头矛头的工作原理与燧石矛头不同。骨头可以穿透兽皮和肌肉，而位置得当的一击即使不能杀死动物，也能将其致残。但位置不当的一击会使猎物逃脱。除非可以追踪并寻回它，否则猎物很可能会在一段时间之后死于脓毒症，此时它早已超出猎人的搜寻范围。约33000年前，矛头制造技术出现了一项重要的创新。格拉维特文化（再次以法国的一个地点命名）在欧洲各地繁荣了将近10000年——直到约22000年前——而其标志性的创新是一种小而尖的燧石刀片的发明，它拥有直而钝的刀背，是一种专门用来猎杀大型哺乳动物（包括马、欧洲野牛和猛犸象）的工具，能够通过失血致死，这比脓毒症的致死速度更快。大量的血流还有一个额外的好处，那就是受伤的野兽会留下大量便于追踪的血渍。

但是矛头的革新并未止步于此。在法国、西班牙北部，可能还有英国，格拉维特文化被梭鲁特文化（以法国东南部的一处化石遗址命名）取代。它的众多成就中包括宏伟的拉斯科洞穴和阿尔塔米拉洞窟的"艺术画廊"，以及带针眼的针的发明，后者肯定使衣服的制作方式发生了革命性变化，从而增强了在极端天气下打猎的能力。但这种文化最著名的还是它的矛头，以其出色的美而闻名。梭鲁特人的矛头由燧石和其他因其令人赏心悦目的颜色或图案而被选择的石头制作而成。这些矛头通过精巧的打磨成形，它们无疑是工艺大师的作品，两侧都经过精细的加工，有着长而尖锐的切削刃。

梭鲁特人的矛头类似剑齿虎的犬齿。实际上，它们可能就是以类似的方式被杀的——通过放血。这些矛头与美洲著名的克洛维斯矛头相似，后者与北美大陆大型哺乳动物的灭绝有关。克洛维斯矛头的制造只持续了300年左右，大约在美洲大型动物群消失时就停产了：猛犸象刚一消失，人们就不再制造用来捕杀它们的矛头了。梭鲁特矛头的制造持续了约5000年，但在17000年前，随着真猛犸象和披毛犀的分布范围在西欧缩小，它们也停产了。

克洛维斯矛头和梭鲁特矛头在制作时间跨度上的差异很有趣。在配备有先进武器的人类猎手到来之前，北美洲的猛犸象从未有过被原始人类捕杀的经验，而人类抵达之后，这些巨兽很快就被消灭了。相比之下，欧洲的猛犸象经历了直立人、尼安德特人、人类及其杂交后代数百万年的捕杀，对携带棍棒的直立动物非常警惕。

那么欧洲的猛犸象为什么最终屈服了？一个答案可能在于文化进化的速度比身体更快。剑齿虎的犬齿用了数百万年才最终变得这么大。但是人类的矛头只用了2万年的时间就从奥瑞纳文化的骨头矛头变成了更致命的梭鲁特矛头。红皇后假说*将进化定义为一种军备竞赛，在这场竞赛中，物种必须不停地进化和适应，而这一切只是为了生存。如果你进化得不够快，你就会灭绝。猛犸象和剑齿虎以相同的速度进化，因此这场进化竞赛能够保持平衡。但是当现代人类开始加速发展自己的文化时，繁殖速度缓慢的

---

* 美国芝加哥大学进化生物学家 L. 范·瓦伦（L. van Valen）于 1973 年提出的生态学假说，即在环境条件稳定时，一个物种的任何进化改进可能构成对其他物种的竞争压力，即使物理环境不变，种间关系也可能推动生物进化。——译者注

大型猎物无法跟上他们的步法。

虽然这种说法提供了令人满意的叙述，但是并不能就此认为梭鲁特矛头为欧洲猛犸象敲响了丧钟。一项对在西班牙境内发现的梭鲁特矛头进行的调查表明，只有极少数矛头上出现了捕猎用燧石矛头所具有的典型的破裂痕迹。德国科隆大学的伊莎贝尔·施密特认为，这是因为梭鲁特矛头在很大程度上是象征性的器物，而不是用来狩猎。[5]这种现象还有其他例子。巴布亚新几内亚境内巨大而威风的哈根山石斧精工细作，极具研究价值。但是它们从未被用作工具，而是用来表明其拥有者的地位。但是如果说梭鲁特矛头通常并不是被用来终结猛犸象和其他大型动物的生命的，那么肯定有其他物品来代替它做这件事。等到梭鲁特矛头被制造出来时，这些动物正处于消失的趋势中，考虑到它们曾经历过的许多气候变迁，仅是气候因素并不足以使其灭绝。

克洛维斯矛头和梭鲁特矛头之间惊人的相似性产生了一种奇怪的理论。一些研究者提出，梭鲁特人先于维京人横跨北大西洋，以及定居北美洲。但是没有其他证据（包括基因研究）能支持这一观点，而且时间也不对。梭鲁特矛头出现在22000年前至17000年前，而克洛维斯矛头存在于13000年前的大约300年里。对于这一问题，欧洲和北美洲的人类似乎更有可能找出类似的解决方案——如何迅速高效地杀死危险且多毛的巨大野兽，即便在欧洲，这些精致的工具最后也基本上只剩下象征意义。

另一个谜团是约34000年前欧洲最初那批猛犸象的消失，这件事比北美洲猛犸象出现在欧洲还要早数千年。可能我们目前没有足够多的样本来讲述整个故事。但有趣的是，灭绝发生在第一批格拉维特矛尖被制造出来时，也就是33000年前，是不是格拉维特人用他们致命的燧石矛尖将欧洲最后一批本土猛犸象赶入灭绝的境地，使得起源于美洲的猛犸象在数千年后将它们取而代之？难道梭鲁特人对欧洲西南部的猛犸象也做了同样的事情？由于化石记录的不足和专门研究的缺乏，我们无法给出确切的答案。

但是这些模式极具吸引力。

梭鲁特矛尖的制作并未在欧洲普及，而是局限于一个从英格兰南部延伸至西班牙的地区。约17000年前，梭鲁特文化被马格德林文化取代，而该文化是以位于多尔多涅省的一处岩石庇护所命名的，人们在那里首次发现了他们的人工制品。马格德林人猎杀各种各样的猎物，包括马、原牛和鱼，并以其高度复杂的骨制品以及名为细石器的小型燧石工具而闻名，这些细石器被安在矛上，形成长长的切削刃。西欧最后一批猛犸象就是在马格德林时期消失的，而狗与人合葬也始于这个时期。迅速发展的马格德林文化以其多种地方性的表现形式一直持续到农业诞生。

四

人类欧洲

38000年前至未来

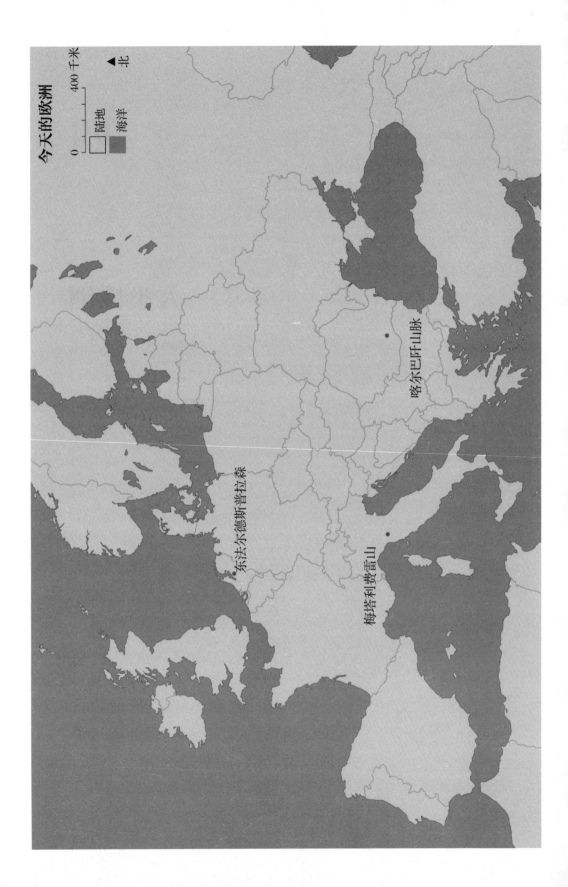

今天的欧洲

0   400 千米

陆地
海洋

北

喀尔巴阡山脉

东法尔德斯普拉森

梅塔利费雷山

第 32 章
平衡点

    犀牛于5000多万年前在欧洲站稳了脚跟，大象在1750万年前抵达这里。它们经历了从墨西拿盐度危机到盎格鲁冰期的一切，但从大约50000年前起，它们开始消失，到约10000年前，它们从欧洲大陆上彻底消失。一个世纪以来，一些科学家轻率地认为气候变化是导致其灭绝的原因。但是事情没有那么简单。经过几十年的研究，科学家们已经整理出一张大致的灭绝年表。在欧洲大陆，古菱齿象在50000年前的某个时刻消失，尽管某些岛屿种群一直存活到至少10000年前。虽然它在欧洲大陆的灭绝时间似乎早于人类的到来，但是西格诺尔与利普斯敦促我们要保持谨慎。*欧洲的两种林地犀牛——梅氏犀和窄鼻犀——似乎很早就灭绝了。同样，我们几乎没有可以准确确定年代的化石，但如果肖维岩洞中描绘的是一头林地犀牛，那么它必然存活到至少37000年前。

    在与人类－尼安德特人杂交种短暂共存之后，尼安德特人在大约39000年前灭绝。披毛犀似乎在大约34000年前就灭绝了。接下来是洞熊，它的灭绝时间至少在欧洲阿尔卑斯山地区是记录完好的，发生在大约28000年前。关于洞鬣狗，我们掌握的几个有限时间表明它是下一个灭绝的物种，这一事件发生在大约20000年前。然后在大约14000年前，穴狮就从欧洲消失了。

---

* 肖维岩洞《狮子图》中描绘的一头大象没有毛，而且瘦得出奇。虽然关键特征模糊不清，但它有可能是一头古菱齿象。

大约10000年前，最后一批欧洲真猛犸象和大角鹿灭绝，而麝牛于9000年前（在瑞典）灭绝。

欧洲大型动物的灭绝时间

动物	灭绝时间（多少年前）
大陆古菱齿象	50000
尼安德特人	39000*
梅氏犀	37000
窄鼻犀	37000
披毛犀	34000
洞熊	28000
洞鬣狗（幸存于非洲）	20000
穴狮	14000
真猛犸象	10000
大角鹿	10000
麝牛（幸存于新世界）	9000

　　随着更多研究的完成，其中一些时间可能会被更正。但如果气候变化是造成它们灭绝的原因，那么灭绝的模式就不是人们想象中的那样。在整个冰期中，最寒冷的时期是3万年前至2万年前，然后冰层在大约16000年前开始崩塌。那些喜欢温暖气候的大型物种（包括古菱齿象和林地犀牛）本应在极度寒冷的时候灭绝，但它们在更早的时候离开了这个世界。而那些喜欢寒冷气候的物种本应在温暖时期灭绝，但披毛犀在更早的时候灭绝了，而麝牛存活得更久一些。第二个奇怪的特点是，只有体形较大的哺乳动物灭绝了。[†]在如今气候迅速变暖的情况下，除了大型动物，鼠兔和高鼻羚

---

*　这里给出的年代没有加上不确定性范围，而该范围可能跨越数千年之久。因此，人类抵达欧洲最有可能的年代写成了38000年前，而尼安德特人的灭绝时间写成了39000年前。实际上，这两个事件都可能发生在40000年前至35000年前。

†　与它们密切相关的那些小型动物也在欧洲灭绝了，例如蛴螬。但是通常而言，在盛冰期，体形较小的欧洲脊椎动物物种在欧洲的其他地方找到了庇护所。

羊的数量也在减少。

随着猛犸象在约10000年前灭绝，欧洲大陆失去了所有体重超过1.5吨的食草动物，以及所有体重超过50千克的严格意义上的食肉动物。大型动物被称为"基石物种"（keystone species），因为当它们灭绝时，整个生态系统的拱顶就会崩塌。在真猛犸象与猛犸草原这一案例中，这种崩塌符合预期，并且被记录了下来。但在欧洲其他地方，缺乏大型生态系统崩溃的证据。当时到底发生了什么？非洲提供了一些思路：在大象被捕杀殆尽的地方，稀树草原变成了林地甚至茂密的森林，迫使所有体形较小的稀树草原动物到其他地方寻找栖息地。在欧洲，随着冰川的最终消融，茂密的森林曾短暂恢复，但是在短短几千年里，使用火并挥动斧头的人类取代大象，成为植被的侵扰者。

大型捕食者与基石物种同等重要；它们的消除会让低一级的捕食者大量繁殖。这种现象被称为"中级捕食者释放"（mesopredator release），可以对生态系统产生巨大的影响。巴拿马的巴罗科罗拉多岛因巴拿马运河的洪水变成了一座岛屿。它小得无法养活该地区的顶级掠食者——美洲豹，于是这种大型猫科动物在岛上灭绝了。然后，小型捕食者的数量变得极为丰富，并导致几种鸟类和哺乳动物物种灭绝，而它们是重要的授粉者和种子传播者。这反过来又改变了森林的树种构成。但是在大型捕食者灭绝后，欧洲的中型食肉动物仍然相对稀少。人类再次被牵连其中。我们可以从考古沉积物中看出，人类当时逐渐成为捕猎肉食动物的专家。实际上，他们正在取代狮子和鬣狗，成为中型食肉动物的天敌。

这些灭绝事件的另一个后果是可以预料的：就像过去一样，新的大象和犀牛应该迁徙到欧洲以取代灭绝的类型。毕竟，随着温暖时期的到来，欧洲适宜居住的陆地面积大大增加，而且随着更多的降雨和冰川活动使土壤恢复活力，生物的繁殖力也随之提高。在之前的冰期，这些因素触发大型哺乳动物向欧洲大规模迁徙。但在最后一个冰期结束时，这些大型食草动物没有回归。唯一显而易见的解释是，欧洲熟练的人类猎手的聚集阻止了大型动物群的再度迁徙。

似乎早在农业出现之前，人类就已经取代了冰河时代所有大型野兽在生态系统中发挥的作用。到了大约14000年前，欧洲已经是一个由人类主导的生态系统。实际上，欧洲的人口数量已经开始大幅增长。最近的一项研究估计，欧洲人口数量在23000年前大约为13万，而到13000年前时，这个数字增长了两倍多，达到41万。[1]

虽然人类的影响很大，但在大约10000年前，一些令人惊讶的入侵者来到欧洲。在穴狮灭绝之后，西欧至少已经有将近5000年没有狮子存在了，而此时从非洲或西亚涌入了一批新型狮子。它们是狮子——如今幸存的唯一狮类物种。*到10000年前时，它们已经向西扩散至葡萄牙，并在沿途的法国和意大利定居下来，还在伊比利亚半岛生存了至少5000年。[2]但是随着人口数量的增长，狮子的分布范围被推向东边。到了希罗多德的时代，在博斯普鲁斯海峡以西，狮子数量丰富的地区仅剩马其顿平原，而在公元前1世纪，就连那里的狮子也消失了。它们在格鲁吉亚生存到约公元1000年，在土耳其东部坚持到18世纪。顺便说一句，这让它们能够符合国际自然保护联盟对欧洲再引进计划候选物种的严格标准！[3]

另一个出人意料的入侵者是条纹鬣狗。就像狮子在某种程度上篡夺了穴狮的生态位一样，条纹鬣狗也在一定程度上取代了比它大得多的近亲斑鬣狗的角色。西欧的更新世沉积物中还没有发现该物种的遗骸。它们可能是在新石器时代（10200年前至4000年前）从非洲迁出的，并在西欧短暂扩散开来，特别是在法国和德国，后来在除高加索之外的所有地区衰落灭绝，如今它在高加索地区还保持着岌岌可危的存在。[4]

---

* 虽然如今我们认为狮子是非洲的，但是直到最近，它们还在西亚广泛分布，至今仍有一个遗存种群幸存于印度西部。

虽然这一时期动物迁徙的事件很少，但人类迁徙的步伐加快了。包括化石DNA在内的基因研究表明，大约14000年前，一群人类开始从如今的希腊和土耳其向西扩散（尽管他们可能源于更远的东方）。他们融入了欧洲人的基因池，而且很可能取代了一部分最初的定居者。因此，欧洲人基因中尼安德特人DNA的平均水平下降到约2%。[5]

有证据表明，这些新人类在一些重要方面与原始居民有很大不同，而在土耳其哥贝克力石阵发现的全世界最古老的神庙则提供了一些关于其文化的有力见解。哥贝克力石阵神庙建于约11500年前，在新移民第一次扩张到西欧数千年后，但早于农业的出现。哥贝克力石阵建造者的祖先很可能与至少14000年前进入欧洲的移民拥有共同的文化。

哥贝克力石阵的神庙看上去与之前的所有神庙都不同，但这可能是保存方面的偏差造成的结果。考古学家将古典希腊神庙形态称为"石化木工"，因为石头神庙起源于较早的木结构神庙，而木工技术的元素被保留在了石头形态中。毫无疑问，在许多文化中，人们在采用石头建造建筑之前，就有用木材的悠久传统，所以可以预见的是，哥贝克力石阵的建造者们也不例外。因此我们可以预见，产生哥贝克力石阵的这一文化所采用的一些元素，早在他们的祖先向西欧扩张时就已经存在了。

哥贝克力石阵的神庙是一个巨大的圆形结构，由高达6米、重20吨的石柱构成，石柱上装饰有动物和风格化的人形浮雕。这种雕刻风格使图像从平坦的背景中脱颖而出，比将图案简单地凿进石头难得多。然而，这种方法常常用于更易于操作的木工，因此它在哥贝克力石阵的使用可能是"石化木工"的一个例子。哥贝克力石阵建筑群的功能仍有争议，但是在这里发现的带有人工切割痕迹的头骨碎片以及猛禽的骨头表明，它曾经可能是摆放死者尸体，让秃鹫来吃掉的地方。时至今日，印度的帕西人还保留着这种做法，他们会将死者放在"寂静之塔"中。

建造哥贝克力石阵需要相当多的劳动力。主要任务包括打地基、开采石头，以及运输石柱约800米，然后是雕刻石柱并将其竖起。⁶不清楚工人们的伙食是如何解决的，但肯定需要大量食物。发掘该遗址的考古学家们认为，在用来掩埋该构造的回填土中发现的瞪羚和原牛骨头是肉类大餐的证据，但是很难相信从狩猎中得到的肉足够维持规模这么大的劳动力。相反，他们似乎还吃了一些可储存的植物性食物（如草籽饼和坚果）。

解释必然是推测性的。但哥贝克力石阵的建造者似乎已经迈入了一个重要的发展阶段，这是驯化的先兆，而且需要操纵野生资源。这可能涉及在交通便利的地方进行有选择性的种植，以及培育结实状况特别好的水果或坚果树木的幼苗。这些树可能需要几十年的时间才能结果，所以不妨问一问，既然种植者不太可能活到能受益的时候，那为什么还会有人种它们呢？但是类似的做法在巴布亚新几内亚仍在延续，那里的人们会种植那些果实成熟后能吸引猎物前来的树木。我曾问新几内亚人他们为什么要这么做，他们告诉我，这样做他们的孙辈就有食物吃了。

如果有大量动物在附近觅食，哥贝克力石阵的建造者们种植的任何树木都不会有很高的存活率，因此食草动物一定数量稀少。这座建筑坐落在山顶上，那里是观察迁徙猎物的绝佳瞭望点。人们有可能每年的大部分时间都生活在哥贝克力石阵附近，并且对附近的当地动物种群施加了巨大的狩猎压力。对食草动物的压制可能打开了另一个资源——草籽。在食草动物啃食过的地方，草通过地下根茎无性繁殖，而当食草行为减少时，草则通过种子穗进行有性繁殖。草籽是一种关键的人类可食用资源，因为它们营养丰富，可以储存或者磨成粉，烹饪成可储存的草籽饼，当作工人的干粮。

然而，对修建哥贝克力石阵的人类的这种经济假设让我们面临一个问题，即在土耳其这样的地方，如果没有食草动物，草地很快就会变成森林。为了防止这种情况的发生并保持草的生产力，哥贝克力石阵的建造者们可能像澳大利亚的原住民一样使用了火。火的明智使用可以保护宝贵的坚果树，促进草的生长和结籽，而且如果在远离他们营地一段距离的地方放火，甚至可以吸引食草动物来吃刚长出来的嫩草。以这种方式使用火带来的一个巨大的好处是，人能够预先计划好一切。如果气候条件允许的话，还可以预测猎物将在焚烧之后的几周内前来觅食新长出的草，而经过更长时间的间隔后还能获得草籽。

所有这些共同构成了野生资源管理方面的一种"原始驯化"阶段，它涉及对重要的生态系统的操纵，但不涉及为了种子大小而对植物进行种植或精细选择。这使约14000年前挺进西欧的人类与他们取而代之的那些种群密度低的大型动物猎人截然不同。作为收获食物链底层的熟练的景观操纵者，这些新抵达的团体可以组建人口稠密的种群，并向个人提供补给，以修建庙宇，或者发动战争。

第 33 章

驯化者

随着气候变暖并趋于稳定，欧洲的人口数量在13万年前（当时据估计约有41万人）至9万年前必定是增长的。冰层的消退使整个欧洲北部露出了新形成的陆地，并使土壤恢复了活力，然后动植物在上面迅速定居。实际上，最健壮的动植物先驱继承了一大片肥沃的新土地，享受着越来越温暖的气候。第一批移民是幸存的苔原物种——地衣和以它们为食的驯鹿、矮柳、雪兔、北极狐和旅鼠。然后是落叶混交林，它迅速扩张，大约在8000年前达到现在的程度。[1]而在其中繁衍生息且适应能力很强的定居者包括欧亚红松鼠、刺猬、赤狐和獾，所有这些都注定成为现代欧洲的常见动物。另外，其中一些将在帝国时代与欧洲人一起旅行到遥远的地方，并在那里像害虫一样扎根下来。

当然也出现了更大的动物，包括熊、狼和欧洲马鹿。但在这片新的宜居土地上，最繁荣的还是人类。农民在大约11000年前出现，从今天的土耳其东部一直延伸至伊朗的某个地方。山羊、绵羊、猪和牛差不多在同一时期被驯化，而驯化过程一定是经过深思熟虑的，因为必须有人（可能是儿童）照看畜群，每天白天负责将它们带到牧场，晚上带回营地。[2]这是如何开始的？德米特里·别利亚耶夫的狐狸实验告诉我们，几乎所有驯化物种的性状都是通过对温顺特性的选择而形成的。我们可以想象，在几千年的时间里，许多食草动物的幼崽被带回营地，而那些在人类面前更镇定的幼崽在达到性成熟后会"自主选择"留在营地。但是为什么直到11500年前，人类才开始去驯化动物？

人们普遍认为，农业和畜牧业得以发展得益于约11000年前的气候稳定。布赖恩·费根在他的《长夏：气候如何改变文明》一书中对此观点给出了最充分的论证。[3]费根认为，冰河时代的气候是恶劣的，但随后的一段气候稳定的特别时期让农业变得有价值了。气候显然对农业有影响，但我认为将其视为唯一因素乃至决定性因素是错误的。在冰河时代，气候变化远比今天缓慢；对生活在当时的人而言，气候的变化是难以察觉的。[*]因为即便在冰河时代，低纬度的大片区域也适合农业生产，所以我们必须从别处寻找答案。也许正如费根所说的那样，与随后的情况相比，冰河时代的天气更狂暴，破坏性也更大。但关于这一点还没有得到令人信服的证明。

在寻找驯化的起源时，可以将其视为一种延迟的满足感，因为必须将谷物种下供以后食用，而不是现在就吃掉，而且必须先将畜群圈养起来才能宰杀。为了让这些事都值得，必须有合理的预期回报。不利的气候肯定会限制回报的大小，而恶劣的天气会将其摧毁。但是回报还取决于人类能够控制的因素。例如，食草动物可能会毁坏作物，掠食动物会掠夺畜群，而心怀不满的邻居有可能会破坏或盗窃两者。

哥贝克力石阵建造者的捕猎和用火技能一定增加了农业投资的回报前景。但是，要让这笔交易真正值得，他们就需要防止邻居突袭自己的畜群和作物。我们对他们的政治组织形式知之甚少，但并非没有理由认为，在哥贝克力石阵建成之后，他们可能花了1000年左右的时间才获得这些改进举措。

对来自最早村庄遗址的动物骨骼的分析表明，当时的人有选择地从畜群中挑选年轻的雄性宰杀。这种"非自然"选择过程留下了被选择的性状，正是这些性状让剩余的雄性牲畜躲过屠夫之刀，得以生存到下一代。在几

---

[*]　与过去260万年当中的任何时候相比，如今气候变化的速度至少快30倍。

千年内，这些被选择出来的性状将产生我们在考古记录中看到的各种驯化类型。

　　山羊、绵羊和猪对最早的欧洲牧民来说都很重要，但在之后，牛比它们重要多了！印度教教徒对这种动物保持着相当崇高的敬意。但欧洲人就不是这样了，在神话中，他们是一头公牛和一位女神的结晶：欧罗巴*，一位长着宽眼牛脸的女神，被一头白色公牛（天神宙斯伪装的）诱拐后，为宙斯生下三个儿子。在新石器时代描绘牛拉着太阳车的浮雕上，这与欧洲文化中牛的中心地位遥相呼应。即使到了今天，在托斯卡纳的锡耶纳，每逢赛马节游行期间，都会有牛拉着车在城市的街道中穿行，这也许正是伊特鲁里亚文化的一种遗存。

　　正如其神话所暗示的那样，欧洲比任何其他大陆都更仰仗于牛和人的结合。欧洲人是世界上少数几个可以从牛奶中获得脂肪的群体之一，他们对乳糖的耐受性极高——爱尔兰人是这方面的冠军。当然，欧洲人靠牛奶生存的能力建立在无数祖先的不幸之上——这些不幸的祖先在成年之后对乳糖极不耐受。他们消亡了，于是剩下的少数幸运儿得以凭借母牛的力量建立文明。

　　在驯化刚开始时，我毫不怀疑母牛会被认为是家庭的一员，是一种受保护和宠爱的动物，而它反过来又为人们提供营养。任何曾挤过牛奶的人都知道，在小牛出生后的三周内，母牛的乳汁尤其美味浓郁。但如果有人想在小牛吃饱之前就挤奶，那就倒霉了。在屈服于想要品尝美味乳汁的人类之前，它将竭尽全力反抗——在我们与它达成的驯化交易中，这是它的权利。然而，当小牛吃饱后，它会安心地交出乳房，甚至如果你将挤出的乳汁对准它的嘴巴，它也会尝一口。

---

*　希腊神话中的腓尼基公主，被爱慕她的宙斯带往了另一个大陆，后来这个大陆取名为欧罗巴，也就是现今的欧洲。——译者注

如今，母牛不再被视为家庭成员，而是一个个生产单位。它们常常很悲惨，永远被限制在机械化奶制品工厂的畜栏里。它们的祖先原牛的乳房很小，即便在哺乳期也几乎看不见。但是经过数千年的非自然选择，奶牛的乳房已经变得非常巨大，以至于如今它们的重量常常将奶牛的腿压瘸，而这些牛很容易患上可能致命的乳腺炎。在我看来，为了一杯便宜的牛奶，不值得违背我们几千年前达成的最初协议。

最早的驯化者是水手，他们在一些较大的地中海岛屿上定居下来。在欧洲大陆的考古遗址中，早期驯化动物的骨头不可避免地与野生动物的骨头混杂在一起。但岛屿上没有野生的绵羊、山羊或牛，这让解释变得更容易了。塞浦路斯距离土耳其大陆60千米，大约在10500年前被早期驯化者发现。他们带来了绵羊、山羊、牛和猪，这些动物的体态与它们的野生祖先并没有什么不同，但其遗骸表明年轻雄性遭到了选择性宰杀。

变化最大的驯化动物之一是绵羊，它们的各个品系与其野生祖先（欧洲盘羊）的相似之处甚少。值得注意的是，一些非常早的驯化绵羊的后代如今在科西嘉岛、撒丁岛、罗得岛和塞浦路斯是野生状态，其中塞浦路斯的本地种群已经变得如此独特，以至于被认为是一个亚种。它们的祖先一定是在第一批驯化者及其畜群于10000年前至7000年前抵达这里不久后逃跑了。

早期驯化者还将黇鹿和狐狸带到了塞浦路斯。也许这些小家伙是孩子们养的，一到岛上就逃走了。然而，一些研究者认为，它们是被故意释放的，为的是在岛上储备猎物。定居者还带来了农作物（包括单粒小麦、二粒小麦和小扁豆），并开始耕种。到7300年前时，驯化者和他们的畜群已经从起源地黎凡特扩张到伊比利亚西海岸。[4]在绵羊和山羊向西扩散的过程中，它们没有遇到能够与之杂交的类似本土物种。但家猪遇到了成群的野猪，家牛遇到了原牛。基因分析表明，欧洲野猪曾与家养母猪交配，使得它们的基因进入驯化猪群。这种遗传影响最终掉头向东传播，远远超出了欧洲野猪的地理范围。[5]

在对6750年前生活在英国的一头原牛的基因组进行分析后发现，它的基因存在于一些古老的英国和爱尔兰品种中。远古牧民有可能在自己的畜群数量缩减时，捕捉原牛填补了进去。这项研究还发现，与野生祖先相比，现代品种调节大脑和神经系统、生长、代谢及免疫系统的基因发生了很大变化。[6]驯化也改变了人类。我们经历了自动驯化过程，该理念来自德米特里·别利亚耶夫。一个结果是，如今人类文化对畜牧的重视程度远远超过狩猎：1万多年来，进化一直青睐那些有能力培育农作物和畜群的人。尽管我们喜欢将自己视为农场的主人，但自农业诞生以来，由于饮食的改变、接触到的疾病的改变，以及更倾向于定居的生活方式，我们经历了非常强烈的自然选择。

第 34 章
从马到古罗马人的失败

对幸存至末期阶段的欧洲狩猎－采集者以及新到来农民的基因研究表明，在许多地区，农民几乎完全取代了之前的定居者。[1]自文字问世以来，欧洲的人类史一直是一个充满战争和毁灭的悲惨故事，所以8000年前一批人取代另一批人不足为奇。对墓地里骨骼的分析表明，很多地区在农业出现之后的大约700年里，人口迅速增长。随后是一段稳定时期，持续了约1000年，然后人口开始崩溃，人类数量在几百年内减少了很多。[2]农民的扩张并不是人类最后一次向欧洲的大规模迁徙。约5000年前，来自俄罗斯干草原的（骑马）牧民来到欧洲，再次取代了这里的一些民族。就像我们多变的眼睛、皮肤和毛发颜色及形态所暗示的那样，由于这种可以追溯至尼安德特时代的漫长入侵史，如今每个欧洲人都有着广泛混合的基因背景。

自人类首次抵达欧洲以来，迁徙一直是向西的，而在18世纪之前，伟大的创新基本上来自东方，常常在很久之后才传到西方。100年前，欧洲人几乎没有意识到这一点。就人类文化而言，欧洲是亚洲的附属，这种观点在当时被当作荒谬之论受到嘲讽，或者被认为是侮辱性的。在那些传递"欧洲无疑不是文明摇篮"这一观点的人中，维尔·戈登·柴尔德是考古学史上第一位也可以说是最伟大的综合论者。他认为，欧洲文明是"人类精神的一种特殊表现"，而不是人类成就的巅峰。因该观点而闻名的他还是最古怪的考古学家之一。[3]

　　和另一位原创型思想家诺普乔伯爵一样，柴尔德也是典型的局外人。柴尔德于1892年出生于澳大利亚悉尼的一个圣公会牧师家庭，由于体弱多病，他只能在家接受教育。此外，由于"丑陋的外貌"成了残忍笑话的攻击对象。[4]人们形容他笨拙、粗鲁，缺乏教养，似乎从未拥有过性关系。[5]除工作外，他生活中的一大爱好就是体验速度。他拥有几辆昂贵的高速汽车，搬到英格兰之后，他就以鲁莽驾驶而臭名昭著，包括凌晨时分在皮卡迪利大街上高速疾驰，这引起了警方的注意。在获得牛津大学奖学金后，他的马克思主义见解没能让他获得学术职位，这让他感到非常沮丧。于是他回到澳大利亚为新南威尔士州工党工作，并撰写了一部名为《劳工如何执政》的作品，这本书对工人在政治中的代表性进行了深刻研究，尽管有些幻想破灭了。

　　1922年返回伦敦后，柴尔德失业了几年，但这是他一生中最富有成效的一段时间。他在大英博物馆和皇家人类学学会的图书馆进行研究，并在1925年出版了《欧洲文明的曙光》。这本书与一年后出版的《雅利安人：对印欧起源的研究》一起，最终令人信服地确立了东方作为"欧洲"文明源泉的重要性。

　　作为一名马克思主义历史学家，柴尔德从革命和经济变化的角度来看史前时代。他伟大的发掘工作包括斯卡拉布雷，位于奥克尼群岛上一座著名的新石器时代建筑群，而他的深刻见解包括对"多瑙走廊"的判定，包括欧洲人类－尼安德特人杂交种在内的许多物种都通过这条走廊向西迁徙。作为苏联的狂热支持者，他在1945年给自己的朋友、苏格兰国家文物博物馆馆长罗伯特·史蒂文森的信中写道："英勇的红军将在明年解放苏格兰，斯大林的坦克将穿越冰封的北海。"[6]苏联在1956年对匈牙利的残酷镇压使他大失所望，而在这一年年底，他从考古研究所所长的位子上提前退休并返回澳大利亚。在一封日期落款为1957年10月20日并注明"1968年1月之前不许打开"的信中，他讲述了自己最后的日子：

　　　我一直认为，一个理智的社会将……提供……安乐死作为一
　　种最高荣耀……在我看来，我认为自己不能做出更多有用的贡
　　献……在山崖上，意外很容易就可以自然地发生在我身上。我
　　再次回到我的祖国，但我发现我对澳大利亚社会的喜爱远不如对
　　欧洲社会的喜爱，而且我不认为自己可以做些什么能让它变得更
　　好：因为我对自己的理想失去了信心。[7]

　　1957年10月19日，这位伟大的考古学家从蓝山中高达千米的戈维特断层悬崖纵身跳下，这里距离他的出生地不远。我们只能希望他能享受生命最后时刻的加速。*

　　新物种继续加入人类的随行名单中。猫似乎于9000年前在近东驯化了自己。而在大约5500年前加入人类家庭的最重要的物种之一——马，在欧亚大陆西部干草原的某个地方被驯化。它起源于野马（*Equus ferus*），一个在基因上充分混合的物种（地理差异很小），存在于从阿拉斯加到比利牛斯山脉的广大地区。与可以在基因上追溯地区性祖先的原牛不同，马的历史是一个"遗传悖论"，不过很明显普氏野马不是家马的祖先，而是一个可以追溯到16万年前的单独世系。[8]

　　家马Y染色体上的变异非常小，这说明原始马群中的公马一定很少。相比之下，只通过雌性传递的线粒体DNA非常多样。这可能是因为原始马群中有大量母马，也可能是因为随着家马在欧亚大陆的扩散，来自野生马群的母马加入了其中。这一观点得到了最新数据的支持。许多野生母马似乎是在约3000年前至约2000年前的铁器时代被吸收进来的。[9]从遗传方面来看，没有一个现存的马的品种是野马存活至今的代表。

---

*　令人费解的是，这次跳跃发生在柴尔德信上落款日期的前一天。

　　自马之后，被驯化的物种很少。蜜蜂于4500年前在埃及被驯化，而单峰骆驼于大约3000年前在阿拉伯半岛被驯化：它当时濒临灭绝，分布范围仅限于阿拉伯东南部的红树林区域。[10] 大约3000年前，双峰驼在中亚地区驯化，而驯鹿则可能在西伯利亚和斯堪的纳维亚都得到了驯化。唯二更近的例子是兔子和鲤鱼，它们是由中世纪的僧侣驯化的。

　　你可能已经注意到，在这个关于驯化的故事中有一个遗漏——古罗马人。从古至今，很少有人能够像古罗马人那样接触到各种各样的野生动物，也很少有人能像他们那样为了各种惊人的目的而饲养它们。从注定在竞技场里搏斗的狮子到大象和熊，再到据说被马克·安东尼用来拉战车的狮子，大量的野生动物被捕捉和受训。顺便一提，如果安东尼的狮子不是传说，那么驾驭这些大型猫科动物的壮举就是人类战胜野兽的最大胜利之一。

　　古罗马人将睡鼠视为一种难以抗拒的美味，为了满足自己的口腹之欲，他们会捕捉野生个体，并将它们放入名为"gliraria"的陶器中养肥。睡鼠与侵害我们房屋和作物的大鼠及小鼠有着非常远的亲缘关系；它们是欧洲最古老的哺乳动物谱系中的幸存成员，其历史可以追溯到5000多万年前。然而，尽管古罗马人在其他众多领域拥有丰富的专业知识，但他们从未驯化睡鼠：他们从未让睡鼠进行人工繁殖，这是驯化的关键门槛。

　　古罗马人还以养鱼著称，其中包括红鲻鱼，它们在很小时被捕获，然后在池塘里长到很大的尺寸。一条大红鲻鱼的价格可以抵得上一个奴隶。古罗马人还是最早养殖牡蛎的人，执政官凯厄斯·塞尔吉乌斯·奥拉塔是首个有记录的牡蛎养殖者，他于公元前1世纪在卢克林湖——巴亚古城附近的一座潟湖——养殖它们。[11] 但是奥拉塔的牡蛎就像睡鼠和鱼一样，是从野外采集的。所以养殖牡蛎就像养肥睡鼠一样，采用的并不是驯化的方式，而是圈养。

　　古罗马人未能增加驯化动物的种类，这着实令人费解。在大约500年的时间里，他们统治着一个环绕地中海的帝国，其规模与南美的印加帝国

相当——但持续时间是印加帝国的五倍长。他们生活在地球上一个生物多
样性极高的地区，在那里搜寻野生动物，尽管他们坐拥维吉尔的《田园诗》
（一部关于农业技术的教学诗），以及在训练、圈养甚至选育已驯化动物方
面的所有专业知识，但他们却没有驯化一个物种。然而，无论是生活在他
们之前且其文化为他们所知的蛮族，还是紧接他们之后的中世纪欧洲人，
都为欧洲的家养动物增添了新物种。

第 35 章

清空岛屿

　　岛屿是欧洲故事的中心，即便在今日，它的众多岛屿也极为多样，并且有重要的生态意义。然而，很多东西已经丢失了：在过去的1万年里，欧洲独特的岛屿动物群的命运就是自然遗产如何被人类无休止地扩张削弱的一个极端案例。这个故事始于塞浦路斯，第一个被人类殖民的地中海大岛。凡是见过这座岛屿原始状态的人，一定会觉得自己就像去了一次天堂一样。

　　地中海岛屿古生物学之母多罗西娅·贝特发现了当时那些人遇到的东西所留下的痕迹。贝特出生于1878年，几乎没有接受过正规教育（她曾打趣地说，她的教育被学校短暂地中断了）。她后来成为大英博物馆的一名计件工。作为雇员中地位最低的群体，计件工每填充一只鸟或者哺乳动物的标本，或者准备好一件化石，才能得到一份报酬。对于这个朝不保夕的职业，贝特坚持了50多年，同时一直在自学如何寻找化石，以及如何做研究和撰写科学论文。

　　她幸运地认识了瑞士古生物学家查尔斯·伊曼纽尔·福赛思·梅杰，后者鼓励她前往地中海岛屿寻找化石。她的第一次冒险旅行去的就是塞浦路斯，在那里，她被洞穴中古老的骨头遗迹迷住了，这些洞穴据说属于岛上传统的七个殉道者（或者说七个沉睡者，他们进入洞穴睡了一年）。1901年，她自费前往这座岛屿探险，并在那里待了18个月，找到了历史文献中提到的几个洞穴，包括皮拉角的"四十圣徒洞"，里面有大量骨骼化石。

贝特发现的化石如今保存在伦敦自然历史博物馆中，在那里，最有趣的部分一直未被研究。但是在1972年，荷兰古生物学家伯特·伯克肖滕和保罗·桑德宣布，这些骨头来自一头不同寻常的小河马，他们将其命名为塞浦路斯侏儒河马（*Phanourios minor*），字面意思是"小显圣"。数百年来，村民们一直到这个洞穴里寻找他们的"圣徒"的骨骼化石，因为他们认为这些骨头化石可以治愈各种疾病。[1]这头圣河马是岛屿侏儒，肩高不到1米，体重仅200千克，据推测其祖先可能是从尼罗河游到塞浦路斯的大型水陆两栖河马。这种侏儒河马在岛上分布广泛，习性上看上去已经完全变成了陆地动物。由于缺乏捕食者，它可能一直生长缓慢并对食肉动物抱有致命的天真态度。

这种河马曾与一种微型古菱齿象共存在塞浦路斯岛上。地中海各个岛屿上的小型象可能影响了古典神话。1914年，维也纳古生物学家奥特尼奥·阿贝尔（他曾对诺普乔关于恐龙进化的岛屿理论表示蔑视）提出，侏儒象的头骨化石可能催生了库克罗普斯的故事——库克罗普斯指的是希腊神话中的独眼巨人，在几个故事里扮演不同的角色。在《奥德赛》中，居住在山洞里的独眼巨人波吕斐摩斯*——据说住在一个"遥远的国度"（常被认为是一座小岛）——抓住了奥德修斯和他的船员。为了避免被吃掉，他们弄瞎了巨人，然后趁机逃走。阿贝尔观察到，侏儒象的头骨大约是人类头骨的两倍大，所以它可能会被认为是巨人的头骨。此外，它们有一个位于中央的鼻孔，可能会被误认为眼窝。他认为，在山洞中发现这样的头骨，可能会触发关于穴居独眼巨人的故事。

马耳他岛和西西里岛曾经相连，因此它们拥有共同的生物遗产。但是当人类抵达时，它们已经分开了数十万年。西西里岛靠近大陆，而墨西拿海峡几乎没有对许多大型哺乳动物构成障碍，包括原牛、欧洲野牛、欧洲

---

* 希腊神话中的人物，海神波塞冬和海仙女托俄萨之子。——译者注

马鹿、驴、马和古菱齿象，它们全都游到了岛上。顺带一提，西西里岛的古菱齿象生存到大约32000年前，而其他大型哺乳动物则在驯化者及其牲畜入侵该岛后消亡。

马耳他岛曾经拥有丰富多样的动物群，包括侏儒象和河马，还有一种不会飞的巨大天鹅，直立时的高度比岛上的厚皮动物*还高。但是到人类发现马耳他岛时，它的动物种类已经变得相当有限，这或许是因为海平面上升，导致岛屿面积缩小，许多物种便消失了。幸存者包括几种睡鼠和一种鹿，它们都是马耳他岛独有的物种，而且都没能幸免于人类的影响。

撒丁岛和科西嘉岛是两座大岛，在海平面较低时连接在了一起。当人类在约11000年前抵达时，岛上的动物群包括一种侏儒猛犸象、一种鹿、一种长着宽大磨牙且很可能以贝类为食的巨型水獭、其他三个水獭物种、一种鼠兔、一些啮齿动物、鼩鼱，以及一种鼹鼠。这里还生活着一种类似狗的小型犬科动物，名叫撒丁豺，可能只以岛上的鼠兔为食。[2]

大约100万年前，撒丁岛和科西嘉岛上生活着一个类似直立人的物种，它们留下了丰富的石器。但后来该物种灭绝了，此后这两座岛屿就没有了直立猿类，直到它们被驯化者重新发现。猛犸象和其他大型哺乳动物似乎在这之后不久就灭绝了，而鹿存活到约7000年前，鼠兔一直存活到18世纪（仍然生活在近海小岛上）。遗憾的是，如今整个本地动物群全都灭绝了。

包含梅诺卡岛和马略卡岛的巴利阿里群岛直到4350年前至4150年前（大约是埃及古王国时期）才被人类发现，因此与更东边的地中海岛屿相比，它们将自己独特的动物群多留存了6000年。这些岛屿上曾经有三种极为不同寻常的动物——巨型蹼麝鼩、马略卡巨型睡鼠，以及山羊家族中神秘莫测的成员巴利阿里山羊。我们对这种鼩鼱知之甚少，但是这种睡鼠重达300

---

* 厚皮动物是指以前用于厚皮目哺乳动物的弃用生物分类名称，也指不反刍的有蹄动物，尤其是大象，有时还指犀牛、河马、马、猪、貘及其他奇蹄类动物的生物分类，此种命名现在已经不再使用。——译者注

克，很可能部分是陆栖（而不是树栖），并且是杂食性的。[3]巴利阿里山羊（它的拉丁学名的字面意思是"老鼠–山羊"）的体重达50～70千克，以灌木丛的嫩叶为食。在经过许多次不成功的搜索和碰壁后，这三种奇特动物的遗骸全部由多罗西娅·贝特发现和命名，她还在1909年发表了一篇关于这种老鼠–山羊的简短文章。

贝特的工作不是没有危险：她在塞浦路斯染上了疟疾，几乎饿死在克里特岛。在马略卡岛上，她遭到了英国副领事的性骚扰，后来她在著作中提到了这段经历："我确实讨厌那些试图和别人做爱，且没有资格担任公职的老男人。"[4]贝特个性刚烈，我怀疑她冷嘲式的幽默造就了她独特的措辞。顺带一提，贝特并没有将自己的研究局限于化石。塞浦路斯的现代刺毛鼠也是她的发现之一。此外，70多岁时，她还在伯利恒发现了一只巨型陆龟的遗骸。

巴利阿里山羊的祖先似乎是在大约600万年前的墨西拿盐度危机期间走到巴利阿里群岛的（此时地中海是干涸的）。与世隔绝数百万年后，它们形成了一些极不寻常的特征。它们的眼睛像猴子和猫一样面向前方，而不是像食草动物的眼睛一样通常面向侧方。而且和啮齿动物一样，巴利阿里山羊的每块下颚骨前面都有一颗粗壮的门牙（因此得名老鼠–山羊）。它们的骨骼生长方式似乎与其他哺乳动物不同。和爬行动物的骨头一样，它们的骨头里面有线条，这些线条表明动物曾有很长一段时间没有生长，似乎停止了大部分新陈代谢。这使科学家们认为老鼠–山羊会进入冬眠或夏眠状态，这可能是对缺乏食物或水资源的反应。幼崽刚出生就很大，而且很早就能独立生活。4800年前的某个时刻，大概是第一批人类抵达这些岛屿的时候，最后一批老鼠–山羊灭绝。人们一度认为巴利阿里群岛的第一批人类驯化了老鼠–山羊，因为在一些洞穴里发现了一些布满粪便的类似羊圈的结构。但进一步的研究表明，这些结构是自然特征。[5]

因此，从塞浦路斯的侏儒象和河马开始，欧洲诸岛屿的独特物种逐渐消失，直到如大鼠般大小的意大利鼠兔（这种动物一直幸存到古罗马时代，甚至更往后）也因为捕猎或者与人类带到岛上的物种竞争而惨遭灭绝。* 如今，在地中海所有独特的岛屿哺乳动物中，只有一个幸存物种，即塞浦路斯小鼠，该物种是如此不起眼和渺小，直到2006年才被辨别出与家鼠截然不同。† 关于人类的无知和过度开发，还有比这更令人难过的故事吗？从土耳其海岸到赫拉克勒斯石柱，每一座岛屿上的自然宝藏都被清空了，只剩下单一物种——老鼠。

---

*　意大利鼠兔（*Prolagus sardus*），重约500克。它们善于打洞，在人类刚定居时数量很多。它们可能在撒丁岛东北沿海的塔沃拉腊岛上幸存到1780年，该岛屿于同年被人类占领。

†　塞浦路斯的毛刺鼠可能也存活了下来，但它们似乎处于濒临灭绝，而且还有2种特有的鼩鼱也幸存于大西洋中的加那利群岛。其他岛屿上的鼩鼱和小鼠种群虽然有时被宣称为相关岛屿的特有物种，但实际上可能是最近移民的后代。

第 36 章

平静与风暴

大约9000年前，最后一头欧洲麝牛在如今的瑞典境内死去，此后直到17世纪，欧洲大陆再也没有失去过一个物种。鉴于人类社会发生的变化，这一灭绝间隔极不寻常，因为欧洲的人口增长了100倍，欧洲人从狩猎-采集者变成了农民，青铜器和铁器被制作出来，而且社会组织结构也从部落水平发展到了古罗马帝国的程度。

灭绝只是通常极为漫长的过程当中的最后一步。在这段灭绝间隔中，欧洲较大的哺乳动物仍然处于无休止且越来越大的压力之下，这种压力来自猎人以及与家畜的竞争。每过一千年，它们的分布范围就变得更加有限，它们最后的避难所全都位于不适宜人类居住的地方，也许是部落之间的交界地带。灭绝浪潮在17世纪中期爆发后，迅速积攒力量，将最后一批幸存者一群接一群地席卷而去。

和早期的灭绝浪潮一样，这一次对体形较大的物种造成了不成比例的影响，但是这次灭绝浪潮是如此严重，以至于就连曾在英国和中国的水道和湖泊中繁盛一时的欧亚河狸几乎都灭绝了。到20世纪初，全球仅有1200只幸存下来。历史记录清楚地表明，原因是越来越稠密且致命的人口。

到公元200年，古罗马帝国（当时包括欧洲大部以及北非的部分地区）的人口约为5000万，这是11000年前欧洲人口的100倍。重要的是，在古罗马时代，有85%~90%的人生活在城市以外，以他们自己及社区种植或捕获的东西为食。[1]到1700年，欧洲人口大约比1500年前增加了一倍，达到1亿人左右，而居住在城市以外的人口比例几乎没有变化。

在1700年至1900年的两百年里，欧洲的人口翻了两番，达到了4亿。然而，除了工业化的英国（居住在城市以外的人口比例下降到75%左右）之外，90%的欧洲人仍然生活在城市之外。在20世纪上半叶，除了皇家狩猎保留地之外，几乎每一寸可利用的土地都被榨干了它能产出的每一丝生产力。在欧洲的地中海地区，数以百万计的绵羊和山羊在山间游荡，啃食各种植被，而丘陵与群山之间凡是可能的地方都被改造成了梯田，被用于耕种作物。

一个重要因素阻止了这场大规模人类扩张毁灭更多物种的可能。它源于欧洲人对狩猎的特殊看法。在古罗马时代，狩猎主要由仆人和奴隶参与。但到了中世纪，狩猎有了一种象征意义，成为复杂社会系统的一部分。中世纪猎歌（ *caccia medieval* ）将特定动物的狩猎限制在特定的社会群体中。它很快在欧洲大部分地区广为流传，并在法国大革命之前基本保持不变。中世纪猎歌为地主或贵族和他们的家人保留了对欧洲马鹿、野猪、狼和熊的狩猎权，而这些动物则被称为"贵族猎物"。较小的猎物，如野兔和野鸡，通常留给仆人和普通农民。

正是从中世纪猎歌起，欧洲大部分地区出现了大型猎物保护区，在某些地方，它们一直被保留到"二战"结束。它们最热忱的支持者之一是西班牙的阿方索十一世*。作为一名技艺高超的猎手，他撰写了大受欢迎的《狩猎之书》，在书中，他讲述了最凶猛的熊和野猪栖息在王国中各个保护区的什么地方，以及如何猎杀它们。这种保护有名大型猎物物种的习俗，并不只是欧洲人的专利。包括澳大利亚原住民在内的许多文化都保护有大量猎物存在的栖息地，并将最美味的食物作为年长者的专享。皇家猎物保护区

---

* 阿方索十一世（Alfonso XI，约1311—1350），莱昂和卡斯提尔王国国王，是卡斯蒂利亚国王费尔南多四世之子。

绝非欧洲最大哺乳动物的完美保护机制，但是它确实延长了欧洲自然之美最后遗迹的存在。

自9000年前麝牛灭绝之后，西欧大陆的第一次物种灭绝是在1627年，发生在波兰雅科托夫的森林中。原牛是当时欧洲幸存动物中最威风凛凛的。公牛是黑色的，比母牛大得多，重达1.5吨，这使它们与印度野牛一起成为有史以来最大的牛科动物。母牛是红棕色的，体形要小得多。公牛和母牛都长着漂亮的白色口鼻和健壮的身躯，拥有深厚的胸膛、强壮的脖颈和肩膀。它们的腿很长，使它们的肩高和体长一样。它们巨大的牛角可达80厘米，直径20厘米，通过三个方向弯曲：在底部向上再向外，然后向前再向内，最后在末端向内再向上。在欧洲冰河时代的许多绘画中，都能清楚地看出这种野兽的形态，尤其是牛角。

在古罗马时代，原牛仍然广泛分布，但到了公元1000年，它们的分布范围仅限于东欧至中欧的少数地区。到了13世纪，可能只幸存下来一个种群，生活在波兰马佐夫舍省的雅科托夫附近。如今，马佐夫舍是波兰诸省份中人口最多的，但它在700年前是偏远地区，并且拥有大片森林。虽然其他大型哺乳动物常常遭到贵族的猎杀，但是当时统治这里的皮亚斯特王朝的君主深刻意识到原牛的价值，并将这种动物的狩猎权留给了自己。而对于侵犯皇家狩猎权的惩罚是死刑。

根据波兰原牛方面的研究专家米奇斯瓦夫·罗科索所言：

皮亚斯特王朝的地方亲王以及后来的波兰国王，对于他们猎杀这种动物的专有权没有丝毫让步，就算是在面对教会和世俗社会中的权贵时也不例外。就原牛而言，他们自己从未滥用过狩猎法。考虑到原牛的这种处境和狩猎法，结论是原牛被排除在狩猎法之外这一事实，意味着它得到了"神圣的豁免权"。根据古老的习俗，只有国王不用遵守这一义务，这正是该物种能够长久存活的主要原因。波兰国王对这些动物给予的特殊的、近乎私人的照顾，以及他们有意为它们保存后代的意愿，延长了这一伟大物种的生存时间。[2]

虽然受到特别保护，但到16世纪末时，原牛仅幸存在比萨河附近的一小块区域。1564年，一份由原牛兽群巡视员撰写的报告揭示了为什么仅有皇家保护是不够的：

> 在雅科托夫斯基和威斯利基的原始森林里，我们发现了一个约有30头原牛组成的兽群。其中包括22头成年母牛、3头年轻原牛和5头牛犊。我们没有看到成年公牛，因为它们已经消失在森林中，但是猎场的老管理员告诉我们这里有8头成年公牛。这些母牛中有一头又老又瘦，活不过这个冬天。当我们问管理员它们为什么这么瘦，以及它们的数量为什么没有增加时，我们被告知，村民养的马、牛等动物在留给原牛的地盘觅食，惊扰了它们。[3]

成为国王的野兽既是福也是祸。福在于没有人能杀，祸在于可能需要和村民的牛抢草吃。当草料短缺时，村民的自私自利就展现出来了，而到1602年时，这里只剩下3头公牛和1头母牛。1620年，只剩下1头母牛；而当国王的巡视员在1630年回去查看这头原牛时，他发现它早在三年前就死了。

与原牛相比，关于欧洲野马衰落及灭绝的文献资料就没有那么详细了。在旧石器时代，野马到处都是。然而，几千年后，它们几乎从欧洲中部低地彻底消失。在英国，马在9000年前灭绝，随后是5000年没有马的时代。类似的情况也发生在了瑞士，那里的马在9000年前几乎灭绝，无马的情况一直持续到大约5000年前驯化马抵达这里。[4]在法国和德国的部分地区，野马在7500年前至5750年前从灭绝的边缘回归，这可能是人类砍伐森林的结果，因为这为它们开辟了更多栖息地。[5]然而，在伊比利亚半岛却出现了另一种模式，那里一直都存在着开阔的生境，使马得以兴盛至大约3500年前的青铜时代早期，此时出现了家马。

希罗多德曾记载他在现在的乌克兰境内看到过野马，而关于野马出现在如今德国和丹麦境内的报道一直持续到16世纪。在东普鲁士被称为"大荒原"（今天波兰东北部的马苏里亚地区）的地区，野马可能一直存活到17世纪。然而，在一个世纪之内，这片大荒原上的马几乎被清空，只有少数被捕获的个体在波兰东南部扎莫伊斯基伯爵修建的动物园里幸存了下来，并在那里一直存活到18世纪末。[6]一种名为泰班野马的野马可能在俄罗斯南部一直存活到19世纪，但它们可能是杂交种，拥有来自家马的基因。最后一匹泰班野马与家马有几分相似，1909年死于俄罗斯的一家动物园。

在经历了原牛的悲惨消亡之后（先不管野马），欧洲设法在整整300年的时间里避免了下一个物种的灭绝。当时欧洲最大的野生哺乳动物是欧洲野牛，公牛的体重有时可以超过1吨，母牛的体重通常是公牛的一半。作为西伯利亚野牛（美洲水牛的后代）和原牛的杂交种，欧洲野牛的数量一直比原牛多，分布也更广泛，这无疑有利于它在原牛消亡后继续存活数百年。

任何花过一点时间研究冰河时代艺术的人都不会将欧洲野牛错认为其他动物——也许欧洲已灭绝的西伯利亚野牛除外。它们独特的外形，以健壮的前躯、颈部下方长着蓬松杂乱的胡须和皮毛为主要特征，在我看来，这似乎是冰河时代本身的体现。与欧洲野牛面对面相遇，感受它独特的气味、令人难以置信的大块头、呼吸时发出的蒸腾气息和低沉声音，再也没有什么比这更能让人联想到史前时代了。

欧洲野牛的平均体重比北美野牛稍轻，不过它的肩高更高，全身呈均匀的棕色，拥有更长的牛角和尾巴。其中一部分特征可以在原牛身上看到，后者是它的祖先之一。由于种群数量小且分布不均匀，导致遗传多样性不断减少，这揭示了大约2万年前欧洲野牛和原牛都在慢慢地走向灭绝。[7]有一个与世隔绝的欧洲野牛小种群在法国的阿登高地和孚日山脉一直存活到15世纪，在特兰西瓦尼亚存活到1790年。最后一批欧洲野牛存在于两个孤立的小种群中——一个在高加索地区，另一个在波兰的比亚沃维耶扎原始森林。

随着欧洲人被抛入一个史无前例的屠杀时期，灭绝浪潮最终降临到了欧洲野牛身上。1914年至1945年是欧洲最黑暗的时刻。在经历了数千年的部落战争之后，欧洲人带着难以想象的毁灭性武器，以可怕的方式自相残杀。所有法律都被抛诸脑后，所有对自然的关怀也都被遗忘了。

比亚沃维耶扎原始森林里的欧洲野牛是波兰国王的合法财产，受到严格保护。但是在"一战"的动荡中，德国士兵为了消遣、吃肉和搜刮战利品，射杀了600头欧洲野牛，到战争结束时，这里的欧洲野牛只剩下9头。波兰在1920年遭遇饥荒，而该国最后一头野生欧洲野牛在1921年被一个名叫巴塞洛缪斯·斯帕克维奇的偷猎者杀死。[8]与此同时，高加索地区的欧洲野牛种群苟延残喘。据估计，1917年，高加索地区大约有500头欧洲野牛，但到1921年时，只有50头欧洲野牛幸存下来。到了1927年，连最后3头欧洲野牛也被偷猎者杀死了。[9]

然而，欧洲野牛并没有完全消失。因为有一只来自高加索地区的公牛被圈养了起来，同样被圈养的还有来自比亚沃维耶扎原始森林的40多头个体，这一小群被圈养的欧洲野牛分散在欧洲各地的动物园里。波兰人深切的失落感拯救了这些欧洲野牛。1929年，人们在比亚沃维耶扎建立了一个野牛恢复中心，将那些圈养动物聚集起来并分成两个繁殖群体，其中一个群体是仅剩的7头母牛的后代，另一个群体来自12头祖先，包括那头来自高加索的公牛。

尽管对畜群管理采取了谨慎的措施，但欧洲野牛的遗传多样性仍在持续减少，如今存活的所有公牛都是1929年幸存下来的那5头公牛中的两头的后代。幸运的是，遗传"瓶颈"对它们的健康似乎只产生了很小的不利影响。5000多头健康的欧洲野牛如今散布在荷兰、德国和东欧的许多国家。在灭绝的铡刀已经合上，并且禁绝人类造成更多混乱之后，欧洲野牛的未来看上去似乎是安全的。

第 37 章

幸存者

在欧洲，仅次于欧洲野牛的第二大哺乳动物是驼鹿，它的体重可达475千克。和欧洲野牛一样，它在一个世纪前也曾陷入严重的危机之中。1000年前，它们曾在法国、德国和阿尔卑斯山地区繁盛发展过，但后来灭绝了，而这一物种最后的据点位于芬诺-斯堪的纳维亚*，那里处于北方沼泽的牢牢包围之中，因此使其幸免于南边肆虐的屠杀。如今，一个安全的种群（尽管分布范围有所限制）仍在遥远的北方繁衍生息。驼鹿之后是欧洲马鹿，一种顽强的生存高手，对食物和生境的要求都很灵活。雄性欧洲马鹿体重约300千克，雌鹿的体重是其一半。欧洲马鹿2岁便已成年，每年可生产一只小鹿，这种快速的繁殖率帮助它们承受了巨大的狩猎压力。然而，随着欧洲人口数量的增长，就连这个适应能力最强的物种也大受挫折。到19世纪时，除苏格兰之外，欧洲马鹿在英国的大部分地区已经灭绝，而在西欧那些有欧洲马鹿幸存的地方，它们则依赖一定程度的法律保护。当法律和秩序崩溃，狩猎法遭到蔑视时（如在"一战"期间），欧洲马鹿的种群遭受了苦难。一个例子发生在1848—1849年革命年代的德国。对新维德的亲王们在200多年间收集的作为狩猎战利品的鹿角的DNA分析发现，欧洲马鹿种群的遗传多样性一直在减少，其中在1848年革命期间下降幅度最大。1

---

* 芬诺–斯堪的纳维亚（Fenno-Scandinavia），指科拉半岛、斯堪的纳维亚半岛、卡累利阿及芬兰地区的地质及地理名词。

意大利人在他们的皇家狩猎保留地保护易受伤害的大型哺乳动物方面表现得非常出色。和这里列出的其他濒危物种相比，羱羊的体形较小，是欧洲大型哺乳动物群中独特且宝贵的一员。*它们曾经广泛地分布在欧洲的高山生境，但是在20世纪初陷入了最低谷，此时只有数百头个体幸存于如今意大利大帕拉迪索国家公园和毗邻的法国莫列讷河谷。大帕拉迪索最初是意大利国王维托里奥·埃马努埃莱二世于1821年设立的皇家保留地，而这正是我们至今仍然拥有羱羊的唯一原因。

在生存斗争中，羱羊不仅要应对偷猎者和失控的士兵，还要对付国际海盗，尤其是瑞士人。在瑞士，当时羱羊早已灭绝。1906年，瑞士人决定为他们的阿尔卑斯山补充新的资源。他们向意大利当局申请捕捉一些羱羊，但被拒绝了。瑞士的一些富人并没有气馁，他们私下资助了一个秘密组织，而该组织成功贿赂皇家保留地的看守，偷走了近100只羱羊。这些羱羊被运送到圣加仑州的一座袖珍型公园，即彼得和保罗野生公园，在那里，它们后来死于一场结核病大流行。

2006年，瑞士在一场姗姗来迟的赔偿行动中向意大利三个正在努力增加羱羊数量的保护区捐赠了50只羱羊（它们的祖先是通过合法途径获得的）。与"二战"期间及战后德国士兵和意大利偷猎者造成的破坏相比，瑞士人的盗窃行为简直是小巫见大巫。前者带来的破坏是如此严重，以至于到了1945年，保留地的看守只能找到416只羱羊。随着偷猎行为的猖獗，最后一批野生羱羊似乎也要步原牛和欧洲野牛的后尘，在野外灭绝了。

由于伦佐·维德索特†近乎超人的努力，羱羊免于灭绝。"二战"期间，他在皇家保留地工作，试图保护最后的羱羊。但他还是秘密反法西斯抵抗运动"正义与自由"的一员，过着双重生活。在努力阻止德国军队为了娱

---

* 母羊体重为 17~34 千克，公羊体重为 67~117 千克。

† 伦佐·维德索特（Renzo Videsott，1904—1974），意大利登山家和自然资源保护者。——译者注

乐和战利品而射杀最后的羱羊时，他常常将自己的生命置于险境。

从战争结束到1969年，维德索特一直是大帕拉迪索国家公园的特别专员，这一时期的大帕拉迪索仍然是正式的狩猎保留地。他反对所有猎杀羱羊的申请，并组织了一套有效的警卫系统，而其中一些守卫曾经就是偷猎者。实际上，他成了"反偷猎之战"的指挥官，负责组织经常可能会造成人员伤亡的战斗。维德索特勇敢地与德国士兵、腐败的意大利政客和武装偷猎者对抗，在工作中承受了巨大的政治压力和个人恐吓，被迫生活在持续不断的武装监视之下。偷猎者和守卫均来自这座国家公园所在的村庄，而在每个村庄里，守卫和偷猎者往往是亲戚关系，这让守卫很难对来自自己村庄的偷猎者采取行动。但是各村庄之间存在激烈的竞争和敌对情绪，因此维德索特利用了这一点，将守卫们分别部署在没有亲友的村庄里。*

为了避免被发现，守卫们会徒步穿越整个国家（这在冬天的阿尔卑斯山很不容易），伏击猎杀羱羊后归来的偷猎者。但是偷猎者预料守卫会被枪声惊动，于是常常把自己猎杀的羱羊埋在雪里。所以守卫们有时会在隆冬的严寒之中等待数天或数周，直到偷猎者回来取自己的猎物。正是得益于这样的行动，羱羊才得以幸存，如今它们是欧洲阿尔卑斯山的骄傲，从法国到奥地利分布着超过20万只个体，而且在保加利亚和斯洛文尼亚还有引进的种群。

我们常常对非洲猖獗的野生动物偷猎行为所造成的悲剧感到震惊，在那里，只有一支经费不足但意志坚定的公园护卫队在努力阻止犀牛和大象的彻底消亡。†但在70年前，欧洲的情况更加严峻，因为欧洲已经失去了它的大型动物群，甚至连欧洲野牛在野外也被赶尽杀绝。当时欧洲现存最大的野生动物只有羚羊那么大，甚至其中一些也因为最猖獗的偷猎而灭绝。

---

* 这些守卫在年老时向路易吉·博伊塔尼讲述了他们在维德索特麾下时的冒险故事。
† 非洲公园（Parks Africa）和绿色前线基金会（Thin Green Line Foundation）等组织为这些巡逻护卫队提供帮助。

如今有几十名像伦佐·维德索特这样默默无闻的人在非洲工作，历史的教训应该让世界对他们伸出援手。只需要一点帮助，他们就能成功保护非洲的部分动物群。

欧洲最大的食草动物靠国王们的恩宠幸存下来，并常常在人类动乱时期遭受苦难，而欧洲食肉动物的情况则恰恰相反。它们几乎在任何地方都受尽迫害，但是每当人类遭受苦难或者陷入动乱时，它们就会兴旺起来。毫无疑问，在欧洲所有食肉动物中，最令人痛恨和害怕的就是狼。随着人口的增加，以及家养绵羊、山羊和牛数量的增加，人们以最大的决心对狼进行了各种各样的捕杀，而从狼的发展史中就可以看到整个欧洲食肉动物的命运。

查理大帝非常讨厌狼。在公元800年至公元813年，他建立了一支由捕狼猎人组成的特种部队，名为捕狼队（*la louveterie*），这支队伍的唯一任务就是通过狩猎、陷阱、毒药等方式来消灭狼。由于捕狼队是军事性质的，所以由国家支付薪水。除了在法国大革命期间曾短暂中断外，该组织几乎持续运作了1000多年——这几乎是欧洲除天主教会之外运行时间最长的机构。而且它非常高效，仅在1833年就造成至少1386匹狼死亡。[2]经过1000多年的努力，19世纪末，当捕狼队在阿尔卑斯山杀死法国最后一匹狼时，该组织最终完成了自己的使命。

意大利也有自己的传统猎狼人，称为"*lupari*"。他们是当地的农民，但并不从猎狼工作中赚取固定报酬。在一种名为"*la questua*"的习俗中，每当他们杀死一匹狼，他们就会将狼的尸体放在驴身上，然后牵着驴在当地的村庄里巡游，以此展示他们为社区所做的服务，然后讨要奖赏。"*la questua*"很可能是狼从未在亚平宁山脉灭绝的主要原因。因为"*lupari*"总是会留下一些狼，以确保他们将来有收入。

在中世纪，对狼的迫害在欧洲已经成为全面性的行动。有组织的狩猎和驱赶导致了许多种群的灭绝，而对幸存的狼来说，人类对其猎物的过度捕杀和对植被的砍伐使它们的生活变得十分艰难。15世纪,英格兰人通过砍伐他们的大部分森林来消灭狼。随后在1743年,苏格兰人通过捕猎彻底消灭了狼,爱尔兰人完成这一"壮举"是在1770年。迫害一直持续到20世纪。南斯拉夫在1923年成立了一个灭狼委员会,该委员会差点就完成了他们的目标——目前只有为数不多的个体在狄那里克阿尔卑斯山幸存下来。瑞典最后一批狼被雪地摩托追击并被有计划地射杀,直到1966年最后一匹狼死去。在挪威,最后一匹狼在1973年死去——同样死于人类之手。如果不是因为与俄罗斯有漫长的边境线,芬兰的那些专业猎人很可能已经成功消灭了他们的狼。

尽管惨遭迫害,但狼也拥有过美好的时光。当黑死病在1347年至1353年席卷欧洲时——据估计,当时有30%~60%的欧洲人口死于该病——狼的日子过得很逍遥。例如在瑞典,边缘地区的许多被遗弃的农场被不断蔓延的森林蚕食,猎杀狼的行动也停止了。结果,狼的破坏范围是如此广泛,以至于国王在1376年给他的臣民们写了一封信,说熊和狼正在破坏牲畜,并要求民众带着狼和熊的皮毛来交差。[3]

欧洲的熊遭遇了和狼一样严重的灾难,尽管对它们的迫害没有对狼那么系统化。在大约7000年前,棕熊广泛分布于欧洲,而在4000多处考古遗迹中,有27%的地方都发现了棕熊的遗骸。但是随着农业的发展和气候的变暖,人口数量增加,而熊的数量却在减少。气温升高是有害的,因为冬季气温比夏季上升得快,而冬季较高的气温使熊很难冬眠。从西南部开始,欧洲的熊开始慢慢消失。[4]

然而,真正的危机要到古罗马时代才会到来。也许古罗马人猎杀熊是为了保护自己的牲畜,或者是为了娱乐消遣:无论如何,欧洲的熊种群变得支离破碎。苏格兰的棕熊因其好斗的个性而受到古罗马人的赞赏,但它们在1000年前就灭绝了。在整个中欧和东欧,棕熊被驱逐到偏远的据点,只有在意大利和西班牙崎岖的山区及遥远的北方(瑞典和芬兰)有少数种群存活下来。这种衰退一直持续到20世纪末。

人类对棕熊的迫害可能改变了它们的生态。对骨头的元素分析表明，在过去，欧洲棕熊摄入的肉类比现在多得多。劫掠家畜的棕熊会被猎杀，因此我们有理由相信这种食性的改变自农业诞生之初就发生了。因为食物偏好至少部分是由基因决定的，所以很容易看出强大的选择压力可能导致了目前多半素食的棕熊种群。

任何在野外遇到过欧洲棕熊的人都会注意到，这些能够将人一掌拍死的毛茸巨兽在看见人类时表现出了极度的恐惧，一有机会就马上逃跑。这种行为与北极熊截然不同，在遥远的北方，北极熊与人类的接触非常有限，而根据19世纪探险家阿道夫·诺登舍尔德的说法，它们"以灵活的动作接近人类，想将人当作猎物捕杀，而且前进路线弯弯曲曲以隐藏它们真实的意图，避免猎物受惊"。[5]也许在了解到人类有多危险之前，欧洲的棕熊也是这样行动的。

我认为，欧洲人对棕熊造成的影响与他们对动物驯化的影响（尤其是对狗）存在相似之处。这两种选择压力都改变了相关野兽的行为模式和食性。诚然，欧洲的熊仍然生活在野外，但也可以认为欧洲人已经驯化了野生的欧洲本身。对欧洲野生动物的行为、饮食和繁殖模式进行分析，以确定人类狩猎和栖息地的改变对它们的影响有多大，这是很有必要的。

过去4万年里，欧洲大型哺乳动物种类的灾难性减少趋势大致是按照体形从大到小的顺序进行的。一种有力的解释是，"猎人专注于大型成年动物（特别是雄性），以获得最大的回报"。[6]这首先导致了体形最大的物种灭绝，然后按照体形大小依次灭绝。在同一物种内部，同样的现象也会导致早熟矮小个体的消亡。"埃克斯穆尔高地之皇"（The Emperor of Exmoor）是一头体形超大的欧洲马鹿，其巨大的鹿角让猎人们无法抗拒。2010年，它的死去让我们了解了自180多万年前直立猿类在欧洲定居以来，大型哺乳动物所承受的进化压力。这头12岁的雄性欧洲马鹿肩高2.75米，体重135千克，曾是英国最大的野生动物。即便如此，与12000年前的祖先相比，它仍然是个矮子，而且体重还不到祖先的一半。英国变成岛屿的事实必然在一定程度上导致了生活在那里的欧洲马鹿体形缩小，但不能排除人类狩猎的影响是巨大的。一项研究表明，仅仅经过十代，捕猎大型雄性欧洲马鹿就会导致它们平均体形缩小。[7]

"埃克斯穆尔高地之皇"是在发情期被杀的，而且它可能在死前还没有将自己的基因传递下去（欧洲马鹿的大部分繁殖任务都是在它们处于壮年的那几年里进行的）。在它死后几个月，它的头和壮观的鹿角神秘地出现在了当地一家小酒馆的墙上。每个渔民都知道，杀死一条超大的鱼不仅能带来肉或金钱方面的好处，还能带来声望。我怀疑自石器时代起，情况便是如此，而冰河时代的某些艺术作品确实就像被悬挂起来的"埃克斯穆尔高地之皇"的鹿头一样，彰显着猎杀者的荣耀。

第 38 章

欧洲的全球扩张

在哥伦布于1492年发现了一条通往美洲的海上之路后，欧洲的大扩张使我们所在的这颗星球在政治和生物学层面都发生了改变。到了15世纪，世界上有两大主要的竞争者——欧洲和中国——有机会建立一个世界性帝国，而中国胜算最大。作为一个拥有1.25亿人口的统一政治实体，中国是当时世界上最大的政体。相比之下，欧洲的人口不到中国的一半，尽管欧洲各国在宗教上是统一的，但彼此之间一直处于战争状态。

中国和欧洲国家葡萄牙的统治者都对远征探险感兴趣。15世纪初，永乐大帝派遣宦官郑和开展了一系列史诗般的探险，所到之地远至爪哇、锡兰、阿拉伯和东非，而海员们乘坐的是有史以来最大和最先进的远洋船舶。中国式帆船有九面帆、四层甲板，使用安装在船尾的方向舵操纵，内部是水密舱壁结构。[1]在磁罗盘的指引下，15世纪20年代，它们载着数百人，连同中国的那些伟大发明（如纸币和火药），航行到了遥远的东非。

葡萄牙航海家亨利亲王一生致力于探险，他资助了一系列沿非洲西海岸南下的航行。他的重大突破始于卡拉维尔帆船的发明，这是一种便于操纵的小型船只，可以不受盛行风的影响而航行。到1418年，葡萄牙人已经发现并定居在马德拉岛；到1427年，他们又发现了亚速尔群岛。1460年，亨利去世后不久，葡萄牙人沿着西非海岸一直航行到塞拉利昂。虽然欧洲历史赞扬亨利的努力，但是按照中国的标准，这些成就简直微不足道。

根据达尔文的迁徙法则，进化竞赛中的较大实体更有优势，而鉴于其技术优势，中国显然是领先者。但也有其他不利因素。中国当时不是，也从来都不是海上殖民大国。它的扩张和控制权之战都是在陆地上进行的。因此郑和的成就是反常的，很快就被遗忘了。相比之下，欧洲人从事海洋殖民活动至少已经有1万年。而且他们生活在一个天然的训练场周围，即 *Mare Nostrum*（古罗马人如是称呼地中海，意为"我们的海"）。从10500年前发现克里特岛并定居于此开始，最早的欧洲农民乘船抵达了一座又一座岛屿，这一传统一直兴盛到迦太基时代，此时欧洲人没有了可以殖民且适宜居住的岛屿（暂时而言）。到了9世纪，随着维京人发现冰岛和格陵兰并在那里定居，这一进程再次开启，最后他们还发现了北美洲。15世纪，巴斯克渔民重新发现了纽芬兰岛，哥伦布抵达加勒比海，而葡萄牙人则航行到了印度。

在亨利亲王的时代，欧洲人的探索工具箱里有一件重要的新工具：希腊和罗马的古典世界文化。亨利可能读过荷马、柏拉图、普鲁塔克和斯特拉波的作品，而在他死后的15年里，后继者很可能读了希罗多德的作品。在中世纪，这些文本已经不为西欧人所知。但此时他们再次发现地球是圆的，并且是一个非常广阔、令人兴奋和奇特的地方。

当他们的海上扩张真正开始时，欧洲人迅速抓住了他们在新发现的土地上遇到的机遇，扩展了他们传统的生态位。在已经存在阶层社会的地方，欧洲人的殖民就像一种社会学意义上的"斩首"，统治阶级被欧洲领主取代。欧洲人对阿兹特克帝国、印加帝国及印度各王国的征服都符合这种模式。在人口不那么密集且生态环境适宜欧洲人居住的地方，如北美洲温带地区、南非和澳大利亚，他们按照古老的传统，以农民的身份在新土地上定居。然而，有些地区对欧洲人来说很不友好，例如，非洲赤道附近的大部分地区，以及非常偏远的地区（如新几内亚），因此他们在那些地方仅短暂停留过。

在动物世界，虽然很少有物种能像欧洲人的扩张那样，始于小面积的陆块，最后在大面积陆地上成功定居，但确实存在这样的例子。最引人注目的是波利尼西亚鼠，一种小型啮齿动物，样子类似黑鼠，但重量不足黑鼠的一半。它起源于印度尼西亚群岛中的热带岛屿弗洛勒斯岛（面积只有13500平方千米），并在那里一直存活到大约4000年前。[2]当波利尼西亚人的祖先横穿海洋抵达这座岛屿时，这种老鼠登上了他们的独木舟。如今，波利尼西亚鼠分布在从缅甸到新西兰、从复活节岛到夏威夷的广大地区，这使它成为地球上分布最广泛的小型哺乳动物之一。这种独特的动物是如何以及为何会从其家乡如此成功地扩散开的？毕竟，印度尼西亚群岛上到处都是鼠类，实际上全世界都是如此。并非巧合的是，弗洛勒斯岛还是矮小的类人动物弗洛勒斯人（被称为霍比特人）的家乡。他们的体重是成年人的三分之一，站立时的高度与3岁儿童的身高差不多。霍比特人的祖先可能是在200万年前抵达弗洛勒斯岛的，所以体形迷你的波利尼西亚鼠有足够的时间与其形成生态关系。[*]霍比特人在50000年前就灭绝了，大约是第一批人类抵达弗洛勒斯岛的时候，但波利尼西亚鼠活了下来。也许这种小型啮齿动物发现，直立猿类的营地是适宜居住的地点。从生态学的角度来说，波利尼西亚鼠可能通过与霍比特人的长期相处，提前适应了即将扩散到被人类改变的栖息地。所以，波利尼西亚鼠和欧洲人似乎出于不同的原因打破了达尔文的迁徙法则：波利尼西亚鼠提前适应了人类创造的生境，而欧洲人提前适应了殖民生活方式，因为他们是起源于世界十字路口的海洋民族。

---

[*]　显然它们在80万年前就已经存在。

人类进出欧洲的活动

38000年前	欧洲被来自非洲的人类殖民,产生了人类–尼安德特人杂交种种群。
14000年前	西欧被来自东方的民族殖民。
10500年前	欧洲被来自西亚的农民殖民。
5500年前	欧洲被来自中亚的马背上的民族殖民。
2300年前	西亚、印度部分地区和非洲北部被亚历山大大帝殖民。
从2200年前到17世纪	草原游牧民族、阿拉伯人和突厥人入侵欧洲。
公元1000年	挪威人殖民纽芬兰。
公元1500年	欧洲人开始殖民世界上大部分地区。
20世纪中期	欧洲在世界上大部分地区去殖民化。

第 39 章

新的欧洲居民

无数野生动物在被人类引进之后，在欧洲安家落户，但是古罗马人引进的物种没有一个能在欧洲站稳脚跟。实际上，古罗马人引进欧洲的动物种类是最丰富多样的，所以这一事实就像古罗马人没有为家庭饲养增添任何物种一样令人震惊。不过，罗马人的确在欧洲范围内传播了物种，包括将黇鹿和里海兔带到不列颠。黑鼠在它们定居的地方四处扩散，但都与古罗马人的栖息地息息相关，所以当古罗马人撤退之后，它们在不列颠就灭绝了，直到诺曼时代才重新出现。*此后，黑鼠繁荣发展——直到更大的褐鼠（又名褐家鼠或沟鼠）出现，后者大约在18世纪汉诺威王朝统治英国时抵达英国。著名博物学家"乡绅"查尔斯·沃特顿称其为"汉诺威鼠"（Hanoverian rat）：作为一名虔诚的天主教徒和英国野生动植物的爱好者，沃特顿认为，它们造成的破坏和那些说德语的君主产生的影响一样有害。†

古罗马人可能还参与了最名贵的猎禽（雉鸡）的传播。雉鸡最初来自亚洲，至少在公元前5世纪时就已经扩散到希腊，而老普林尼‡在公元1世纪提到它出现在意大利。它被引进英国，至少归功于古罗马人：在英国，至

---

* 黑鼠起源于东南亚。有证明表明黑鼠在古罗马时代之前已经出现在欧洲和黎凡特地区，但它们直到古罗马时代才广泛分布开来。古罗马人引进英国的黇鹿似乎已经灭绝。该物种在诺曼时代被再次引进英国。

† 沃特顿是个货真价实的怪人，喜欢打扮成稻草人的模样坐在树上，扮成狗咬客人的腿，或者用煤刷给他们挠痒。在他的庄园，人们都很怕他，因为他热衷于为自己的佃户治病。放血始终是治疗的一个环节。

‡ 老普林尼（Pliny the Elder，公元23或24—79），古罗马百科全书式的作家，以其所著《自然史》一书著称。——译者注

少8处古罗马考古遗址中发现了雉鸡的骨头。不过，这些鸟也有可能不是在英国长大的，而是从其他地方引进的。[1]

和黑鼠一样，雉鸡似乎在古罗马人离开不列颠之后消失了一段时间。它在不列颠的首个书面记录来自11世纪，当时哈罗德一世向沃尔瑟姆修道院的教士们赠送了一只"普通"雉鸡。第一批明显的野生种群（受皇家法令保护）可以追溯到15世纪。[2]目前的英国种群是杂交种：正如一位英国猎场主所说："如今几乎每一个物种都和亚种杂交过。"[3]

在大象家族的最后一批成员从欧洲消失大约8000年后，厚皮动物出人意料且令人畏惧地重返欧洲。在公元前218年至公元前201年的第二次布匿战争中，汉尼拔将37头战象从今天的西班牙长途运送至意大利，其间，还翻越了阿尔卑斯山。至于它们到底是什么种群，如今仍存有争议。当时铸造的一枚硬币上可以清晰地看到一头非洲象的图案。但在这场战争中幸存下来的唯一一头大象——汉尼拔的坐骑——被称为苏鲁斯（Surus），意为"叙利亚人"，暗示了它来自亚洲。

几乎可以肯定的是，汉尼拔的大象不是直牙类型，因为硬币上的动物长着弯曲的象牙。此外，在古罗马时代，直牙象的分布范围仅限于非洲赤道地区，那里距离迦太基非常遥远。汉尼拔的大象很可能来自阿特拉斯山中一个现已灭绝的非洲象种群，其中的个体相当小。但如果至少有部分大象来自亚洲，那么它们很可能源自古埃及托勒密王朝在与叙利亚的战争中俘获的印度战象。无论它们来自哪里，显然在欧洲重获了新生，它们在高山积雪中生存下来，且活力十足，足以让罗马军团感到畏惧。

公元410年，罗马被西哥特人洗劫后不久，前往非洲的通道重新开放。然而，这一次，这条通道不再是陆桥，而是由摩尔人的船只构成。于公元8世纪在南欧众多地区定居下来的摩尔人被证明是热忱的引种驯化专家。有至少4个重要的哺乳动物物种被强烈怀疑是由他们（或者就是他们）引进欧洲的：巴巴利猕猴、豪猪、麝猫和獴。麝猫和獴在公元500年后的某个时刻抵达。麝猫是鼬类家族中拥有漂亮斑点的一员，曾被摩尔人圈养（在北非，人们至今仍然会把它们当作宠物养），但有一些逃走了。如今伊比利亚西南部生活着大量麝猫，埃及獴也在那里安了家。

巴巴利猕猴在欧洲生活了数百万年，在温暖时期，其分布范围一直向北延伸至德国，但到30000年前，它在位于伊比利亚的最后一个欧洲据点灭绝。不过，它在北非幸存了下来，并从那里被重新引进直布罗陀——大约与麝猫和獴抵达的时间一致——尽管这个物种的首个书面记录只能追溯到17世纪初。如果不是英国人有一种特殊的信念，认为只要这些猕猴存在，他们就能守住直布罗陀这块巨石，那么巴巴利猕猴很可能早就在此灭绝了。英国人自1713年起占领直布罗陀，但到1913年时，这里只剩下10只猕猴。若干年后，为了防止它们灭绝，直布罗陀总督亚历山大·戈德利爵士从北非引进8只年轻雌猴，英国军队负责保护它们的安全。"二战"爆发时，直布罗陀只剩下7只巴巴利猕猴，于是丘吉尔下令从摩洛哥引进5只雌猴，并指示将个体数量维持在24只。1967年，当西班牙准备收回直布罗陀时，猕猴的数量再次减少。出于对某些群体中严重失衡的性别比例的担忧，英联邦公署常务副署长向直布罗陀总督发送了一封电报，其内容不禁让人想起喜剧电影中常出现的一个桥段：

我们对这些猿猴感到些许不安……如我们所见，看上去至少存在一些女同性恋、鸡奸或强奸的可能性……有人担心，女王之门的那群公猴可能会变成同性恋……所以你能计划一下移民吗？[4]

如今，直布罗陀的230多只巴巴利猕猴由直布罗陀鸟类和自然历史学会负责。它们是欧洲仅有的野生猴类。

非洲冕豪猪似乎也是在公元410年罗马遭到劫掠后的某个时刻抵达欧洲的。[5]它是一种体形非常大的啮齿动物，重达27千克。化石表明，曾有豪猪在意大利和欧洲其他地区出没，而且可能一直存活到大约10000年前，但它们可能是不同的物种。如今，豪猪在欧洲的分布范围仅限于意大利半岛，不过它们正在稳步向北扩散。

摩尔人是想通过引进哺乳动物使欧洲"非洲化"吗？摩尔人的故乡在欧洲之外，而且有些摩尔人非常恋家。阿卜杜勒·拉赫曼一世献给一棵棕榈树的颂诗展示了安达卢西亚诗歌的一大主题，"像我一样，生活在地球最遥远的角落"。[6]1492年，格拉纳达陷落，摩尔人被驱赶出欧洲，之后除了极少数例外，动物的引进工作一直处于停滞状态，直到欧洲帝国时代到来。

一个重要的例外是鲤鱼，一种大型鲤科鱼，最初分布在多瑙河下游和其他注入黑海的河流中。它在公元1000年前后被僧侣们引进西欧，僧侣们在池塘养鱼以帮助人们度过斋戒日，因为斋戒期间信徒不可以吃红肉，但可以吃鱼。在几百年的时间里，鲤鱼养殖成了一门大生意，而鲤鱼在欧洲的许多水道里也变成了野生物种。[7]

第 40 章
帝国时代的动物

下一波迁徙浪潮将横跨整个大西洋。自从公元10世纪维京人在拉布拉多沿海地区建立定居点以来，欧洲人逐渐开启与新世界的联系，而这一联系早在3400万年前的"大削减"发生之前就已经存在。1492年，哥伦布开辟了通往美洲的新航线，这意味着欧洲再次成为世界十字路口，因为它位于涵盖亚洲、非洲及新世界的全球贸易网的交会处。16世纪，蒙田描述了欧洲扩张带来的灾难：

> 如此多的美丽城市被洗劫一空和夷为平地；如此多的国家被摧毁，变成了荒凉之地；数不尽的无辜者被屠杀、踩踏，成为枉死冤魂，不分性别、年龄和国家；世界上最富有、最美丽、最好的地方因为珍珠和胡椒的贩运而被糟蹋、毁灭，满目疮痍。[1]

不过欧洲内部也受到了影响，由于大量动植物涌入欧洲，导致它的生态系统彻底紊乱。而一些欧洲物种也将被逼入灭绝的境地。

哥伦布航线上最普遍的产物之一是另一个极具影响力的欧洲杂交种——二球悬铃木。你也许还记得，古老的悬铃木在8500万年前恐龙时代的欧洲非常繁盛。因此，它可谓欧洲的活化石之一。悬铃木在单科单属内有十来个物种，现存亲缘关系最近的是海神花和班克木。杂交种二球悬铃木遍布世界各地的城市街道，是迄今人们最熟悉的物种之一。树木学家托马斯·帕克南形容其为"神秘的杂交种"，它的确切起源尚不清楚。但是它的亲本包括三球悬铃木和一球悬铃木。[2]

三球悬铃木拥有一段非常奇特的历史。它原产于东南欧和中东，大约在葡萄、油橄榄、栗及核桃被早期农民带到西方的同一时期，它也被引进西欧。尽管这些物种是重要的食用植物，但悬铃木却不生产任何有用的东西，甚至连木材也派不上用场。也许新石器时代的人们喜欢的是它们的美丽外在，以及它们在夏天可以提供阴凉。

这两个亲本物种（三球悬铃木和一球悬铃木）分别自然分布在东欧和北美东部，而且它们很可能至少在260万年前冰河时代到来打破了北极第三纪地质植物相时就被分离了。[3]二球悬铃木在17世纪通过杂交首次出现，并很快在污染严重的早期工业化欧洲受到重视：一是因为它们能够忍受空气污染；二是因为它们的树皮会以片状的形式剥落，能够在煤烟弥漫的空气中自我清洁树干。

欧洲栗闪闪发亮的棕色果实深受古罗马人喜爱，它也因此在欧洲广泛传播。而且自帝国时代以来，从花园逸生的欧洲栗一直在丰富欧洲的森林，其中生存能力最强的是那些通过鸟类传播种子的物种：这就是亚洲的棕榈和樟树会在欧洲阿尔卑斯山的山麓生根发芽的原因。就连澳大利亚的桉树也在地中海周围的陆地上形成了森林。实际上，澳大利亚分布最广泛的赤桉就得名于大约1832年前的某个时刻，那些生长在佛罗伦萨西部卡马尔多利修道院里的个体。

数个世纪以来，跨大西洋的动物流动一直是单向的——从欧洲到美洲。直到最近200年，来自美洲的动物才开始在欧洲站稳脚跟。皮毛贸易是造成这一逆转的重要原因。20世纪20年代，美洲水貂从皮毛养殖场逃逸，并在野外形成种群。在更近的时代，又有一些美洲水貂被动物权益保护者放生。如今，该物种已经在欧洲的大部分地区站稳脚跟，并取代了现今极度濒危的欧洲水貂。

1937年，有人在芬兰野外放生了美洲河狸。当时，人们错误地认为美洲河狸和欧洲河狸是同一个物种，而美洲河狸被引进芬兰是该国再引进项目的一部分，也是作为皮毛来源之一。但事实证明，它们在竞争中比本土河狸更胜一筹。到1999年，据估计，芬兰90%的河狸是美洲物种。为了保护本土物种而进行的清除活动正在进行中。

麝鼠是一种来自北美洲的中型水生啮齿动物，如今遍布欧亚大陆的大部分温带地区。它在一个世纪前作为皮毛来源被引进，但后来迅速逃逸。麝鼠毁坏堤坝和农作物，但是几乎所有清除甚至控制它们的努力都因无望而被放弃了。我在荷兰东法尔德斯普拉森自然保护区曾见过一只麝鼠在这片新的欧洲"荒野"畅游，当时我很欣慰至少欧洲没有本土的麝鼠供它们在竞争中击败。

海狸鼠是一种来自南美洲的大型啮齿动物，习性和样貌很像大号的麝鼠。19世纪80年代，海狸鼠和水貂与麝鼠一样，作为皮毛来源被首次引进欧洲，但它们很快就逃逸到了野外。由于它们对半水生植物造成的破坏，许多国家都发起了针对它们的清除计划。在英国，经过昂贵而艰辛的斗争，终于在1989年实现了根除。然而，海狸鼠在欧洲大陆仍然广泛分布，而且在气候逐渐变暖的情况下，它们的数量和分布范围可能会扩大。

1945年，盟军在欧洲战场的胜利（美国人在其中发挥了主要作用），使得大量美国入侵者涌入欧洲。或许这是因为在"二战"结束后的几十年里，很多欧洲人都觉得美国似乎不会犯错。随着数以万计的美国部队驻扎在欧洲大陆，各种各样的美军吉祥物和宠物也准备在欧洲安家落户。北美洲的灰松鼠早在1876年就被引进英国，如今它在英格兰的许多地区占据优势地位，取代了本土的欧亚红松鼠。在爱尔兰，灰松鼠自1911年被引进后的数十年里一直在驱赶本地红松鼠。但是随着当地松貂从人类的迫害中恢复过来，灰松鼠开始消失。[4]这可能是因为灰松鼠对松貂缺乏防御能力，而与这种捕食者共同进化的红松鼠更善于躲避它们。也许在将来，松貂、红松鼠和数量大大减少的灰松鼠可以共存，从而达成一种平衡。

灰松鼠直到1948年才抵达欧洲大陆，当时有两对灰松鼠在都灵附近的斯杜皮尼吉被放生。1966年，意大利人又引进5只，并在热那亚附近的格罗帕洛别墅将它们放生。最后在1994年，第三次引进在特雷卡泰，同样是在意大利。斯杜皮尼吉灰松鼠的数量激增，其分布范围到1997年时已经扩大到380平方千米。如今，出于各种原因（包括《伯尔尼公约》制定的规则，它是欧洲最重要的野生动植物保护条约），意大利人正在试图根除这个美国入侵者。[5]

20世纪50年代，北美洲的东部棉尾兔被引进欧洲并在此繁荣发展，特别是在意大利部分地区。[6]目前尚不清楚它如何与本土兔子及野兔互动。包括捷克共和国在内的多个欧洲国家目前有白尾鹿（另一个美洲物种）分布。而在"二战"的余波中，浣熊站稳了脚跟。尽管美国人、俄国人和德国人（他们将浣熊称为 Waschbär）此前彼此仇视，但他们都不遗余力地帮助了浣熊在欧洲的定居。

浣熊的崛起始于1934年4月，当时德国有个软心肠的养鸡场场主恳求黑森州北部的林务官将他的宠物浣熊放生到附近的森林。尽管没有得到官方批准，但这位林务官还是默许了。如今，黑森州卡塞尔附近的地区是世界上浣熊数量最密集的地区之一——每平方千米有50～150只浣熊。第二次放生——这一次是25只浣熊——发生在1945年，当时的一次空袭摧毁了位于柏林以东的沃尔夫哈根的一家皮毛养殖场。到2012年，据估计，德国有超过100万只浣熊。[7]

1958年，苏联境内放归野外1240只浣熊，供猎杀获取其皮毛。结果，高加索地区如今到处都是这些仿佛戴着面罩的野兽。1966年，驻扎在法国北部的美国空军人员放生了一些吉祥物浣熊，制造了一种新的瘟疫。随着美国世纪的结束，欧洲人正以嫌弃的眼光看待许多移民动物，而且一些害兽也正在被清除。但是其他移民物种似乎正在成为欧洲新动物群的永久成员。

一些亚洲物种已经进入欧洲，包括来自东亚的梅花鹿，欧洲马鹿的一个近亲。它们已经定居在欧洲的大部分地区，并开始与欧洲马鹿杂交，因此一些人认为，这对本土物种来说是一种威胁。然而，欧洲丰富的杂交史警示人们不要将这一问题看得过于简单化。1925年，一些麂（又名吠鹿）从英格兰的沃本修道院逃逸，它们的后代如今在英格兰和威尔士繁衍生息。这种鹿的体形很小，鹿角结构简单，雄鹿长着长长的犬齿，它们让人想起了1000多万年前欧洲曾广泛分布的鹿。

貉是在欧洲安家的又一个亚洲物种。[*]1928—1958年，有超过1万只貉作为皮毛来源在苏联境内被放归野外。它们于1955年在波兰首次被发现，于1961年首次现身东德。如今它们已经进入挪威中部，并且正在向中欧扩散。它们捕食小型动物，包括蛙类和蟾蜍，这让我十分担忧欧洲最古老的幸存者（盘舌蟾科）的命运。至少丹麦人已经受够了貉，如今正在捕杀它们。

有袋类动物似乎不太可能成为入侵者。欧洲最后一批本土有袋类动物很像美洲的负鼠，而它们的谱系在大约4000万年前就灭绝了。2000年前后，从动物园逃逸的一批小袋鼠的后代如今在巴黎西部的森林里繁荣发展。法国人似乎很喜欢它们。埃芒塞的市长说："20多年来，它们一直是我们日常生活的一部分。"[8]该物种在英国取得了更大的成功。20世纪70年代，红颈袋鼠从多家野生动物园逃逸，如今野生的种群生活在白金汉郡、贝德福德郡，以及洛蒙德湖中的因奇科姆岛。此外，还有一个成功的野生种群生活在马恩岛上的克拉斯湿地自然保护区。

只有一种两栖动物在欧洲变成了入侵物种，它就是非洲爪蟾。这种没有舌头、没有牙齿且完全水生的非洲动物是最奇怪的两栖动物之一，以其

---

[*]　虽然与浣熊外表相似，但貉是犬科动物。

丑陋的外貌和贪吃本性著称。如果不是它很容易就能在实验室里成活并因此成为理想的实验对象的话，那它肯定永远都不会离开非洲的海岸。它是第一种被克隆的动物，也是第一种进入太空的蛙类（1992年，几只雌蛙搭乘"奋进号"航天飞机进入太空）。

但造成该物种扩散的最大原因是1930年英国生物学家兰斯洛特·霍格本发现的一种奇怪现象。天知道他当时为什么那么做，但是霍格本发现，如果你给非洲爪蟾注射孕妇的尿液，它们会在随后的数小时内产卵。20世纪60年代在化学验孕试剂盒问世之前，非洲爪蟾被圈养在世界各地的实验室和医院里，用于确认女性是否怀孕。许多非洲爪蟾要么逃逸，要么被放生，包括当初在南威尔士建立了稳定种群的那些个体。

有趣的是，负子蟾科（非洲爪蟾所属的科）被认为与欧洲已经灭绝的古老的两栖动物古蟾科有着紧密的亲缘关系。它们在生态上肯定与之相似。也许我们应该忽略它们的怪诞，并在某种程度上将威尔士的爪蟾视为古老的欧洲古蟾的生态替代品。

20世纪，欧洲的淡水水体被大量入侵物种占领，包括红耳龟（一种原产于北美洲的淡水龟）、5种淡水龙虾、驼背太阳鱼、虹鳟、黑鲴和大口黑鲈。它们全都来自北美洲，不过在这里必须说一下，杀手虾（原产于黑海地区）也在西欧定居了下来。*2000—2012年，加利福尼亚州和路易斯安那州向全世界输出了超过4800万只红耳龟。[9]不足为奇的是，这种生物如今被列入全世界入侵性最强的物种之一。

在数百万年的间隔之后，鹦鹉再次在欧洲上空翱翔。红领绿鹦鹉最初分布在非洲和南亚的大部分地区，远至喜马拉雅山（这让它们适应了寒冷），而自20世纪60年代以来，它们开始出现在罗马市中心和伦敦郊区，有时舒适地栖息在桉树上。原产于阿根廷及其邻国的和尚鹦鹉，十分耐寒。1985

---

* 与欧洲相比，北美拥有面积大得多的淡水生境。

年，人们首次在欧洲野外看到和尚鹦鹉，如今它们已经占领欧洲的大部分地区。英国当局最近对于它的成功感到震惊，接下来可能会采取不利于它们的行动。但是新的入侵鸟类不断出现，包括印度的家鸦，它于1998年通过藏匿在一艘船上进入荷兰角港口。*我还被告知，蔚蓝海岸生活着白凤头鹦鹉的一个小型种群。我喜欢凤头鹦鹉，尽管它们喜欢通过撕裂木窗、木门和铅皮屋顶来摧毁房屋。如果我是欧洲人，我会在为时已晚之前就对它们动手（带着更多悲伤而不是愤怒的心情）。

---

* 四种雁在欧洲成为入侵物种——埃及雁、斑头雁、加拿大黑雁和鸿雁。

第 41 章

狼在欧洲的回归

　　大自然厌恶真空，只要有一点机会，它就会反击物种灭绝。在狮子和条纹鬣狗抵达欧洲近1万年后，另一种食肉动物正在独自向西迁徙，完全没有任何保育支持。直到半个世纪之前，亚洲胡狼还只分布在土耳其博斯普鲁斯海峡以东的区域。不知怎么回事，一些个体设法进入了希腊和下巴尔干半岛。最近的目击（和杀戮）事件发生在爱沙尼亚、法国和荷兰。似乎不久之后，亚洲胡狼就将漫步在欧洲的大西洋海岸。

　　这种闪电战般的扩散速度是狼在欧洲低密度分布造成的吗？亚洲胡狼的崛起和狼的黯然失色可能不只是巧合。在更新世的大部分时间里，欧洲同时生活着两种犬科动物：一种体形似狼；另一种体形似胡狼，后者的分布范围仅限于地中海地区，大约在30万年前灭绝。亚洲胡狼可能填补了其已经灭绝的近亲的生态作用。无论如何，在欧洲，亚洲胡狼是一种新的、重要的中型食肉动物，并将持续存在。

　　亚洲胡狼的到来恰逢欧洲历史上的一个独特时期。在经历了数千年的战争、饥荒和疯狂的人口增长之后，"二战"结束后几十年的和平带来了新的繁荣。欧洲的人口开始趋于稳定，并集中在城市和沿海平原。那些位于偏远地区以及生存条件恶劣的地区（包括一些山区）的村庄正在被废弃，而大自然开始悄悄收复失地。但是这一次没有皇家法令要求重新开始猎杀狼和其他野生动物。这些动物如今被视为可容忍的有趣之物，甚至还受到谨慎的欢迎。海豹在伦敦的金丝雀码头戏水，狼现身于荷兰，野猪在罗马的街头徜徉。欧洲的生态在短短几代人之后就发生了翻天覆地的变化，这使狼重新回归这块大陆，并为之着迷。

20世纪60年代，狼在欧洲濒临灭绝。只有在罗马尼亚才能看到狼。而到了1978年，狼再次出现在瑞典，这要归功于从芬兰跑过去的一对狼。当另一次迁徙带来一批新鲜的基因之后，瑞典的狼种群才开始真正发展起来。截至2017年，瑞典和挪威一共有超过430只狼。挪威的目标是保证全国每年繁殖4~6窝狼崽，并试图将狼的分布范围限制在与瑞典接壤的一小块区域内。

在斯堪的纳维亚半岛南部，各地狼的数量几乎都在增加。一些增长过快的种群面临农民们的强烈敌对，比如法国。但整体而言，这种扩张至少到目前为止是没有争议的。2000年，德国只有一个狼群。如今那里有超过50个狼群，而且似乎没有人对此有意见。丹麦人的态度也是如此，2017年，那里诞生了几个世纪以来的第一窝狼崽。

2018年年初，人们在比利时的弗兰德斯地区发现了一匹狼，这是一个多世纪以来的第一次。比利时是最后一个被野生狼重新占领的欧洲国家，所以至少在国家层面，狼在欧洲的回归完成了。环保态度、欧洲法律为野生动物提供的法律保护、城市附近鹿和野猪密度的增大，以及山地和丘陵地区人口的突然减少，这些全都有利于狼的扩张。如今在欧洲狼的数量比包括阿拉斯加在内的美国还多！

狼在欧洲的回归正在将狼和人类的关系拉近到自石器时代以来从未有过的程度，人狼之间冲突的升级似乎不可避免。随着动物解放运动的兴起，一些人呼吁拯救每只狼的生命，另一些人则在狼和人类的需求之间寻找折中办法。随着它们的扩张，野狼遇到了3万年前那些将命运与我们捆绑在一起的狼的后代。从那以后，那些喜欢人类的狼的后代被强大的进化压力塑造成了狗。如今，野狗的数量远远超过狼。例如，罗马尼亚有15万只野狗，但只有2500头狼，而意大利有大约80万只自由游荡的狗，只有约1500

头狼。

狼和狗的生态以有趣的方式分化。狼以鹿和其他大型猎物为食，但狗在我们的营地周围觅食了数千年之后，几乎可以吃任何东西，并且能杀死从老鼠到欧洲野牛的任何动物，而且那些自由游荡的狗会成群结队地捕猎大型哺乳动物。但是饥饿的狗会引起我们的同情，而面对饥饿的狼，我们更有可能开枪打它。

狼和狗可以交配并产生可育后代。实际上，它们的杂交已经进行了很长时间，莱卡犬就是证据，这种像狼一样的狗至今还陪伴着生活在西伯利亚的各民族人民。[1]野生动物管理者经常试图消除狗与狼的杂交种，因为他们担心杂交种最终将取代狼。但在这个问题上，可能还需要更多考量。杂交种是欧洲进化史上如此重要的组成部分，以至于有观点认为，杂交物种更适合这样一个被人类彻底改造过的大陆。无论如何，这些杂交种可能是生活在人类周围的狼自然进化的结果。如果它们能行使与真正的野生狼相同的生态功能，那么我们是否应该接受它们？我们这个智人－"愚人"杂交种是否应该允许狗和普通狼（又名欧亚灰狼）杂交，这是个非常复杂的道德问题。在通过阻止杂交来控制进化的尝试中，我们采取的行动可能有潜在的危险，并且会破坏生态稳定。

*

2004年，一头意大利棕熊游荡到德国。人们叫它JJ1或者布鲁诺，是自1838年以来人们在德国看到的第一头棕熊。在一个首都市徽上有熊图案的国家，你可能会以为这种动物的回归将被大肆庆祝。但是在2006年6月26日，在到德国仅仅两年后，布鲁诺在巴伐利亚的罗特万德山被人跟踪并被枪杀。实际上，很多德国人对棕熊的回归感到高兴，但是布鲁诺来自一个问题家庭。它的悲伤故事始于多年之前，当时人们在意大利阿尔卑斯山中部放生了10头来自斯洛文尼亚的棕熊，其中包括JJ1的父母、朱卡和荷西。

布鲁诺的母亲似乎出现了返祖现象，很像数千年前喜欢吃肉的祖先，而它对肉的渴望也遗传给了后代。到布鲁诺死去时，它已经杀死33只绵羊、4只家兔、1只豚鼠、一些母鸡和2只山羊。正如巴伐利亚州州长埃德蒙德·施托伊贝尔所说的那样，布鲁诺是个"问题熊"。于是，在这个始于我们数千年前的祖先的选育进程中，布鲁诺和它的兄弟被人类从基因池里清除出去，以确保未来世代的棕熊不爱迁徙——而且更喜欢吃素。

很多人担忧熊被驯化后，会被用于街头和马戏团表演，但是很少有人意识到我们已经完全改变了野生熊的生态。数千年来，我们创造了一种更加胆小且温顺的物种，从生态学的角度来看，它是素食洞熊的缩小版，并且能够在如今人口稠密的欧洲生存下来。

意大利北部的人非常喜欢他们的野生熊，但在1999年，特伦托省本地的熊减少到只剩下2头，而且它们不可能进行繁殖。于是特伦托人从斯洛文尼亚引进了10头熊。这项计划取得了巨大的成功，如今该地区大约有60头熊。但这一切并不是一帆风顺的。最近，一头母熊在袭击了一名徒步旅行者后被当局杀死。顺便一提，特伦托省熊引发的问题大约有一半来自朱卡和荷西家族的成员，因此母亲朱卡被囚禁了起来。毫无疑问，随着熊数量的增加，冲突将会加剧。但是到目前为止，至少在意大利，人类和熊在很大程度上是能够和平相处的。

在欧洲的其他地方，熊的种群也在恢复。由于悉心的保护，幸存于瑞典的寥寥几头熊在50年里发展壮大，发展成了拥有3000头或更多个体的健康种群，而西班牙北部的两个小种群在经过多年极低数量上的徘徊之后正在逐步增长。但是，距离罗马仅两个小时车程的阿布鲁佐大区的种群就无法扩大了。由于缺乏栖息地，它们的个体数量一直保持在50~60头，使其很容易近亲繁殖和灭绝。

在东欧的许多国家，包括克罗地亚、斯洛文尼亚、保加利亚和希腊，棕熊仍然大量存在。但是要想看到真正兴旺的种群，你需要去罗马尼亚，那里仍然有3000头熊在游荡。熊的数量是如此多，以至于有些熊开始在布拉索夫（罗马尼亚最大的城市之一）的郊区翻垃圾桶。如今，欧洲的熊种群总体上处于良好状态，总量比美国本土48个州的（它们在那里被称为灰熊）加在一起还要多。

伊比利亚猞猁是欧洲特有的最大的食肉动物之一。在石器时代，它们广泛分布于南欧，而在史前时代，它们游荡在整个伊比利亚半岛，并进入了法国南部。但是半个世纪前，由于猎物（兔子）的减少、汽车事故、生境丧失和非法捕猎，它们开始猛然衰落。到21世纪初，它们已经减少到只剩下100只个体，其中只有25只育龄雌性，在托莱多山区和莫雷纳山区分成两个种群。在欧盟的支持下，一项耗资1亿欧元的大规模圈养繁育计划将伊比利亚猞猁从灭绝的边缘挽救回来，如今它们的数量超过500只。它们的恢复是欧洲历史上最大的保育成功案例之一。

欧亚猞猁是一种体形更大的猫科动物，曾与伊比利亚猞猁共存。但是在过去，它们的分布范围要广泛得多，覆盖了欧洲大部分地区。到20世纪初，它们最后的避难所位于斯堪的纳维亚半岛、波罗的海国家*、罗马尼亚境内的喀尔巴阡山脉（大型食肉动物在欧洲的天堂），以及波黑境内的狄那里克阿尔卑斯山。1972年至1975年，8只来自喀尔巴阡山脉的野生猞猁在瑞士的汝拉山被放生，如今那里已经有超过100只欧亚猞猁，而且其中一些迁徙到圣加仑州的东部。此后，在欧洲其他地方又有更多猞猁被重新引进，现在甚至有人谈论将猞猁重新引进苏格兰。

几个世纪以来，海豹在欧洲一直被无情地猎杀，许多种群被迫在洞穴中繁殖。但即使在那里，人们也会追赶并屠杀它们。爱尔兰人托马斯·奥克罗汉记录了19世纪末发生在大布拉斯基特岛的一次这样的狩猎：

> 这个洞穴是……一个非常危险的地方，因为它周围总是有强

---

* 现今的立陶宛、拉脱维亚和爱沙尼亚三国，位于波罗的海最东端沿岸地区，有时包括芬兰和波兰。

烈的浪涌，而且需要游很长一段距离才能进入其中，同时你必须侧身游泳……有强烈的浪涌在拖拽着你。洞口常常会一次又一次被海水灌满，所以你会急切地想要再次看到洞穴里的东西。

船长说："好吧，我们来这里是为了什么？就没有人准备去那个洞吗？"我叔叔回应了。"我去，"他说，"但需要有一个人跟我一起去。"船上的另一个人应声道："我跟你去。"他的确需要一点海豹肉，因为他这辈子大部分时候都没吃饱过……

奥克罗汉的叔叔不会游泳，但他还是和另一个人共同咬着一根绳子下水了，他们的帽子下面还藏着火柴和蜡烛。经过一番艰难的努力，他们杀死了躲在洞穴里的8只海豹。"世界变化得很奇怪，"在很久之后的20世纪20年代，奥克罗汉写道，"如今没有人会把海豹肉放进自己的嘴巴里……但在那个年代，它们对人们来说是一种巨大的资源。"[2]当猎杀停止后，灰海豹和港海豹的数量都恢复了。如今大布拉斯基特岛已被废弃，数百只灰海豹在那里的海滩上繁殖。

但并非欧洲的所有海豹都有这么好的运气。地中海僧海豹只有大约700只个体存活下来，分布在4个种群中。这是一个古老的世系：人们在澳大利亚发现了可追溯至约600万年前的地中海僧海豹化石。直到18世纪之前，它们还在海滩上繁殖，但是如今它们只使用人类很难抵达的洞穴。持续不断的骚扰、极小的种群规模及海洋污染，继续威胁着它们的未来。

为了恢复欧洲猛禽的种群，人们已经做了很多工作。重新引进后，赤鸢再次在英格兰上空翱翔，白尾海雕再次在苏格兰上空翱翔，而胡兀鹫现身于位于普罗旺斯海岸和阿尔卑斯山之间的梅康图尔国家公园。一些猛禽甚至在没有帮助的情况下扩大了它们的分布范围，其中包括东法尔德斯普拉森的海雕。2006年，一对海雕在那里自发定居下来，此后每年繁殖一次。

秃鹫的种群也在恢复，它们同样获得了大量援助。目前在保加利亚和希腊之间的罗多彼山脉开展的一项计划，就旨在保护黑秃鹫和欧亚秃鹫。

这些雄壮的鸟是所有飞行生物中体形最大的，但它们受到了农民们的威胁，因为农民们会以中毒致死的动物尸体为诱饵，进而杀死这些掠食动物。不过，有一队受过特殊训练的猎狗会帮助保育团队追踪这些有毒尸体，在秃鹫吃掉它们之前将其移走。巴尔干半岛上也有很多欧亚秃鹫，意大利的阿布鲁佐大区还有一个新的栖息地。如今，在巴尔干半岛被标记的一些秃鹫出现在了加尔加诺和更靠北的阿布鲁佐，这表明其种群的规模正在壮大。但是如果欧洲要全面恢复大型猛禽和食腐鸟类的种群密度，就必须对"在野外丢弃驯化动物尸体"这一行为做出一些规定（这种做法目前被欧盟严格禁止，即使在自然保护区也不行）。

　　现在欧洲食肉动物、较大型食草动物和食腐动物的种群状况比至少过去500年里都更加健康。尽管拥有7.41亿人，但欧洲再次成为一个充满野性且环境极具挑战性的地方。但是，随着一些古代欧洲野兽的复兴，毕翠克丝·波特*笔下由树篱和田野构成的令人熟悉的"野生"欧洲正在消失。

---

*　毕翠克丝·波特（Beatrix Potter, 1866—1943），英国女作家、插画家，以儿童读物著称，创作了很多动物故事。——译者注

第 42 章
欧洲的寂静之春

欧洲是世界上第一个实现工业化的地区，也是现代社会中第一个经历人口大规模激增的地区。另外，它还是第一个进入人口结构转型的地区（这一时期，出生率和死亡率都急剧下降，人口趋于稳定，在某些情况下甚至还会下降）。目前在欧洲大部分地区，人口要么靠移民来维持，要么正在下降。伴随着这些深刻变化而来的是一种新型农业经济的发展，这种模式用机器取代了人力，并在最优质的土地上实现了农业的集约化，就像几乎所有其他大陆所发生的那样。

欧洲 19 世纪的农业景观是人类数千年来施加影响的结果，而儿童故事书中描绘的自然欧洲就基于这种生态环境——由树篱、灌木林和未开垦的河岸构成的景观——这些小小的半自然区域设法在人类密集的劳作中幸存了下来。这是一个遍布小型动物的欧洲，其中包括小林姬鼠、田鼠、麻雀和蟾蜍，数千年来它们已经适应了在人类操控的环境中生活。直到 20 世纪末，这一景观的要素数千年来都没有发生太大变化。灌木林和树篱的丧失对许多欧洲人来说是一个巨大的打击，因为这是与童年田园诗和自由这些主题相关的梦想的丧失。但如果我们想维持它们，就必须有人愿意打理毕翠克丝·波特笔下的小块田野和树篱，并且具备像托马斯·哈代*小说中的

---

* 托马斯·哈代（Thomas Hardy，1840—1928），英国诗人、小说家，代表作有《德伯家的苔丝》《无名的裘德》《还乡》等。——译者注

角色一样的技能和意志。

　　消除树篱的巨大变化源于新技术的出现和欧洲自给自足的决心，并由此引发了一个我们可以称之为"工业驱动的衰退过程"。工业化农业需要规模化，于是树篱被挖出，取而代之的是用铁丝网围起来的更大块的田地。高效的农业实践开始利用农场中崎岖不平的边边角角，而这些地方曾经是野生动物的天堂。随后，大量的农业化学物被滥用，如化肥、除草剂和杀虫剂，这些东西对许多小型动物来说是致命的。

　　蝴蝶甚至蚂蚁都是受害者，不过这种影响在欧洲鸟类身上体现得最明显。一组研究人员对144种欧洲鸟类的命运进行了30年的追踪。根据国际鸟盟的数据，他们估算出，与1980年相比，2009年欧洲鸟类的数量减少了4.21亿只。[1]正如人们所预测的那样，损失最大的是农田里的物种。然而，这项研究的确揭示出某些稀有种群的数量大量增长，这大概是偏远地区荒野面积扩大和高水平保育努力共同作用的结果。德国的农业景观损失惨重，据估计，1980—2010年，有3亿对可繁殖的小型鸟类消失——减少了57%。其中遭受打击最严重的是云雀，它们的歌声曾经无处不在，如今已鲜有耳闻。但即便数量最丰富的鸟类也受到了严重影响，如百灵鸟、家麻雀（1万年前自发进入欧洲）和椋鸟。[2]

　　从美丽的科西嘉凤蝶（欧洲最可爱的蝴蝶之一）到不起眼的寄生蚂蚁，许多昆虫如今都濒临灭绝。黑背草地蚁很可能已经在英国灭绝，而红须蚁、毛眼林蚁和黑沼泽蚁都因为工业化农业陷入濒危的境地。更令人担忧的是，就连在自然保护区，也记录到了昆虫数量的大量减少。杀虫剂和除草剂的使用正在产生巨大而隐蔽的影响，而该影响直接动摇了食物链的基础。[3]

　　欧盟的农业法规无法对抗这些威胁。正如一位西班牙生物学家所言：

虽然此前进行了改革，但是共同农业政策*在很大程度上仍然支持影响巨大的密集型农业模式，而这种农业模式并不适合当今的社会和环境。[4]

根据一项评估，只有16%的栖息地和23%的物种得到了正确对待。[5]当然，如果有一件事是所有欧洲人都能同意的，那就是有必要保护他们的自然遗产。在过去的40年里，欧盟的农业政策发生了巨大的改变，开始支持更环保的举措，减少对土地的集约化使用。但其农业政策的某些方面仍然在破坏生态系统。

问题很明显，但解决该问题所需的变革规模巨大，而且到目前为止，付出的努力也只是象征性的。改革将不容易规划或实施，而且最具挑战性的是，我们还没有想出来如何按照所需的规模可持续地养活我们自己。我们都欣赏效率，但农业效率正使许多物种消亡。正如德国联邦自然保护局的发言人弗朗茨·奥古斯特·埃姆德所指出的："农民们过去常常会留下一些未收割的秸秆。这让田间的仓鼠有东西可吃，鸟类也可以从中受益。"[6]在很多地方，政府再次鼓励农民们放弃一些未耕种或者未收获的田地，而且在政府的财政援助下，一些大面积的农田正在退出农业生产，回归自然，例如英格兰维尔德地区占地1400公顷的克奈普庄园。[7]

大自然拥有从人类造成的伤害中恢复的非凡能力。柏林自然历史博物馆的马克-奥利弗·罗德尔一直在研究生活在受人类严重干扰的地区的两栖动物的繁殖行为。它们拥有改变自己繁殖方式的惊人能力，而罗德尔认为，在2000年的动荡中，它们在基因层面已经完全适应了。对此，我毫不惊讶。9000万年后，进化一定让它们明白了如何在欧洲生存。

---

* 共同农业政策（Common Agricultural Policy，简称 CAP）是欧洲经济共同体共同农业政策的简称。欧洲经济共同体的农业一体化政策。——译者注

全球化是对欧洲生物多样性的另一种威胁。2000年在意大利首次发现的光肩星天牛，很可能是通过包装木材到达欧洲的。它们威胁到一系列落叶树种，包括槭树、桦树和柳树，这些树木天然对这种昆虫缺乏防御能力。[8]幼虫通过钻进活的树干来杀死这些树，在化蛹之前，每只幼虫可以吃掉1立方米的木材。

白蜡窄吉丁是另一种来自亚洲的入侵者，其幼虫会摧毁白蜡树。这两种漂亮的大甲虫只是近几十年来从进化重地亚洲来到欧洲的无数危害树木的细菌、真菌和无脊椎动物中的极小一部分。结果，现在几乎每一种常见的欧洲树木都被某种亚洲病害或寄生虫困扰过。这个过程始于50年前，当时欧洲的榆树被一种甲虫传播的真菌病害——被错误地命名为"荷兰榆树病"（实际上，该真菌病原物来自亚洲）——肆虐。在距今更近的某个时刻，栎树猝死病、栎树衰退病、山毛榉萎蔫病、欧洲栗疫病和欧洲七叶树溃疡病在欧洲的森林中大肆流行。

在过去的地质时代，当通往温带亚洲的陆桥门户打开，且气候有利于树木的迁徙时，树木与它们的病原体一起来到这里。但由于如今通往亚洲的桥梁是人为的，包括运输的木材、植物幼苗和插枝，所以病害抵达欧洲的时间要早于那些能够抵御它们的树木。植物学作家菲奥娜·斯塔福德认为，唯一的应对之法是模仿过去发生的事情，在欧洲的森林中种植亚洲濒危物种，因为它们曾与这些病害共同进化，对其有抵抗力。[9]

所有这些变化都发生在地质史上气候变化最快的时期。目前的变暖趋势比上一次盛冰期结束时融化庞大冰原的变暖速度至少快30倍，而且这次变暖是从过去300万年地球历史上最温暖的时刻之一开始升温。冰川周期已经被打破。巨大的冰原将不会再降临北方：更新世——欧洲动荡的地质史上最喧嚣的时代之一——结束了。

如今，全球气温已经比200年前高出1 ℃，而欧洲的变暖速度超过了全世界平均水平。欧洲的森林和草地在春天提早萌芽，鸟类也在提前迁徙。

蝴蝶等昆虫不仅出现得更早，而且其分布范围也比以前更向北延伸。气候变化是一个过程，而不是目标，将来的变化会产生更大的影响。北极苔原（包括迁徙大雁在内的许多物种的重要繁殖地）和高山草甸都面临着被森林吞没的危险。那就意味着我们将要告别雪绒花了。再见了，欧绒鸭。

即使2015年关于气候变化的《巴黎协定》的愿望得以实现，欧洲的海岸线也将发生变化，一些城市会被不断上升的海平面淹没。如果各国没能兑现他们在巴黎做出的承诺，那么气候有可能会回到上新世时期的状况，当时霍加狓这类动物和巨大的毒蛇在欧洲繁盛发展。可以肯定的是，欧洲的农业生产力和政治稳定到时将岌岌可危。从某种程度来看，恩斯特·海克尔为我们的尼安德特人祖先起的名字"愚人"或许真的适用于我们。

第 43 章

再野化

欧洲可能是什么样的？在人类对自然系统的管理中，一种新的概念正在出现。再野化（rewilding）——恢复野生动物和失去的生态过程——正在全球范围内流行起来，但是它起源于欧洲，而且那里的人们为了实现它做出了最大的努力。欧洲再野化独立组织正在开展大规模的项目，旨在恢复生态系统的自然过程，以创造人类活动痕迹最小的荒野区域，并将大型食草动物和顶级捕食者引进它们已经消亡的地区。从伊比利亚到罗马尼亚、意大利和拉普兰，该项目计划集中在10个区域，每个区域的面积至少有10万公顷。*

当欧洲人思考再野化自己的大陆时，他们会想到什么呢？一些项目引用古罗马历史学家塔西佗的描述来说明欧洲人正再次进入他们的黄金时代寻找灵感。然而，另一些项目则以数万年或数百万年的地质时间尺度来思考。可以预料的是，每个人对野化欧洲应该是什么样子的看法都有所不同，但是必须在基准上达成一些共识。

再野化工作者是应该努力创造古罗马时代或者2万年前的欧洲，（考虑到气候变化）抑或200万年前的欧洲？每一种选择都会导致截然不同的结果。设定基准之后，再野化工作者就可以弄清楚哪些相关物种仍然存在，

---

* 欧洲再野化（Rewilding Europe）组织包括世界自然基金会荷兰分站（WWF-Netherlands）、自然方舟（ARK Nature）、奇野欧洲（Wild Wonders of Europe）和保育资本（Conservation Capital）。

其生态需求是什么，以及目前哪些物种可以作为灭绝物种的生态替代品。他们还可以计算出这些物种所需的最小面积，着手隔离和清除任何不应该出现在那里的物种，然后对选定的物种进行再引进。目前正在进行的欧洲再野化项目并不是那么有条理。一些再野化工作者只是让自然沿着自己的规律发展，施以最小程度的干预，而另一些人则主要着眼于恢复三个巨型物种——欧洲野牛、野马和原牛。顺便提一句，它们也是欧洲冰河时代艺术中出现次数最多，而且古典时代的作家塔西佗、希罗多德等人在欧洲常常会看到的物种——通常会成群结队地出现。

再野化并不是新事物，它的历史也不全然是光荣的，因为第一批尝试是纳粹在20世纪30年代和40年代进行的。当时卢茨·黑克*和海因茨·黑克这对德国兄弟分别是柏林和慕尼黑的动物园园长。卢茨在1933年加入了党卫军，成为赫尔曼·戈林†的密友，并痴迷于他自己的伟大欧洲黄金时代的变态版本——雅利安人可以在荒野中捕猎危险的野生动物，而它们正是他想象中条顿人部落在古罗马和前古罗马时代追捕的那些动物。

卢茨计划的一个重要组成部分就是复活原牛，这样雅利安人就可以有专属的特别野兽供自己狩猎，毕竟只有强壮而危险的动物才配得上完美的雅利安人。从家牛的"原始品系"开始，卢茨和他的兄弟海因茨在选择时不仅会考虑体形和外在特征，还会考虑其好斗程度，因此后来除少数几头家牛之外，黑克兄弟的所有其他品种的牛都被杀死了。因为它们在基因方面与原牛不太相似。重新创造原牛的尝试再次开始。在荷兰一家基金会和一些大学的支持下，"金牛计划"（Tauros Program）正在使用最新的DNA技术对8个古老的欧洲品系进行实验，以鉴定和选育具有高比例欧洲原牛DNA的动物。截至2015年年底，该项目已经培育出300多头杂交动物，其

---

* 卢茨·黑克（Lutz Heck），德国动物学家，动物研究员，曾出任柏林动物园园长，为纳粹服务。——译者注
† 赫尔曼·戈林（Hermann Göring，1893—1946），纳粹德国空军元帅，创建了盖世太保。——译者注

中15头是第四代杂交个体。最终，该计划的领头人希望将"再创造的"原牛放归荒野，它们在那里可以相对自由地漫游。[1]

卢茨·黑克认为，比亚沃维耶扎森林是创造他的伟大荒野的理想地点。纳粹杀害或驱逐了成千上万人，摧毁了超过300个村庄，他们的受害者中有很多是在茂密的树林里避难的犹太人。如今，比亚沃维耶扎森林被认定为世界文化遗产，这是对古老欧洲据说原始且未有人类触及的平原森林的佐证。我们忘记了纳粹在创造它的过程中所扮演的角色，以及这片区域千百年来有大量人类居住并生产农业和森林产品的事实。清理完居民后，黑克将欧洲野牛、熊和黑克家牛放生到这片区域，尽管人们怀疑纳粹是否有很多时间去打猎。到1945年5月，苏联人攻入柏林，而黑克忙着保卫他的动物园——它也成为纳粹在这座城市最后的堡垒之一。战争结束时，苏联人试图以战争罪指控黑克，但他从未上法庭。他于1983年4月6日在威斯巴登去世。

卢茨·黑克认为，欧洲曾被一片巨大的原始森林覆盖，这种想象的灵感部分来自撰写于公元98年前后的《日耳曼尼亚》。在这本著作中，古罗马历史学家塔西佗将德国描述成了一个被"*sylvum horridum*"覆盖的地方。顺便提一句，阿道夫·希特勒和海因里希·希姆莱都曾试图从这部作品唯一幸存下来的中世纪副本——《埃西纳斯法典》——的所有者安科纳的杰西伯爵那里得到它，但都没有成功。但是塔西佗所说的"*sylvum horridum*"是什么意思呢？德国在过去是一片巨大的原始森林，还是覆盖着由大量食草动物创造出来的多刺植物和灌木丛？[2]

在其他地方，塔西佗毫不怀疑地指出，德国的部分地区是经过深刻改造的景观，为农作物、牧群和村庄提供了支持。但他也表示，每个部落都被一片广阔的无人区包围。所以不难想象，这些地区曾是某个部落因为担心被其他部落伏击而设置的狩猎保留地，而这在一定程度上保护了其中的野生动物。也许这些区域的特点就是穿插着沼泽和荆棘灌木丛的间断林地。

欧洲大量需要光照的植物——包括榛树、山楂和栎树——进一步支持了欧洲间断林冠层的存在。根据塔西佗笔下的"*sylvum horridum*"就开始怀念臆想中荫翳的日耳曼森林，这肯定是错误的。

卢茨·黑克的痴迷似乎带来了一件好事，那就是华沙动物园的普氏野马得以幸存。他将这些普氏野马转移到了兄弟海因茨位于慕尼黑的动物园，确保了它们的安全。到1945年，地球上只剩下13头普氏野马，所以卢茨当时发挥的作用对该物种的生存来说至关重要。这一点至少被一座大屠杀博物馆认可。[3]黑克的再野化尝试强调了一个非常重要的事实：欧洲人如今是这片土地的主宰者。他们想要什么，这片土地就将成为什么。如果他们的欲望是有害和危险的，那么将会在自然界中展现出来。欧洲人无法摆脱塑造其环境的责任；因为就连从管理中退出也会产生深远的影响。

在荷兰东法尔德斯普拉森开展的欧洲最大的再野化项目之一挑战了古代欧洲是一片巨大的原始森林的观点。2017年4月，我前往那里与生态学家弗兰斯·维拉会面，他在该项目的发展上起到了重大作用。弗兰斯和他的同事们帮助创造的这片将近60平方千米的土地仅仅拥有不到70年的历史。在此之前，它位于海平面之下。我认为，这很了不起，但荷兰人对自己创造陆地是如此习以为常，以至于在我这次行程中几乎没有人对此发表观点。透过薄薄的晨雾，远眺这片广阔的土地，只能看到地平线上如幽灵般的现代风车和工业建筑的剪影，我感觉自己仿佛穿越到了过去，这一幕令人想起了未被人类触及的非洲或者遥远的北极。

身处东法尔德斯普拉森是一种全新的感官体验。短草草地上遍布鸟兽的足迹和粪便，密集得根本无法在它们之间落脚。而早春时节的草皮是如此稀疏，似乎裸露的土地比草地还多。我简直不敢相信它能养活如此多的野生动物。正如我所看到的那样，当一只巨大的海雕从天空飞过时，成千上万的白颊黑雁从地面起飞，而一旦危险过去，它们就又像一件件斗篷一样落在地上。这些气味、声音和景象可能属于更新世的丰饶欧洲，它们已经离开得太久太久，早已从我们的想象中消失。

但东法尔德斯普拉森引以为傲的是它的大型哺乳动物。柯尼克矮种马以眷群或家庭的构成形式从我们身边慢跑而过，它们美丽的暗褐色毛皮给人一种错觉，让我觉得自己仿佛在观看一部栩栩如生的冰河时代的动画片。在未经训练的人眼中，柯尼克马看上去几乎像野马一样，它们曾被认为是泰班野马（欧洲最后一种野马）的后代。[4]英国的埃克斯穆尔矮马提供了另一种幻影，它们拥有白色的口鼻——这一特征可以在欧洲冰河时代洞穴岩画中马的图像上看到。但这其实是个美学问题，因为没有任何一个现存的马品种在遗传上比其他品种更接近它们的野生祖先。

当我们经过时，一群以一头拥有华丽鹿角的雄鹿为首的欧洲马鹿抬起头看了看，然后轻快地跑掉了。它们的骨头散落在地面上。作为非驯化物种，它们的尸体是唯一被允许留在草地上供食腐动物吃掉的动物。远处有许多巨大的野兽，它们的头上长着熟悉而怪异的竖琴状角。它们是原牛的替代品，由多个家牛品系培育而来。有些缺少原牛均匀一致的深色皮毛，（至少在我眼中）这打破了冰河时代大型动物的假象。

东法尔德斯普拉森拥有格外肥沃的碱性土，这是农学家梦寐以求的地方。这里没有可以庇护树苗的巨石，从肥沃土壤中生长出的草养活了如此多的大型哺乳动物，而后者又反过来决定了什么可以在这里生长。结果是一片庞大的茅香草地，只有最低洼的地方被浸满水的芦苇丛代替。显而易见，这里缺少的是树。而生长在这里的极少数树，状态也都很糟糕。它们周身的树皮被鹿群剥去了，瘦骨嶙峋地点缀在面积巨大的土地上，给人一种阴森的感觉。除了被千百张嘴啃食得造型仿佛古怪盆景的黑刺李或山楂灌丛之外，几乎没有什么活着的植物高过我的膝盖。我不禁想到，这些多刺的盆景会不会就是塔西佗所谓的著名的"*sylvum horridum*"？

就生态而言，拥有超过4000头牛、马和鹿的东法尔德斯普拉森让人想起了猛犸草原或者马赛马拉的短草草地。许多人将它视为一次失败的实验。

另一些人只是讨厌死掉的树。我请求他们不要将东法尔德斯普拉森与他们梦想中古典时代的欧洲相提并论，参照物应当是一个消失已久的大陆，而且在那个大陆上塑造景观的是大型哺乳动物，而不是农业实践。

在创造东法尔德斯普拉森的过程中，有些东西丢失了，包括1989年存在于此的37%的鸟类物种，它们大部分已经适应了农业化或部分森林化的欧洲。[5]但是在我看来，得到的东西要多得多。东法尔德斯普拉森唤起了一个恢宏而狂野的欧洲，它是塞伦盖蒂草原角马迁徙的迷你版，但是存在一个很大的不同之处。东法尔德斯普拉森缺少大型捕食者，狐狸是保护区里最大的犬科动物。食肉动物的缺乏产生了一些影响，可能包括不自然的食草动物密度。另一个影响是人类必须扮演狼和大型猫科动物的角色。出于人道主义上的考虑，尤其是在冬季，护林员会在这片区域潜伏下来，射杀那些他们觉得太过虚弱而无法活到来年春天的动物。

大自然继续在东法尔德斯普拉森引导一切。一只白兀鹫发现了这个地方并在这里过得如鱼得水，直到它落在铁轨上休息，结果却送了命。狼或亚洲胡狼也会找到这里吗？已经有人在荷兰见到三匹狼，所以这似乎是有可能的。甚至有一头驼鹿（从动物园逃出来的）曾在这里短暂安家。它有两只幼崽，但和那只白兀鹫一样，它误入铁轨，结果被火车撞死了，接着它的一只幼崽也被射杀。也许野猪将会是第一种凭借自己的力量进入东法尔德斯普拉森的大型哺乳动物，因为它们已经抵达仅几千米之外的诺贝尔霍斯特。如果它们真的来了，它们就会发现由鸟蛋和其他美味佳肴组成的盛宴。这个伟大的实验还在继续。要是我说了算的话，我会先处理那条致命的铁路线——要么封闭，要么改道。

曾经有人计划将这片大平原与荷兰的其他自然保护区及德国的荒野连接起来，以实现自然迁徙。荷兰政府当时已经获得了所需的大部分土地，但随后选举上台了一个右翼政府。农民们抱怨说肥沃的土地正在被浪费，于是一些人被允许买回他们卖掉的土地，而且价格比最初的售价还低。政治上的消极态度让公众感到困惑，于是宏伟的愿景被摧毁。我希望东法尔德斯普拉森这个宏大的实验能够继续下去。随着它持续不断地激发人们的想象力，并以最具创新性的方式引导人们思考这片土地，我们每年都能学到很多东西。

在欧洲另一端的罗马尼亚，另一种完全不同的再野化实验也在进行中。罗马尼亚的腹地坐落着喀尔巴阡山脉，它形成了一条蜿蜒曲折的密林山脊，为欧洲三分之一的熊以及许多其他野生物种提供了栖息地。在罗马尼亚，即便是在农耕地区，野生动物也比比皆是，而且在春天还会有壮观的野花草甸。这种状况在一定程度上是因为较古老、破坏性较小的农业实践仍在继续，牧羊人仍在照看羊群，马匹在农场和道路上仍然很常见。由于罗马尼亚存在大量食肉动物，因此很难发现西方狍、兔子和欧洲马鹿的踪迹。

喀尔巴阡环保基金会是一个非营利性组织，在特兰西瓦尼亚的科博尔村附近有一个面积约400公顷的小牧场。2017年4月，我在那里待了一段时间，了解该组织如何成为该地区环保农业的典范。执行董事克里斯托夫·彭伯杰向我介绍了该组织的一个大项目，位于弗拉格什山脉，那里可以说是欧洲最荒芜的地区之一。

弗拉格什地区异常崎岖和美丽，既有瑞士般的风景，又有大量熊、狼、猞猁、西方狍和欧洲马鹿。最近的村庄距离项目地有40千米或更远，这些森林是欧洲任何地方都无法比拟的。然而，1990年之后，它们受到了严重威胁。罗马尼亚的森林曾被国有化，但在1990年之后，以前的森林所有者每人被退回1公顷土地。几年后，这个数字扩大到10公顷。2005年，他们拿回了森林的全部所有权。因为不确定自己的土地是否会被再次征用，大多数所有者开始砍伐树木，以快速获利。为了避免发生大灾难，喀尔巴阡环保基金会开始购买这些重新私有化的林地。

喀尔巴阡环保基金会如今已经拥有15000公顷的森林或者最近被砍伐的土地，并计划再购买45000公顷。有人提议在弗拉格什建立一个占地近

20万公顷的国家公园。如果这一计划可以实现，再加上喀尔巴阡环保基金会购买的土地，该地区将成为欧洲最大的荒野。欧洲再野化组织已经将欧洲野牛放生到喀尔巴阡山区，喀尔巴阡环保基金会也计划在2018年重新引进欧洲野牛。由于没有再引进其他物种的计划，所以弗拉格什地区的生态系统缺少一些兀鹫和鹰、野马和原牛（或者它们的同类），更别提欧洲冰河时代的巨兽了。但是就像东法尔德斯普拉森一样，这将是一个非常有趣的实验。

在一个伟大的、旨在重新发现欧洲大陆自然的泛欧洲项目中，东法尔德斯普拉森和弗拉格什就像是它两端的书挡。两者都值得再完善和扩大规模。我们不应该急于再野化欧洲，也不应该忽略一些重要的挑战，其中最大的挑战就是食腐动物的角色。尽管鬣狗在欧洲拥有漫长的生活史，但似乎没有人希望它们回归这块大陆，而兀鹫在欧洲的大部分地区都已经灭绝，试图再引进它们的尝试遇到了许多障碍，从官僚主义到输电线、铁轨、毒饵和杀虫剂。例如，近年来在罗马尼亚发现的唯一一只兀鹫就死于饮用了被杀虫剂污染了的水。

并非所有再野化的结果都源于获批准的行动。2006年，一个小型河狸种群神秘地出现在德文郡的水獭河。一定是有人在未经许可或公开讨论的情况下放生了它们。当局想把它们弄走，但是当地人喜欢有河狸生活在周围并进行了抗议，于是清除河狸的提议就被放弃了。英国人以憎恶规则著称，所以也许我们应该预料到会有更多未经计划的引进。但可以肯定的是，在东欧和俄罗斯这类监管比较宽松，而且大量财富掌握在少数人手里的国家，这样的情况时有发生。

第 44 章

再创造大型动物

就像传说中的巨魔和神话中的地精一样，欧洲的许多大型动物在很久之前就撤退到了遥远或者肉眼看不见的疆域：欧洲灭绝大象的近亲以辨认不出的形式在刚果的森林里漫游，而原牛、洞熊和尼安德特人的基因隐藏在家牛、棕熊和人类的基因组里。而在遥远的北方，真猛犸象和披毛犀的DNA在永久冻土的怀抱里永远地沉睡着。在创意工厂中工作的聪明地精，偶然发现了将这些消失的大型生物送回祖先家园所需的魔力——无论是通过引进、选择性育种还是基因操控。如果欧洲人想象力匮乏，那么欧洲仍将是一个不断衰退的地方——一个被剥夺了伟大自然荣光的地方。但是，如果他们敢于想象，任何事都有可能。

在欧洲消亡的野生动物可分为4类：①生存在欧洲之外的物种；②可以通过选育家畜重新创造的物种；③可以通过基因工程重新构建的物种；④根据目前的科技和知识水平无法复活的物种。

最容易恢复的是那些生存在其他地方的物种：举几个例子，斑鬣狗、狮子、豹、水牛和古菱齿象的同类（也被称为非洲森林象）在欧洲全都消失了，但在非洲或亚洲还可以看到。第二容易的是可以通过选育恢复的物种，但是只有原牛、欧洲野马和尼安德特人属于这个类别。从技术角度来看，复活尼安德特人是所有任务中最简单的，因为人类的繁殖已经得到极为充分的了解，而且尼安德特人的基因组也是已知的。但上一批试图对人类进行选育的人是纳粹，这种想法完全是不道德的——我敢肯定卢茨·黑克的鬼魂一定对此很感兴趣。

在不可恢复的物种中，必须算上欧洲的三种犀牛（披毛犀、梅氏犀和窄鼻犀）、大角鹿，以及像巴利阿里山羊这样的岛屿物种。但是对古代DNA的研究正在迅速发展，也许过不了多久，几个物种的基因组就有可能被复原。第三类（可以通过基因工程恢复的物种）将我们带到科学知识的外部极限。2008年，曾有人试图复活西班牙羱羊，它是羱羊的一个亚种。最后一只个体在2000年死去，但科学家们在1999年从它耳朵上取下一些组织。他们将来自冰冻耳朵组织的DNA移植到家养山羊的细胞中。使用这种方式创造出来的胚胎中有一个存活到出生，但这只幼崽仅在出生7分钟后就因呼吸困难而死。[1]

在已灭绝的物种中，就可行性而言，基因复活的主要候选者是猛犸象、洞熊和穴狮。“复兴与重建”（Revive and Restore）是一个致力于运用遗传学拯救濒危物种及复活灭绝物种的组织。[2]从协助增加鲎（这种动物因其血液的药用功能被过度捕捞）血的人工合成替代品的使用，到为哈佛大学的真猛犸象复活团队提供支持，该组织正在开展各种各样的项目。

2017年2月初，全球媒体广泛报道，称真猛犸象将在2018年“从灭绝中归来”。实际上，哈佛大学真猛犸象复活团队的负责人乔治·丘奇已经宣布，到2018年，他的团队希望创造出一种同时含有亚洲象和猛犸象基因的动物的可育胚胎，也许只是一些细胞。如果你愿意的话，可以叫它亚猛象。鉴于我们现在对大象杂交的了解，这听上去并不像过去那样让人觉得不可思议。事实上，也许我们应该将CRISPR技术（这种技术可以让一个物种的基因插入另一个物种的基因组中）视为大象数百万年来通过杂交进行的进化过程的延续。

然而，即便是这种更有限的雄心，也雄辩地说明了复活灭绝物种领域的迅速进展。丘奇和他的团队计划通过将一些基因注入亚洲象的卵细胞来创造亚猛象，这些基因全都来自真猛犸象的基因组，负责红细胞在低温下的高效运转、加厚的皮下脂肪组织及体表浓密毛发的生成。在亚洲象和猛犸象基因组之间的1642个差异中，该团队已经做出了42个改变。但这只是开始。然后必须将核DNA放入胚胎中，就像绵羊多利的核DNA被替换，从而创造出世界上第一只克隆羊一样。

　　该团队不打算使用从大象体内获取的大象卵细胞，而是打算用皮肤细胞创造一个卵细胞。最后，生长中的胚胎需要在人造子宫中保存22个月，然后一头亚猛象幼崽才能被培育出来。如果要将这个"物种"恢复到其生态系统中，则需要以此为起点，"创造"一个基因混杂、年龄结构适当的亚猛象群体。[3]我毫不怀疑，只要假以时日，这一切都是可能的。但首先，人类必须决定这是不是自己想要的。

　　欧洲消失的大型动物的基因再生不会是最后一步，因为必须留出一个足够广阔且肥沃的区域，以供数百只乃至数千只大型动物活动。欧洲并不是重塑猛犸草原的理想之地。但在西伯利亚，一个致力于此的大型项目已经在顺利地推进中。*如果猛犸象可以复活，那么洞熊和穴狮也有可能。但是，再创造它们能让我们获得什么呢？如果某天某个欧洲再野化项目需要一种顶级捕食者，那么与穴狮相比，现存的狮子大概是更好的选择，因为它们已经适应了现今更温暖的气候条件。通过对棕熊施加选择压力使其变成植食性动物，我们已经有效地重新创造了一种大型植食性熊科动物，它们很可能占据了洞熊的生态位。如果欧洲要在这个变暖的时代再野化，那么必须将重点放在温带物种上，如狮子和古菱齿象，但即便是欧洲大陆上面积最大的温带荒野对它们来说也太小了。但是根据预测，到2030年，欧洲将有3000万公顷被废弃的耕地。[4]欧洲的大多数国家公园都坐落在私有土地上，而欧洲的土地所有者倾向于接受强加给他们的社会决策。如果子孙

---

* 这个项目名为更新世公园（Pleistocene Park），负责人是谢尔盖·日莫夫（Sergei Zimov）。马、驼鹿、麝牛、落基山马鹿（wapiti）和欧洲野牛如今已经入场。

后代想要实现欧洲拥有充满活力的大型动物群的新生梦想，就必须求助于灵活、适应性强的欧洲土地所有权观念，同时把握土地废弃所带来的机遇。

但欧洲人是否应该通过引进那些与它曾经拥有的物种相似，但如今生活在其他地方的物种来重建欧洲的大型动物群？我认为，这在道义上是无懈可击的：到2100年，非洲的人口有可能将达到40亿，欧洲人在希望非洲人民与狮子和大象生活在同一片土地上的同时，自己却拒绝这样做，这是不可接受的。如果我们要求别人承担如此不成比例的重负，我担心这个世界将不再有大象的立足之地。[5]

在欧洲，废弃土地的面积是如此大，目前受监管的再野化行动只在极小一部分废弃土地上进行。相反，大部分再野化行动都是一个大型的计划外实验的结果，很少或根本没有科学监管，在这些地方，一系列偶然来到这里的物种正在塑造未来。例如，在意大利格罗塞托省和锡耶纳省山峦连绵的梅塔利费雷山中，土地废弃正在创造一片广阔的新荒野，目前那里拥有极高的生物多样性。尽管位于精心呵护的托斯卡纳（该地区的人口密度是全意大利最低的）景观中，但生物多样性是最丰富的。地中海灌木林生长在较温暖的山坡上，其他地方则生长着物种极为多样化的森林，包括栎树、冬青、栗树和山杨。这些再生森林的下层林木被西方狍、黇鹿和欧洲马鹿啃食，后面这两个物种是近几十年从圈养地逃逸的。托斯卡纳没有猞猁，所以鹿的种群密度很大，这对下层林木造成了严重影响。如今，只有一些它们不爱吃的物种能活过幼苗阶段，如杜松，如果不采取任何措施，它们将会为梅塔利费雷山的森林创造出一个贫瘠的未来。

有人认为，人类不应该试图指导欧洲新荒野生态系统的发展，在他们的想象中，只要听之任之，这些土地就会恢复到某种原始的理想状态。但我们已经很清楚的是，这种情况并不会发生，而且目前由大型食草动物和食肉动物构成的景观建造师组合是有害的，它们创造出的森林在多样性和生产力方面都不理想。就人类管理而言，重大决策包括确定哪些大型食草动物和食肉动物应该被放归到无人管理的土地上。要想做出明智的决定，必须拥有长远的眼光。

路易吉·博伊塔尼如今就生活在托斯卡纳梅塔利费雷山的再生森林之中。搬到那里不久后，他在自己的房子旁边种下一粒橡子。如今，它已长成一棵高达5米且枝繁叶茂的小树。我可以想象到，如果运气好的话，到2030年，它就会变成一棵参天大树，但我和路易吉都很难设想它将生存在怎样一片森林中，更别说180年之后欧洲的样子了。我们唯一可以确定的是，未来将会有很多惊喜。

让我们进入时间机器，进行最后一段旅程——进入从现在起180年后想象中的欧洲，去看看路易吉那棵成年后的橡树。我们走进一个在某方面看上去像古老的欧洲群岛的大陆：城市像岛屿一样突出，它们之间由运输走廊相连，每一座城市都被众多温室和其他生产人口所需食物的封闭结构所包围。欧洲的城市并没有被海洋隔开，而是被广阔的森林和林地分隔——这是数百年来土地废弃的结果。我们在路易吉的橡树旁着陆，此时它生长在一片绿草如茵的林地中，周围有棕榈、银杏、木兰、栗树、栎树和山毛榉。受气候变化的影响，北极第三纪地质植物相在欧洲正处于重建地位的过程中。

我们面前的林间空地上矗立着两尊雕像。其中一尊是为了纪念21世纪俄罗斯一位寡头而设立，因为他将自己圈养的大量野生动物放归了东欧的荒地中。多亏了他，欧洲又有了狮子、斑鬣狗和豹。第二尊雕像是为了纪念一位有远见的荷兰女性而设立，她众筹了一个项目，搜集了世界上最后一批苏门答腊犀和直齿象，并将它们放生到由西欧最近腾出的农田改造而成的带围栏的庄园里。有了食物和庇护所，它们便适应了新的气候。最终，围栏被拆除，大象和犀牛再次在欧洲的森林里漫步。

一群游客在一名年轻导游的带领下，正在参观大象和犀牛。她指向一头带有猛犸象特征的大象。那是一种亚猛象，它的混合基因遗传使其能够填补猛犸象的生态位，并且可以在欧洲更温暖的气候中生存。导游解释说，科学家们发现，欧洲的生态系统需要两个大象物种才能保持多样化和健康，于是亚猛象接受了基因工程改造。第一批样本被吸纳进直齿象群后，学会了维持生存所必需的技能。但现在它们的数量已经足以形成自己的种群。

这名导游随身只带了一根高科技小棍，但她对周围的庞大野兽安之若素，就像身处鲨鱼和鳄鱼之乡的澳大利亚导游一样。与自然的安然相处此时已成为欧洲人远近闻名的特征之一。许多年轻的欧洲人生活在他们帮助创造的复杂生态系统中，他们的人数和生活在城市里的年轻人一样多，因为森林提供了冒险和学习新事物的可能。欧洲人的生活方式与世界其他地方的人大不相同，后者集中在超级大都市里，很难触及荒野。作为一个充满活力和冒险精神的族群，欧洲人总是在思考新事物。

跋

　　在德国沃尔姆斯，一尊中世纪雕像描绘了一个手拿产婆蟾的女性，暗示了该女性是名产婆。[1]欧洲人是其环境的永恒产婆：他们与其环境的每一次互动都有助于诞生一个新的欧洲。希望我们这一代人是有远见的产婆。

致谢

路易吉·博伊塔尼贡献了上一个千年关于欧洲的许多材料，并为本书带来了他对欧洲食肉动物以及欧洲废弃土地管理面临的两难困境的无与伦比的知识。对于书中的所有观点，我们并未全部达成共识。任何错误都是我的，有争议的观点也是我的责任。

凯特·霍尔登（Kate Holden）和科尔比·霍尔登（Coleby Holden）陪伴我完成了编写本书的许多旅程。凯特阅读了手稿并提供了许多有用的建议。我十分感激布赖恩·罗森分享了他对欧洲地质学和古生物学的渊博知识。克里斯·赫尔根（Kris Helgen）阅读了整部手稿并更正了许多错误。杰里·胡克慷慨地分享了他对早期哺乳动物的研究，并且毫不吝啬时间，阐明了欧洲史前和古生物学的许多方面。在生命的最后一周，科林·格罗夫斯以他一贯的尖锐和幽默态度评价了这部手稿的前三分之一，而爬虫学家马丁·阿伯汉（Martin Aberhan）和约翰内斯·穆勒（Johannes Müller）解释了他们的重要研究。本书的部分写作和研究是我在日内瓦高级国际关系学院（Graduate Institute）任教时完成的。该学院的院长菲利普·柏林教授（Professor Philippe Burrin）提供了许多富有启发意义的对话和鼓励。向克劳迪奥·塞格雷（Claudio Segre）致以特别的感谢，感谢他在高级国际关系学院对我提供的帮助。在罗马尼亚，恩里科·佩里尼（Enrico Perinyi）和塞内卡出版社（Seneca Publishing）的工作人员，尤其是阿纳斯塔西娅（Anastasia）、伊琳娜（Irina）、卡特琳（Catiline）、米卡莱（Micale）、玛丽亚（Maria）和克里斯蒂（Christie），让我们的会面成为一段最愉快和富于启发的体验。喀尔巴阡野保基金会和哈采格地质公园的工作人员也极为慷慨地分享了他们的时间。感谢瓦伦丁·帕拉斯基夫博士（Dr Valentin Paraschiv）、丹·格里戈雷斯库博士（Dr Dan Grigorescu）和本·基尔博士（Dr Ben Kear）在信息和讨论方面提供的帮助。尼克·罗利（Nick Rowley）使我意识到了欧洲小型鸟类的困境，而杰夫·霍尔登（Geoff Holden）告诉了我许多其他事情，还阅读了初稿。最后，必须感谢文本出版社（Text Publishing）的编辑迈克尔·海沃德（Michael Heyward）和简·皮尔森（Jane Pearson），是他们让这本书变得更好。

尾注

前言

1.Wodehouse, P. G., *The Code of the Woosters*, Herbert Jenkins, London, 1938.

第1章

1.本章剩余的大部分内容提炼自一篇最近的详细综述：'Island Life in the Cretaceous—Faunal Composition, Biogeography, Evolution, and Extinction of Land-living Vertebrates on the Late Cretaceous European Archipelago', Zoltan Csiki-Sava, Eric Buffetaut, Attila Osi, Xabier Pereda-Suberbiola, Stephen L. Brusatte, *ZooKeys* 469: 1–161 (08 Jan 2015).他们将这么多分散的参考资料放在一起，并将它们置于适当的语境中，我非常感谢他们的工作。

2.Signor III, P. W. and Lipps, J. H., 'Sampling Bias, Gradual Extinction Patterns, and Catastrophes in the Fossil Record', in Silver, L. T and Schultz, P. H. eds., *Geological Implications of Impacts of Large Asteroids and Comets on the Earth*, Geological Society of America Special Publications, Vol. 190, pp. 291–96, 1982.顺便一提，分类群是生物的分类学组别。

3.对哈采格植物群的重建来自许多来源，这些来源记录了默达克和巴尔在一段漫长时期中的植物群。因此它描绘的是一幅大致画面，在所讨论的部分物种存在时，其中的一些细节可能并不完全适用于哈采格。

4.Blondel, J. *et al*, *The Mediterranean Region: Biological Diversity in Space and Time*, Oxford University Press, Oxford, 2010, 2nd edition, Chapter 3.

第2章

1.Veselka, V., 'History Forgot this Rogue Aristocrat Who Discovered Dinosaurs and Died Penniless', *Smithsonian Magazine*, July 2016, http://www.smithsonianmag.com/history/history-forgot-rogue-aristocrat-discovered-dinosaurs-died-penniless-180959504/

2.Gaffney, E. S. & Meylan, P. A., 'The Transylvanian Turtle Kallokibotion, a Primitive Cryptodire of the Cretaceous Age', *American Museum Novitates*, 3040, 1992.

3.Ibid.

4.Edinger, T., 'Personalities in Palaeontology—Nopcsa', *Society of Vertebrate Palaeontology News Bulletin*, Vol. 43, pp. 35–39, New York, 1955.

5.*Ibid.*

6.Taschwer, K., 'Othenio Abel, Kämfer gegen die "Verjudung" der Universität', *Der Standard*, 9 October 2012.

7.*Ibid.*

8.Nopcsa, F., 'Die Lebensbedingungen der Obercretacischen Dinosaurier Siebenbürgens', *Centralblatt für Mineralogie und Paläontologie*, Vol. 18, pp. 564–574, 1914.

9.Plot, R., *The Natural History of Oxfordshire, Being an Essay towards the Natural History of England*, Printed at The Theatre in Oxford, 1677, 插图 p. 142, 讨论 pp. 132–36.

10.Brookes, R., *A New and Accurate System of Natural History: The Natural History of Waters, Earths, Stones, Fossils, and Minerals with their Virtues, Properties and Medicinal Uses, to which Is Added, the Method in which Linnaeus has Treated these Subjects*, J. Newberry, London, 1763.

11.International Commission on Zoological Nomenclature, http://iczn.org /iczn/index.jsp

12.Edinger, T., 'Personalities in Palaeontology—Nopcsa', *Society of Vertebrate Palaeontology News Bulletin*, Vol. 43, pp. 35–39, New York, 1955.

13.Colbert, E. H., *Men and Dinosaurs*, E. P. Dutton, New York, 1968.

14.Veselka, V., 'History Forgot this Rogue Aristocrat Who Discovered Dinosaurs and Died Penniless', *Smithsonian Magazine*, July 2016.

第3章

1.Nopcsa, F., 'Die Dinosaurier der Siebenbürgischen Landesteile Ungarns', *Mitteilungen aus dem Jahrbuch der Ungarischen Geologischen Reichsanstalt*, Vol. 23, pp. 1–24, 1915. 并不令人意外的是，阿贝尔没有理睬这项工作。

2.Colin Groves，个人通信。这副骨架实际上是数头个体的骨骼拼合而成的。

3.Thomson, K., 'Jefferson, Buffon and the Moose', *American Scientist*, Vol. 6, No. 3, pp. 200–02, 2008.

4.Buffetaut, E. *et al*, 'Giant Azhdarchid Pterosaurs from the Terminal Cretaceous of Transylvania (Western Romania)', *Naturwissenschaften*, Vol. 89, pp. 180–184, 2002.

5.Panciroli, E, 'Great Winged Transylvanian Predators Could have Eaten Dinosaurs', *Guardian*, 8 February 2017.

第4章

1.Skelton, T. W., *The Cretaceous World*, Chapter 5, Cambridge University Press, 2003.

2.Koch, C. F. and Hansen, T. A., 'Cretaceous Period Geochronology', *Encyclopaedia Britannica*, 1999.

第5章

1.Darwin, C., *On the Origin of Species by Means of Natural Selection, or the Preservation of Favoured Races in the Struggle for Life*, John Murray, London, 1859.

2.Zhang, P. *et al*, 'Phylogeny and Biogeography of the Family Salamandridae (Amphibia: Caudata) Inferred from Complete Mitochondrial Genomes', *Molecular Phylogenetics and Evolution*, Vol. 49, pp. 586–97, 2008.

3.*Ibid*.

第6章

1.Mayol, J. *et al*, 'Supervivencia de Baleaphryne (Amphibia: Anura: Discoglossidae) a Les Muntanyes de Mallorca', nota preliminar, Butll. Inst. Cat, Hist. Nat., 45 (Sec. Zool., 3) pp. 115–19, 1980.

2.Koestler, A., *The Case of the Midwife Toad*, Random House, New York, 1971.

3.Semon, R., *Die mnemischen Empfindungen*, William Engelmann, Leipzig, 1904; English translation: Semon, R., *The Mneme*, George Allen & Unwin, London, 1921. 西格蒙德·弗洛伊德和山达基教会都借用了西蒙的大量思想。

4.Cock, A. and Forsdyke, D. R., *Treasure Your Exceptions: The Science and Life of William Bateson*, Springer-Verlag, New York, 2008.

5.Raje, J.-C. and Rocek, Z., 'Evolution of Anuran Assemblages in the Tertiary and Quaternary of Europe, in the Context of Palaeoclimate and Palaeogeography', *AmphibiaReptilia*, Vol. 23, No. 2, pp. 133–67, 2003.

第7章

1.Vila, B. *et al*, 'The Latest Succession of Dinosaur Tracksites in Europe: Hadrosaur Ichnology, Track Production and Palaeoenvironments', *PLOS ONE*, 3 September 2013.

2.Perlman, D., 'Dinosaur Extinction Battle Flares', *Science*, 7 February 2013.

3.Keller, G., 'Impacts, Volcanism and Mass Extinction: Random Coincidence or Cause and Effect', *Australian Journal of Earth Sciences*, Vol. 52, pp. 725–57, 2005.

4.Sandford, J. C. *et al*, 'The Cretaceous–Paleogene Boundary Deposit in the Gulf of Mexico: Large-scale Oceanic Basin Response to the Chicxulub Impact', *Journal of Geophysical Research*, Vol. 121, pp. 1240–61, 2016.

5. Yuhas, A., 'Earth Woefully Unprepared for Surprise Comet or Asteroid, Nasa Scientist Warns', *Guardian*, 13 December 2016.

第8章

1. International Commission on Stratigraphy, International Union of Geological Sciences, www.stratigraphy.org/index.php/ics-chart-timescale

2.Labandeira, C. C. *et al*, 'Preliminary Assessment of Insect Herbivory across the Cretaceous–Tertiary Boundary: Major Extinction and Minimum Rebound', in Hartman, J. H. *et al*, eds., *The Hell Creek Formation and the Cretaceous–Tertiary Boundary in the Northern Great Plains: An Integrated Continental Record of the End of the Cretaceous*, Geological Society of America, 2002.

3.De Bast, E. *et al*, 'Diversity of the Adapisoriculid Mammals from the Early Paleocene of Hainin, Belgium', *Acta Palaeontologica Polonica*, Vol. 57, No. 1, pp. 35–52, Warsaw, 2012.

4.Taverne, L. *et al*, 'On the presence of the Osteoglossid Fish Genus *Scleropages* (Teleostei, Osteoglossiformes) in the Continental Paleocene of Hainin (Mons Basin, Belgium)', *Belgian Journal of Zoology*, Vol. 137, No. 1, pp. 89–97, Royal Belgian Institute of Natural Sciences, Brussels, 2007.

5.Delfino, M. and Sala, B., 'Late Pliocene Albanerpetontidae (Lissamphibia) from Italy', *Journal of Vertebrate Paleontology*, Vol. 27, No. 3, pp. 716–19, Society of Vertebrate Paleontology, New York, 2007.

6.Puértolas, E. *et al*, 'Review of the Late Cretaceous–Early Paleogene Crocodylomorphs of Europe: Extinction Patterns across the K–PG Boundary', *Cretaceous Research*, Vol. 57, pp. 565–90, 2016.

7.Folie, A. & Smith, T., 'The Oldest Blind Snake Is in the Early Paleocene of Europe', Annual Meeting of the European Association of Vertebrate Palaeontologists, Turin, Italy, June 2014.

8.Folie, A. *et al*, 'New Amphisbaenian Lizards from the Early Paleogene of Europe and Their Implications for the Early Evolution of Modern Amphisbaenians', *Geologica Belgica*, Vol. 16, No. 4, pp. 227–35, 2013.

9.Longrich, N. R. *et al*, 'Biogeography of Worm Lizards (Amphisbaenia) Driven by End-Cretaceous Mass Extinction', Proceedings of the Royal Society B, Vol. 282, Issue 1806, 2015.

10.Kielan-Jaworowska, Z. *et al*, *Mammals from the Age of Dinosaurs: Origins, Evolution, and Structure*, Columbia University Press, New York, 2004.

11. Smith, T. and Codrea, V., 'Red Iron-Pigmented Tooth Enamel in a Multituberculate Mammal from the Late Cretaceous Transylvanian "Hateg Island"', *PLOS ONE*, Vol. 10, No. 7, San Francisco, 2015.

12.De Bast, H. *et al*, 'Diversity of the Adapisoriculid Mammals from the Early Paleocene of Belgium', *Acta Palaeontologica Polonica*, Vol. 57, pp. 35–52, Warsaw, 2011.

第9章

1.Malthe-Sørenssen, A. *et al*, 'Release of Methane from a Volcanic Basin as a Mechanism for Initial Eocene Global Warming', *Nature*, Vol. 429, pp. 542–45, 2004.

2.Cui, Y. *et al*, 'Slow Release of Fossil Carbon during the Paleocene–Eocene Thermal Maximum', *Nature Geoscience*, Vol. 4, pp. 481–85, 2011.

3.Beccari, O., *Wanderings in the Great Forests of Borneo*. A Constable & Co, London, 1904.

4.Hooker, J. J., 'Skeletal Adaptations and Phylogeny of the Oldest Mole *Eotalpa* (Talpidae, Lipotyphla, Mammalia) from the UK Eocene: The Beginning of Fossoriality in Moles', *Palaeontology*, Vol. 59, Issue 2, pp. 195–216, 2016.

5.He, K. *et al*, 'Talpid Mole Phylogeny Unites Shrew Moles and Illuminates Overlooked Cryptic Species Diversity', *Mol. Biol. Evol.* Vol. 34, Issue 1, pp. 78–87, 2016.

6.Hooker, J. J., A Two-Phase Mammalian Dispersal Event Across the Paleocene–Eocene Transition', *Newsletters on Stratigraphy*, Vol. 48, pp. 201–20, 2015. (这里所说的象鼩类动物是 *Cingulodon*)

7. De Bast, E. and Smith, T., 'The Oldest Cenozoic Mammal Fauna of Europe: Implications of the Hainin Reference Fauna for Mammalian Evolution and Dispersals during the Paleocene', *Journal of Systematic Palaeontology*, Vol. 19, No. 9, pp. 741–85, Natural History Museum, London, 2017.

8.Mayr, G., 'The Paleogene Fossil Record of Birds in Europe', *Biological Reviews*, Vol. 80, Issue 4, pp. 515–42, Cambridge Philosophical Society, 2005.

9.Angst, D. *et al*, 'Isotopic and Anatomical Evidence of an Herbivorous Diet in the Early Tertiary Giant Bird Gastornis: Implications for the Structure of Paleocene Terrestrial Ecosystems', *Naturwissenschaften*, Vol. 101, Issue 4, pp. 313–22, Springer-Verlag, New York, 2014.

10.Folie, A. *et al*, 'A New Scincomorph Lizard from the Palaeocene of Belgium and the Origin of Scincoidea in Europe', *Naturwissenschaften*, Vol. 92, Issue 11, pp. 542–46, Springer-Verlag, New York, 2005.

11.*Ibid*.

12.Russell, D. E. *et al*, 'New Sparnacian Vertebrates from the "Conglomerat de Meudon" at Meudon, France', *Comptes Rendus*, Vol. 307, pp. 429–33, Académie des Sciences, Paris, 1988.

第10章

1.Switek, B. 'A Discovery that Will Change Everything (!!!) ... Or Not', ScienceBlogs, 18 May 2009.

2.Strong, S. and Schapiro, R., 'Missing Link Found? Scientists Unveil Fossil of 47-Million-Year-Old Primate, *Darwinius Masillae*', *Daily News,* 19 May 2009.

3.Leake, J. and Harlow, J., 'Origin of the Specious', *Times Online*, 24 May 2009.

4.Amundsen, T. *et al*, 'Ida' er oversolgt, *Aftenposten* – Ida er en oversolgt bløff, *Nettavisen, Dagbladet*, 20 May 2009.

5.Cline, E. 'Ida-lized! The Branding of a Fossil', *Seed Magazine*, USA, 22 May 2009.

6.Hooker, J. J. *et al*, 'Eocene–Oligocene Mammalian Faunal Turnover in the Hampshire Basin, UK: Calibration to the Global Time Scale and the Major Cooling Event', *Journal of the*

Geological Society, Vol. 161, pp. 161–72, March 2004.

7.Mayr, G., 'The Paleogene Fossil Record of Birds in Europe', *Biological Reviews*, Vol. 80, pp. 515–42, 2005.

8.Mayr, G., 'The Paleogene Fossil Record of Birds in Europe', *Biological Reviews*, Vol. 80, No. 4, pp. 515–42.

第11章

1.Wallace, C. C., 'New Species and Records from the Eocene of England and France Support Early Diversification of the Coral Genus *Acropora*', *Journal of Paleonology*, Vol. 82, No. 2, pp. 313–28, 2008.

2.Duncan, P. M., *A Monograph of the British Fossil Corals*, Second Series, Part 1, 'Introduction: Corals from the Tertiary Formations', Palaeontographical Society, London, 1866.

3.*Ibid.*

4.Tang, C. M., 'Monte Bolca: An Eocene Fishbowl', in Bottiger, D. et al, (eds.), Exceptional Fossil Preservation, Columbia University Press, New York, 2002.

5.Ibid.

6.Bellwood, D. R., 'The Eocene Fishes of Monte Bolca: The Earliest Coral Reef Fish Assemblage', *Coral Reefs*, Vol. 15, pp. 11–19, 1996.

第12章

1. Huyghe, D. *et al*, 'Middle Lutetian Climate in the Paris Basin: Implications of a Marine Hotspot of Palaeobiodiversity', Facies, Springer Verlag, Vol. 58, No. 4, pp. 587–604, 2012.

2. Gee, H., 'Giant Microbes that Lived for a Century', *Nature*, 19 August 1999.

3. Kirkpatrick, R., *The Nummulosphere: An Account of the Organic Origin of socalled Igneous Rocks and of Abyssal Red Clays*, Lamley and Co., London, 1913.

4.Waddell, L. M. and Moore T. C., 'Salinity of the Eocene Arctic Ocean from Oxygen Isotope Analysis of Fish Bone Carbonate', *Paleoceanography and Paleoclimatology*, Vol. 23, Issue 1, March 2008.

5. *Ibid.*

6.Barke, J. *et al*, (2012). 'Coeval Eocene Blooms of the Freshwater Fern Azolla in and around Arctic and Nordic Seas', *Palaeogeography, Palaeoclimatology, Palaeoecology*, Vol. 337–38, pp. 108–19, 2012.

第13章

1.Sheldon, N. D., 'Coupling of Marine and Continental Oxygen Isotope Records During the Eocene–Oligocene Transition', *GSA Bulletin*, Vol. 128, pp. 502–10, 2015.

2.Hooker, J. J. *et al*, 'Eocene–Oligocene Mammalian Faunal Turnover in the Hampshire Basin, UK: Calibration to the Global Time Scale and the Major Cooling Event', *Journal of the Geological Society*, Vol. 161, pp. 161–72, March 2004.

3.Arkgün, F. *et al*, 'Oligocene Vegetation and Climate Characteristics in North-West Turkey: Data from the South-Western Part of the Thrace Basin', *Turkish Journal of Earth Sciences*, Vol. 22, pp. 277–303, 2013.

4. *Ibid.*

5.Mazzoli, S. and Helman, M. 'Neogene Patterns of Relative Plate Motion for Africa-Europe: Some Implications for Recent Central Mediterranean Tectonics', *Geol Rundsch*, Vol. 83, pp. 464–68, 1994.

6.Sundell, K. A., 'Taphonomy of a Multiple *Poebrotherium* Kill Site—an *Archaeotherium* Meat Cache', *Journal of Vertebrate Palaeontology*, Vol. 19, Supp. 3, 79a, 1999.

7.Pickford, M. and Morales, J., 'On the Tayassuid Affinities of *Xenohyus* Ginsburg, 1980, and the Description of New Fossils from Spain', *Estudios Geologicos*. Vol. 45, pp. 3–4, 1989.

8.Weiler, U. *et al*, 'Penile Injuries in Wild and Domestic Pigs', *Animals*, Vol. 6, No. 4, p. 25, 2016.

9.www.news.com.au/technology/science/animals/woman-mauled-by-viciousherd-of-javelinas-in-arizona/news-story

10.Menecart, B., 'The Ruminantia (Mammalia, Certiodactyla) of the Oligocene to the Early Miocene of Western Europe: Systematics, Palaeoecology and Palaeobiogeography', PhD thesis 1756, University of Fribourg, 2012.

第14章

1. *Ibid.*

2.Mayr, G., 'The Paleogene Fossil Record of Birds in Europe', *Biological Reviews*, Vol. 80, pp. 515–42, 2005.

3.Mayr, G. and Manegold, A., 'The Oldest European Fossil Songbird from the Early Oligocene of Germany', *Naturwissenschaften*, Vol. 91, pp. 173–77, 2004.

4.Low, I., *Where Song Began: Australia's Birds and How They Changed the World*, Penguin Books Australia, Melbourne, 2014.

5.*Ibid.*

6.Naish, D., 'The Amazing World of Salamander', *Scientific American* blog, 1 October 2013.

7.Naish, D., 'When Salamanders Invaded the Dinaric Karst: Convergence, History and the Re-emergence of the Troglobitic Olm', *Tetrapod Zoology*, 17 November 2008.

第15章

1. Antoine, P. O. and Becker, D., 'A Brief Review of Agenian Rhinocerotids in Western Europe', *Swiss Journal of Geoscience*, Vol. 106, Issue 2, pp. 135–46, 2013.

2.Campani, M. *et al*, 'Miocene Palaeotopography of the Central Alps', *Earth and Planetary Science Letters*, Vols. 337–38, pp. 174–85, 2012.

3.Jiminez-Moreno, G. and Suc, J. P., 'Middle Miocene Latitudinal Climatic Gradient in Western Europe: Evidence from Pollen Records', *Palaeogeography, Palaeoecology, Palaeobiology*, Vol. 253, pp. 224–41, 2007.

4.Cer ň ansky, A. *et al*, 'Fossil Lizard from Central Europe Resolves the Origin of Large Body Size and Herbivory of Giant Canary Island Lacertids', *Zoological Journal of the Zoological Society*, Vol. 176, pp. 861–77, 2015.

5.Böhme, M. *et al*, 'The Reconstruction of Early and Middle Miocene Climate and Vegetation in Southern Germany as Determined from the Fossil Wood Flora', Palaeogeography, Palaeoclimatology, Palaeoecology, Vol. 253, pp. 91–114, 2007.

6.Henry, A. and McIntyre, M., 'The Swamp Cypresses, *Glyptostrobus* of China and Taxodium of America, with Notes on Allied Genera', *Proceedings of the Royal Irish Academy*, Vol. 37, pp. 90–116, 1926.

7.Meller, B. *et al*, 'Middle Miocene Macro Floral Elements from the Lavanttal Basin, Austria, Part 1, *Ginkgo adiantoides* (Unger) Heer', *Austrian Journal of Earth Sciences*, Vol. 108, pp. 185–98, 2015.

第16章

1.Antoine, P. O. and Becker, D., 'A Brief Review of Agenian Rhinocerotids in Western Europe', *Swiss Journal of Geoscience*, Vol. 106, pp. 135–46, 2013.

2.Hooker, J. J. and Dashzeveg, D., 'The Origin of Chalicotheres (Perrisodactyla, Mammalia)', *Palaeontology*, Vol. 47, pp. 1363–68, 2004.

3.Sembrebon, G. *et al*, 'Potential Bark and Fruit Browsing as Revealed by Mibrowear Analysis of the Peculiar Clawed Herbivores Known as Chalicotheres (Perrisodactyla, Chalioctheroidea)', *Journal of Mammalian Evolution*, Vol. 18, pp. 33–55, 2010.

4.Barry, J. C. *et al*, 'Oligocene and Early Miocene Ruminants (Mammalia:Artiodactyla) from Pakistan and Uganda', *Palaeontologia Electronica*, Vol. 8, 2005.

5.Mitchell, G. and Skinner, J. D., 'On the Origin, Evolution and Phylogeny of Giraffes *Giraffa camelopardalis*', *Transactions of the Royal Society of South Africa*, Vol. 58, pp. 51–73, 2010.

6.Fossilworks: *Eotragus*.

7.Van der Made, J. and Mazo, A. V., 'Proboscidean Dispersal from Africa towards Western

Europe', in Reumer, J. W. F. *et al* (eds.), 'Advances in Mammoth Research', *Proceedings of the Second International Mammoth Conference*, Rotterdam, 16–20 May 1999, 2003.

8.Wang, L.-H. and Zhang, Z.-Q., 'Late Miocene *Cervavitus noborossiae* (Cervidae, Artiodactyla) from Lantian, Shaanxi Province', *Vetebrata PalAsiatica*, Vol. 52, pp. 303–15, 2013.

9.Menecart, B., 'The Ruminantia (Mammalia, Certiodactyla) of the Oligocene to the Early Miocene of Western Europe: Systematics, Palaeoecology and Palaeobiogeography', PhD thesis 1756, University of Fribourg, 2012.

10.Garces, M. *et al*, 'Old World First Appearance Datum of "Hipparion" Horses: Late Miocene Large Mammal Dispersal and Global Events', *Geology*, Vol. 25, pp. 19–22, 1997.

11.Agusti, J., 'The Biotic Environments of the Late Miocene Hominids', in Henke and Tattersal (eds), *Handbook of Palaeoanthropology*, Vol. 1, Ch. 5, Springer Reference, 2007.

12.Johnson, W. E. *et al*, 'The Late Miocene Radiation of Modern Felidae: A Genetic Assessment', *Science*, Vol. 311, pp. 73–77, 2006.

13.López-Anto ñ anzas, R. *et al*, 'New Species of Hispanomys (Rodentia, Cricetodontinae) from the Upper Miocene of Ballatones (Madrid, Spain)', *Zoological Journal of the Linnean Society*, Vol. 160, pp. 725–27, 2010.

14.Salesa, M. J. *et al*, 'Inferred Behaviour and Ecology of the Primitive Sabre- Toothed Cat *Paramachairodus ogygia* (Felidae, Machairodontinae) from the Late Miocene of Spain', *Journal of Zoology*, Vol. 268, pp. 243–54, 2006. Salesa, M. J. *et al*, 'First Known Complete Skulls of the Scimitar-Toothed Cat *Machairodus aphanistus* (Felidae, Carnivora) from the Spanish Late Miocene Site of Batallones–1', *Journal of Vertebrate Palaeontology*, Vol. 24, No. 4, pp. 957–69, 2004.

15.Sotnikova, M. and Rook, L., 'Dispersal of the Canini (Mammalia, Canidae: Caninae) across Eurasia during the Late Miocene to Early Pleistocene', *Quaternary International*, Vol. 212, pp. 86–97, 2010.

16.AFP, 'First Python Fossil Unearthed in Germany', 17 October 2011.

17.Mennecart, B. *et al*, 'A New Late Agenian (MN2a, Early Miocene) Fossil Assemblage from Wallenreid, (Molasse Basin, Canton Fribourg, Switzerland)', *Palaeontologische Zeitschrift*, Vol. 90, pp. 101–23, 2015. Kuch, U. *et al*, 'Snake Fangs from the Lower Miocene of Germany: Evolutionary Stability of Perfect Weapons', *Naturwissenschaften*, Vol. 93, pp. 84–87, 2006.

18.Evans, S. E. and Klembara, J., 'A Choristeran Reptile (reptilian:Diapsida) from the Lower Miocene of Northwest Bohemia (Czech Republic)', *Journal of Vertebrate Palaeontology*, Vol. 25, pp. 171–84, 2005.

第17章

1.Darwin, C., *The Descent of Man, and Selection in Relation to Sex*, John Murray, London, 1871.

2.Begun, D., *The Real Planet of the Apes: A New Story of Human Origins.* Princeton University Press, Princeton, 2015.

3.*Ibid.*

4.*Ibid.*

5.Stevens, N. J., 'Palaeontological Evidence for an Oligocene Divergence between Old World Monkeys and Apes', *Nature*, Vol. 497, pp. 611–14, 2013.

p330

6.Begun, D., *The Real Planet of the Apes: A New Story of Human Origins*, Princeton University Press, Princeton, 2015.

7. *Ibid.*

第18章

1.*Ibid.*

2.*Ibid.*

3.Bernor, R. L., 'Recent Advances on Multidisciplinary Research at Rudabábanya, Late Miocene (MN9), Hungary', *Palaeontolographica Italica*, Vol. 89, pp. 3–36, 2002.

4.Begun, D., *The Real Planet of the Apes: A New Story of Human Origins.* Princeton University Press, Princeton, 2015.

5.*Ibid.*

6.Fuss, J. *et al*, 'Potential Hominin Affinities of *Graecopithecus* from the Late Miocene of Europe', *PLOS ONE*, Vol. 12, No. 5, 2017.

7.Böhme, M. *et al*, 'Messinian Age and Savannah Environment of the Possible Hominin *Graecopithecus* from Europe', *PLOS ONE*, Vol. 12, No. 5, 2017.

8.Gierliń ski, G. D., 'Possible Hominin Footprints from the Late Miocene (c. 5.7 Ma) of Crete?', *Proceedings of the Geologist's Association*, Vol. 128, Issues 5–6, pp. 697–710, 2017.

第19章

1. Reyjol, Y. *et al*, 'Patterns in Species Richness and Endemism of European Freshwater Fish', *Global Ecology and Biogeography*, 15 December 2006.

2.Frimodt, C., *Multilingual Illustrated Guide to the World's Commercial Coldwater Fish*, Fishing News Books, Osney Mead, Oxford, 1995.

3.Venczel, M. and Sanchiz, B., 'A Fossil Plethodontid Salamander from the Middle Miocene of Slovakia (Caudata, Plethodontidae)', *Amphibia Reptilia*, Vol. 26, pp. 408–11, 2005.

4.Naish, D., 'The Korean Cave Salamander', *Scientific American* blog, 18 August 2015.

第20章

1.Stroganov, A. N., 'Genus *Gadus* (Gadidae): Composition, Distribution, and Evolution of Forms', *Journal of Ichthyology*, Vol. 55, pp. 319–36, 2015.

第21章

1.Willis, K. J. and McElwain, J. C., *The Evolution of Plants*, (2nd ed.), Oxford University Press, Oxford, 2014.

2.Cadbury, D., *Terrible Lizard: The First Dinosaur Hunters and the Birth of a New Science*, Henry Holt, New York, 2000.

3.Owen, R., 'On the Fossil Vertebrae of a Serpent (*Laophis crotaloïdes*, Ow.) Discovered by Capt. Spratt, R. N., in a Tertiary Formation at Salonica', *Quarterly Journal of the Geological Society*, Vol. 13, pp. 197–98, 1857.

4.*Ibid.*

5.Boev, Z. and Koufous, G., 'Presence of *Pavo bravardi* (Gervais, 1849) (Aves, Phasianidae) in the Ruscinian Locality of Megalo Emvolon, Macedonia, Greece', *Geologica Balcanica*, Vol. 30, pp. 60–74, 2000.

Pappas, S., 'Biggest Venomous Snake Ever Revealed in New Fossils', *Live Science*, 6 November 2014.

6.Georgalis, G. *et al*, 'Rediscovery of *Laophis crotaloides*—The World's Largest Viper', *Journal of Vertebrate Palaeontology Programme and Abstracts Book*, Berlin, 2014.

7.Pérez-García, A. *et al*, 'The Last Giant Continental Tortoise of Europe: A Survivor in the Spanish Pleistocene Site of Fonelas P-1', *Palaeogeography, Palaeoclimatology, Palaeoecology*, Vol. 470, pp. 30–39, 2017.

8.Bibi, F. *et al*, 'The Fossil Record and Evolution of Bovidae: State of the Field', *Palaeontologia Electronica*, No. 12(3) 10A, 2009.

9.Pimiento, C. and Balk, M. A., 'Body-Size Trends of the Extinct Giant Shark *Carcharocles megalodon*: A Deep-Time Perspective on Marine Apex Predators', *Paleobiology*, Vol. 41, No. 3, pp. 479–90, 2015.

10.Larramendi, A., 'Shoulder Height, Body Mass and Shape of Proboscideans', *Acta Palaeontologica Polonica*, Vol. 61, No. 3, pp. 537–74, 2016.

11.Van der Made, J. and Mazo, A. V., 'Proboscidean Dispersal from Africa towards Western Europe', in Reumer, J. W. F. *et al* (eds.), 'Advances in Mammoth Research', *Proceedings of the Second International Mammoth Conference*, Rotterdam, 16–20 May 1999.

12.Azzaroli, A., 'Quaternary Mammals and the "End-Villafranchian" Dispersal Event—A Turning Point in the History of Eurasia', *Palaeogeo graphy, Palaeoclimatology, Palaeoecology*, Vol.

44, pp. 117–39, 1983.

13. Sotnikova, M. and Rook, L., 'Dispersal of the Canini (Mammalia, Canidae, Caninae) across Eurasia during the Late Miocene to Early Pleistocene', *Quaternary International*, Vol. 212, pp. 86–97, 2010.

第22章

1.Lisiecki, L. E. and Raymo, M. E., 'A Pliocene-Pleistocene Stack of 57 Globally Distributed Benthic δ 18O Records', *Paleoceanography and Paleoclimatology*, 18 January 2005.

2.Blondel, J. *et al*, *The Mediterranean Region: Biological Diversity in Space and Time*, Oxford University Press, Oxford, 2010.

3.*Ibid.*

4.Rook, L. and Martinez-Navarro, B., 'Villafranchian: The Long Story of a Plio-Pleistocene European Large Mammal Biochronologic Unit', *Quaternary International*, Vol. 219, pp. 134–44, 2010.

5.Arribas, A. *et al*, 'A Mammalian Lost World in Southwest Europe during the Late Pliocene', *PLOS ONE*, Vol. 4, No. 9, 2009.

6.Turner, A. *et al*, 'The Giant Hyena, *Pachycrocuta brevirostris* (Mammalia, Carnivora, Hyaenidae), *Geobios*, Vol. 29, pp. 455–86, 1995.

7.Croitor, R., 'Early Pleistocene Small-Sized Deer of Europe', *Hellenic Journal of Geosciences*, Vol. 41, pp. 89–117, 2006.

8.Rook, L. and Martinez-Navarro, B., 'Villafranchian: The Long Story of a Plio-Pleistocene European Large Mammal Biochronologic Unit', *Quaternary International*, Vol. 219, pp. 134–44, 2010.

9.*Ibid.*

第23章

1.Fisher, R. A., *The Genetical Theory of Natural Selection*, Clarendon Press, Oxford, 1930.

2.Gray, A., 'Mammalian Hybrids', Commonwealth Agriculture Bureaux, Edinburgh, Technical Publication No. 10, 1972.

3.Mallet, J., 'Hybridisation as an Invasion of the Genome', *Trends in Ecology and Evolution*, Vol. 20, pp. 229–37, 2005.

4.Kumar, V. *et al*, 'The Evolutionary History of Bears Is Characterised by Gene Flow across Species', *Scientific Reports* 7, Article No. 46487, 2017.

5.Palkopoulou, E. *et al*, 'A Comprehensive Genomic History of Extinct and Living Elephants', PubMed, National Institute of Health, 13 March 2018.

6.López Bosch, D., 'Hybrids and Sperm Thieves: Amphibian Kleptons', *All You Need Is*

Biology, blog, 24 July 2016.

7.Gautier, M. *et al*, 'Deciphering the Wisent Demographic and Adaptive Histories from Individual Whole-Genome Sequences', *Biological Journal of the Linnean Society. Mol. Biol. Evol.*, Vol. 33, No. 11, pp. 2801–14, 2016.

8.Mallet, J., 'Hybridisation as an Invasion of the Genome', *Trends in Ecology and Evolution*, Vol. 20, pp. 229–37, 2005.

9. 'Funny Creature "Toast of Botswana"', BBC News, 3 July 2000.

10.Darwin, C., *What Mr. Darwin Saw in His Voyage Round the World in the Ship 'Beagle'*, Harper & Bros., New York, 1879.

11.Hermansen, J. S. *et al*, 'Hybrid Speciation in Sparrows 1: Phenotypic Intermediacy, Phenotypic Admixture and Barriers to Gene Flow', *Molecular Ecology*, Vol. 2, pp. 3812–22, 2011.

12.Vallego-Marin, M., 'Hybrid Species Are on the March—with the Help of Humans', *The Conversation*, 31 May 2016.

Noble, L., 'Hybrid "Super-Slugs" Are Invading British Gardens, and We Can't Stop Them', *The Conversation*, 19 April 2017.

第24章

1.Sotnikova, M. and Rook, L., 'Dispersal of the Canini (Mammalia, Canidae: Caninae) across Eurasia during the Late Miocene to Early Pleistocene', *Quaternary International*, Vol. 212, pp. 86–97, 2010.

2.Ferring, R. *et al*, 'Earliest Human Occupations at Dmanisi (Georgian Caucasus) Dated to 1.85–1.78 Ma.', *PNAS*, Vol. 108, pp. 10432–36, 2013.

3.Lordkipanidze, D. *et al*, 'Postcranial Evidence from Early Homo from Dmanisi, Georgia', *Nature*, Vol. 449, pp. 305–10, 2007.

4.Lordkipanidze, D. *et al*, 'The Earliest Toothless Hominin Skull', *Nature*, Vol. 434, pp. 717–18, 2005.

5.Bower, B., 'Evolutionary Back Story: Thoroughly Modern Spine Supported Human Ancestor', *Science News*, Vol. 169. p. 275, 2009.

6.Mourer-Chauviré, C, and Geraads, D., 'The Struthionidae and Pelagornithidae (Aves: Struthioniformes, Odontopterygiformes) from the Late Pliocene of Ahl Al Oughlam, Morocco', *Semantic Scholar*, 2008.

7.Fernández-Jalvo, Y. *et al*, 'Human Cannibalism in the Early Pleistocene of Europe (Gran Dolina, Sierra de Atapuerca, Burgos, Spain)', *Journal of Human Evolution*, Vol. 37, pp. 591–622, 1999.

8.Ashton, N. *et al*, 'Hominin Footprints from Early Pleistocene Deposits at Happisburgh, UK', *PLOS ONE*, 7 February 2014.

9.Wutkke, M., 'Generic Diversity and Distributional Dynamics of the Palaeobatrachidae

(Amphibia: Anura)'，*Palaeodiversity and Palaeoenvrinonments*, Vol. 92, No. 3, pp. 367–95, 2012.

第25章

1.Golek, M. and Rieder, H.,'Erprobung der Altpalaolithischen Wurfspeere vol Schöningen'，*Internationale Zeitschrift für Geschichte des Sports*, 25, Academic Verlag Sankt Augustin, 1–12, 1999.

2.Kozowyk, P. *et al*,'Experimental Methods for the Palaeolithic Dry Distillation of Birch Bark: Implications for the Origin and Development of Neandertal Adhesive Technology'，*Scientific Reports*, Vol. 7, p. 8033, 2017.

3.Mazza, P. *et al*,'A New Palaeolithic Discovery: Tar-Hafted Stone Tools in a European Mid-Pleistocene Bone-Bearing Bed'，*Journal of Archaeological Science*, Vol. 33, pp. 1310–18, 2006.

4.'The First Europeans—One Million Years Ago'，*BBC Science and Nature*.

5.King, W.,'The Reputed Fossil Man of the Neanderthal', *Quarterly Journal of Science*, Vol. 1, p. 96, 1864.

6.Froehle, A. W. and Churchill, S. E.,'Energetic Competition between Neandertals and Anatomically Modern Humans'，*PaleoAnthropology*, pp. 96–116, 2009.

Papagianni, D. and Morse, M., *The Neanderthals Rediscovered: How Modern Science Is Rewriting Their Story*, Thames & Hudson, London, 2013.

Bocherens, H.,'Isotopic Evidence for Diet and Subsistence Pattern of the Saint-Césaire I Neanderthal: Review and Use of a Multi-Source Mixing Model'，*Journal of Human Evolution*, Vol. 49, No. 1, pp. 71–87, 2005.

7.Hoffecker, J. F. 'The Spread of Modern Humans in Europe'，PNAS, Vol. 106, pp. 16040–45, 2009.

8.Boquet-Appel, J. P. and Degioanni, A.,'Neanderthal Demographic Estimates'，*Current Anthropology*, Vol. 54, Issue 8, pp. 202–13, 2013.

9.Bergström, A. and Tyler-Smith, C.,'Palaeolithic Networking'，*Science*, Vol. 358 (6363), pp. 586–87, 2017.

10.Tattersall, I., *The Strange Case of the Rickety Cossack and other Cautionary Tales from Human Evolution*, Palgrave Macmillan, New York, 2015.

11.Laleuza-Fox, C. *et al*,'A Melanocortin 1 Receptor Allele Suggests Varying Pigmentation Among Neanderthals'，*Science*, Vol. 318 (5855), pp. 1453–55, 2007.

12.Pierce, E. *et al*,'New Insights into Differences in Brain Organization between Neanderthals and Anatomically Modern Humans'，*Proceedings of the Royal Society (B)*, 280: 20130168, 2013.

13.Schwartz, S.,'The Mourning Dawn: Neanderthal Funerary Practices and Complex Response to Death'，*HARTS and Minds*, Vol. 1, No. 3, 2013–14.

14.Hoffman, D. L. *et al*, 'U-Th Dating of Carbonate Crusts Reveals Neandertal Origin of Iberian Cave Art', *Science*, Vol. 359, pp. 912–15, 2018.

15.Radovcic, D., 'Evidence for Neandertal Jewelry: Modified White-Tailed Eagle Claws at Krapina', *PLOS ONE*, 11 March 2015.

16.Joubert, J. *et al*, 'Early Neanderthal Constructions Deep in Bruniquel Cave in Southwestern France', *Nature*, Vol. 534, pp. 111–14, 2016.

17.Lascu, C., *Piatra Altarului*, 无出版商, 无日期。

18.Engelhard, M., *Ice Bear: The Cultural History of an Arctic Icon*, University of Washington Press, Washington, 2016.

19.Hingham, T. *et al*, 'The Timing and Spatiotemporal Patterning of Neanderthal Disappearance', *Nature*, Vol. 512, pp. 306–09, 2014.

第26章

1.Hershkovitz, I., *et al*, 'The Earliest Modern Humans Outside Africa', *Science*, Vol. 359, pp. 456–59, 2018.

Richter, D. *et al*, 'The Age of the Hominin Fossils from Jebel Irhoud, Morocco, and the Origins of the Middle Stone Age', *Nature*, Vol. 546, pp. 293–96, 2017.

Fu, Q. *et al*, 'Genome Sequence of a 45,000-Year-Old Modern Human from Western Siberia', *Nature*, Vol. 514, pp. 445–49, 2016.

2.Fu, Q. *et al*, 'The Genetic History of Ice-age Europe', *Nature*, Vol. 534, pp. 200–05, 2016.

3.Fu, Q. *et al*, 'An Early Modern Human Ancestor from Romania with a Recent Neanderthal Ancestor', *Nature*, Vol. 524, pp. 216–19, 2015.

4.*Ibid.*

5.Hartwell Jones, G., *The Dawn of European Civilisation*, Gilbert and Rivington, London, 1903.

6.Green, R. E. *et al*, 'Draft Full Sequence of Neanderthal Genome', *Science*, Vol. 328, pp. 710–22, 2010.

7.Mendez, F. L. *et al*, 'The Divergence of Neandertal and Modern Human Y Chromosomes', *American Journal of Human Genetics*, Vol. 98, No. 4, pp. 728–34, 2016.

8.Sankararaman, S., *et al*, 'The Genomic Landscape of Neanderthal Ancestry in Present-day Humans', *Nature*, Vol. 507, pp. 354–57, 2014.

9.Bennazi, S. *et al*, 'Early Dispersal of Modern Humans in Europe and Implications for Neanderthal Behaviour', *Nature*, Vol. 279, pp. 525–28, 2011. Hingham, T. *et al*, 'The Earliest Evidence of Anatomically Modern Humans in Northwestern Europe', *Nature*, Vol. 479, pp. 521–24, 2011.

10.Vernot, B. and Akey, J. M., 'Resurrecting Surviving Neandertal Lineages from Modern

Human Genomes', *Science*, Vol. 343, pp. 1017–21, 2014.

11.Fu, Q. *et al*, 'The Genetic History of Ice-age Europe', *Nature*, Vol. 534, pp. 200–05, 2016.

12.Yong, E., 'Surprise! 20 Percent of Neanderthal Genome Lives on in Modern Humans, Scientists Find', *National Geographic*, 29 January 2014.

第27章

1. Dvorsky, G, 'A 40,000 Year-Old Sculpture Made Entirely from Mammoth Ivory', *Gizmodo*, 2 August, 2013.

2.Quiles, A. *et al*, 'A High-Precision Chronological Model for the Decorated Upper Palaeolithic Cave of Chauvet-Pont d'Arc, Ardéche, France', *PNAS*, Vol. 113, pp. 4670–75, 2016.

3.Thalmann, O. *et al*, 'Complete Mitochondrial Genomes of Ancient Canids Suggest a European Origin of Domestic Dogs', *Science*, Vol. 342, Issue 6160, pp. 871–74, 2013.

4.Sotnikova, M. and Rook, L., 'Dispersal of the Canini (Mammalia, Canidae, Caninae) across Eurasia during the Late Miocene to Early Pleistocene', *Quaternary International*, Vol. 212, pp. 86–97, 2010.

5.Dugatkin, L. A. and Trutt, L., *How to Tame a Fox*, University of Chicago Press, Chicago, 2017.

6.Napierala, H., and Uerpmann, H-P., 'A "New" Palaeolithic Dog from Central Europe', *International Journal of Osteoarchaeology*, Vol. 22, pp. 127–37, 2010.

7.Frantz, L. A. F., *et al*, 'Genomic and Archaeological Evidence Suggest a Dual Origin of Domestic Dogs', *Science*, Vol. 352, Issue 6290, pp. 1228–31, 2016.

Botigué, L. R., *et al*, 'Ancient European Dog Genomes Reveal Continuity Since the Early Neolithic', *Nature Communications*, Vol. 8, Article No. 16082, 2017.

第28章

1.Callaway, E., 'Elephant History Rewritten by Ancient Genomes', *Nature*, News, 16 September 2016.

2.Palkopoulou, E. *et al*, 'A Comprehensive Genomic History of Extinct and Living Elephants', *PNAS*, 26 February 2018.

3.Thieme, H. and Veil, S., 'Neue Untersuchungen zum eemzeitlichen Elefanten-Jagdplatz Lengingen', Ldkg. Verden. *Die Kunde*, Vol. 236, pp. 11–58, 1985.

4.Geer, A. van der, *et al*, *Evolution of Island Mammals*, Wiley Blackwell, UK, 2010.

第29章

1.Pushkina, D., 'The Pleistocene Easternmost Distribution in Eurasia of the Species Associated with the Eemian *Palaeloxodon antiquus* Assemblage', *Mammal Reviews*, Vol. 37, pp. 224–45, 2007.

2.Pulcher, E., 'Erstnachweis des europaischen Wilkdesels (*Equus hydruntius*, Regalia, 1907) im Holozan Österreichs', 1991.

3.Naito, Y. I. *et al*, 'Evidence for Herbivorous Cave Bears (*Ursus spelaeus*) in Goyet Cave, Belgium: Implications for Palaeodietary Reconstruction of Fossil Bears Using Amino Acid δ 15N Approaches', *Journal of Quaternary Science*, Vol. 31, pp. 598–606, 2016.

4.Pacher, M. and Stuart, A., 'Extinction Chronology and Palaeobiology of the Cave Bear (*Ursus spelaeus*)', *Boreas*, Vol. 35, Issue 2, pp. 189–206, 2008.

5.MüS, C. and Conard, N. J., 'Cave Bear Hunting in the Hohle Fels, a Cave Site in the Ach Valley, Swabian Jura', *Revue de Paléobiologie*, Vol. 23, Issue 2, pp. 877–85, 2004.

6.Gonzales, S. *et al*, 'Survival of the Irish Elk into the Holocene', *Nature*, Vol. 405, pp. 753–54, 2000.

7.Kirillova, I. V., 'On the Discovery of a Cave Lion from the Malyi Anyui River (Chukotka, Russia)', *Quaternary Science Reviews*, Vol. 117, pp. 135–51, 2015.

8.Bocherens, H. *et al*, 'Isotopic Evidence for Dietary Ecology of Cave Lion (*Panthera spelaea*) in North-Western Europe: Prey Choice, Competition and Implications for Extinction', *Quaternary International*, Vol. 245, pp. 249–61, 2011.

9.Cuerto, M. *et al*, 'Under the Skin of a Lion: Unique Evidence of Upper Palaeolithic Exploitation and Use of Cave Lion (*Panthera spelaea*) from the Lower Gallery of La Garma (Spain)', *PLOS ONE*, Vol. 11, Issue 10, Article no. e0163591, 2016.

10.Rohland, N. *et al*, 'The Population History of Extant and Extinct Hyenas', *Molecular Biology and Evolution*, Vol. 22, pp. 2435–43, 2005.

11.Varela, S. *et al*, 'Were the Late European Climatic Changes Responsible for the Disappearance of the European Spotted Hyena Populations? Hindcasting a Species Geographic Distribution across Time', *Quaternary Science Reviews*, Vol. 29, pp. 2027–35, 2010.

12.Diedrich, C. G., 'Late Pleistocene Leopards across Europe—Northern- most European German Population, Highest Elevated Records in the Swiss Alps, Complete Skeletons in the Bosnia Herzegovina Dinarids and Comparison to the Ice-Age Cave Art', *Quaternary Science Reviews*, Vol. 76, pp. 167–93, 2013.

Sommer, R. S. and Benecke, N., 'Late Pleistocene and Holocene Development of the Felid Fauna (Felidae) of Europe: A Review', *Journal of Zoology*, Vol. 269, pp. 7–19, 2005.

第30章

1.Gupta, S. *et al*, 'Two-Stage Opening of the Dover Strait and the Origin of Island Britain', *Nature Communications*, Vol. 8, Article No. 15101, 2017.

2.Kahlke, R. D., 'The Origin of Eurasian Mammoth Faunas (*Mammuthus, Coelodonta* Faunal Complex)', *Quaternary Science Reviews*, Vol. 96, pp. 32–49, 2012.

3.Todd, N. E., 'Trends in Proboscidean Diversity in the African Cenozoic', *Journal of Mammalian Evolution*, Vol. 13, pp. 1–10, 2006.

4.Stuart, A. J. *et al*, 'The Latest Woolly Mammoths (*Mammuthus primi genius* Blumenbach) in Europe and Asia: A Review of the Current Evidence', *Quaternary Science Reviews*, Vol. 21, pp. 1559–69, 2002.

5.Palkopoulou, E. *et al*, 'Holarctic Genetic Structure and Range Dynamics in the Woolly Mammoth', *Proceedings of the Royal Society B*, Vol. 280, Issue 1770, 2013.

Lister, A. M., 'Late-Glacial Mammoth Skeletons (*Mammuthus primigenius*) from Condover (Shropshire, UK): Anatomy, Pathology, Taphonomy and Chronological Significance', *Geological Journal*, Vol. 44, pp. 447–79, 2009.

6.Stuart, A. J. *et al*, 'The Latest Woolly Mammoths (*Mammuthus primi genius* Blumenbach) in Europe and Asia: A Review of the Current Evidence', *Quaternary Science Reviews*, Vol. 21, pp. 1559–69, 2002.

7.Boeskorov, G. G., 'Some Specific Morphological and Ecological Features of the Fossil Woolly Rhinoceros (*Coelodonta antiquitatis* Blumenbach 1799)', *Biology Bulletin*, Vol. 39, Issue 8, pp. 692–707, 2012.

8.Jacobi, R. M. *et al*, 'Revised Radiocarbon Ages on Woolly Rhinoceros (*Coelodonta antiquitatis*) from Western Central Scotland: Significance for Timing the Extinction of Woolly Rhinoceros in Britain and the Onset of the LGM in Central Scotland', *Quaternary Science Reviews*, Vol. 28, pp. 2551–56, 2009.

9.Shpansky, A. V. *et al*, 'The Quaternary Mammals from Kozhamzhar Locality, (Pavlodar Region, Kazakhstan)', *American Journal of Applied Science*, Vol. 13, pp. 189–99, 2016.

10.Reumer, J. W. F. *et al*, 'Late Pleistocene Survival of the Saber-Toothed Cat *Homotherium* in Northwestern Europe', *Journal of Vertebrate Paleontology*, Vol. 23, pp. 260–62, 2003.

11.A fuller discussion of the decline of the sabre-tooths can be found in: Macdonald, D. and Loveridge, A., *The Biology and Conservation of Wild Felids*, Oxford University Press, Oxford, 2010.

第31章

1.Guthrie, R. D., *The Nature of Paleolithic Art*, University of Chicago Press, Chicago, 2005.

2.Quiles, A, *et al*, 'A High-Precision Chronological Model for the Decorated Upper

Palaeolithic Cave of Chauvet-Pont d'Arc, Ardéche, France', *PNAS*, Vol. 113, pp. 4670–75, 2016.

3.Guthrie, R. D., *The Nature of Paleolithic Art*, University of Chicago Press, Chicago, 2005, pp. 276–96.

4.*Ibid*, p. 324.

5.Schmidt, I., *Solutrean Points of the Iberian Peninsula: Tool Making and Using Behaviour of HunterGatherers during the Last Glacial Maximum*, British Archaeological Reports, Oxford, 2015.

第32章

1.Tallavaara, M. L. *et al*, 'Human Population Dynamics in Europe over the Last Glacial Maximum', *PNAS*, Vol. 112, Issue 27, pp. 8232–37, 2015.

2.Sommer, R. S. and Benecke, N., 'Late Pleistocene and Holocene Development of the Felid Fauna (Felidae) of Europe: A Review', *Journal of Zoology*, Vol. 269, Issue 1, pp. 7–19, 2006.

3.Heptner, V. G. and Sludskii, A. A., *Mammals of the Soviet Union, Vol. II*, Part 2, 'Carnivora (Hyaenas and Cats)', Leiden, New York, 1992. Üstay, A. H., *Hunting in Turkey*, BBA, Istanbul, 1990.

4.Rohland, N. *et al*, 'The Population History of Extant and Extinct Hyenas', *Molecular Biology and Evolution*, Vol. 22, Issue 12, pp. 2435–43, 2005.

5.Fu, Q. *et al*, 'The Genetic History of Ice Age Europe', *Nature*, Vol. 534, pp. 200–05, 2016.

6.Schmidt, K., 'Göbekli Tepe—Eine Beschreibung der wichtigsten Befunde erstellt nach den Arbeiten der Grabungsteams der Jahre 1995– 2007', in *Erste Tempel—Frühe Siedlungen, 12000 Jahre Kunst und Kultur*, Oldenburg, 2009.

第33章

1.Huntley, B., 'European Post-Glacial Forests: Compositional Changes in Response to Climatic Change', *Journal of Vegetation Science*, Vol. 1, pp. 507–18, 1990.

2.Zeder, M. A., 'Domestication and Early Agriculture in the Mediterranean Basin: Origins, Diffusion, and Impact, *PNAS*, Vol. 105, Issue 33, pp. 11597–604, 2008.

3.Fagan, B., *The Long Summer: How Climate Changed Civilisation*, Granta Books, London, 2004.

4.Zilhao, J., 'Radiocarbon Evidence for Maritime Pioneer Colonisation at the Origins of Farming in West Mediterranean Europe', *PNAS*, Vol. 98, pp. 14180–85, 2001.

5.Frantz, A .C., 'Genetic Evidence for Introgression Between Domestic Pigs and Wild Boars (*Sus scrofa*) in Belgium and Luxembourg: A Comparative Approach with Multiple Marker Systems', *Biological Journal of the Linnean Society*, Vol. 110, pp. 104–15, 2013.

6.Park, S. D. E. *et al*, 'Genome Sequencing of the Extinct Eurasian Wild Aurochs, *Bos primigenius*, Illuminates the Phylogeography and Evolution of Cattle, *Genome Biology*, Vol. 16, p. 234, 2015.

第34章

1.Bramanti, B. *et al*, 'Genetic Discontinuity Between Local Hunter- Gatherers and Central Europe's First Farmers, *Science*, Vol. 326, pp. 137–40, 2009.

2.Downey, S. E. *et al*, 'The Neolithic Demographic Transition in Europe: Correlation with Juvenile Index Supports Interpretation of the Summed Calibrated Radiocarbon Date Probability Distribution (SCDPD) as a Valid Demographic Proxy', *PLOS ONE*, 9(8): e105730, 25 August 2014.

3. 'Childe, Vere Gordon (1892–1957)', *Australian Dictionary of Biography*, Melbourne University Publishing, Melbourne, 1979.

4.Low, J., 'New Light on the Death of V. Gordon Childe', *Australian Society for the Study of Labour History*, undated, www.laborhistory.org. au/hummer/no-8/gordon-childe/

5.Green, K., 'V. Gordon Childe and the Vocabulary of Revolutionary Change', *Antiquity*, Vol. 73, pp. 97–107, 1961.

6.Stevenson, A., 'Yours (Unusually) Cheerfully, Gordon: Vere Gordon Childe's Letters to RBK Stevenson', *Antiquity*, Vol. 85, pp. 1454–62, 2011.

7.Editorial, *Antiquity*, Vol. 54, No. 210, p. 2, 1980.

8.Cieslak, M. *et al*, 'Origin and History of Mitochondrial DNA Lineages in Domestic Horses', *PLOS ONE*, 5(2): e15311, 2010.

9.*Ibid.*

10.Almathen, F. *et al*, 'Ancient and Modern DNA Reveal Dynamics of Domestication and Cross-Continental Dispersion of the Dromedary', *PNAS*, Vol. 113, pp. 6706–12, 2016.

11.Gunther, R. T., 'The Oyster Culture of the Ancient Romans', *Journal of the Marine Biological Association of the United Kingdom*, Vol. 4, pp. 360–65, 1897.

第35章

1.Van der Geer, A. *et al*, *Evolution of Island Mammals: Adaptation and Extinction of Placental Mammals on Islands*, Wiley-Blackwell, New Jersey, 2010.

2.Lyras, G. A. *et al*, '*Cynotherium sardous*, an Insular Canid (Mammalia: Carnivora) from the Pleistocene of Sardinia (Italy), and its Origin', *Journal of Vertebrate Palaeontology*, Vol. 26, pp. 735–45, 2005.

3.Hautier, L. *et al*, 'Mandible Morphometrics, Dental Microwear Pattern, and Palaeobiology of the Extinct Belaric Dormouse *Hypnomys morpheus*', *Acta Palaeontologica Polonica*, Vol. 54, pp. 181–94, 2009.

4.Shindler, K., '*Discovering Dorothea: The Life of the Pioneering Fossil Hunter Dorothea Bate*, Harper Collins, London, 2005.

5.Ramis, D. and Bover, P., 'A Review of the Evidence for Domestication of *Myotragus balearicus* Bate 1909 (Artiodactyla, Caprinae) in the Balearic Islands', *Journal of Archaeological Science*, Vol. 28, pp. 265–82, 2001.

第36章

1.Hirst, J., *The Shortest History of Europe*, Black Inc, Melbourne, 2012.

2.Rokoscz, M., 'History of the Aurochs (*Bos Taurus primigenius*) in Poland', *Animal Genetic Resources Information*, Vol. 16, pp. 5–12, 1995.

3.*Ibid*.

4.Elsner, J. *et al*, 'Ancient mtDNA Diversity Reveals Specific Population Development of Wild Horses in Switzerland after the Last Glacial Maximum', *PLOS ONE*, 12(5): e0177458, 2017.

5.Sommer, R. S., 'Holocene Survival of the Wild Horse in Europe: A Matter of Open Landscape?' *Journal of Quaternary Science*, Vol. 26, Issue 8, pp. 805–12, 2011.

6.Van Vuure, C. T., 'On the Origin of the Polish Konik and Its Relation to Dutch Nature Management', *Lutra*, Vol. 57, pp. 111–30, 2014.

7.Gautier, M. *et al*, 'Deciphering the Wisent Demographic and Adaptive Histories from Individual Whole-Genome Sequences', *Biological Journal of the Linnean Society, Mol. Biol. Evol.*, Vol. 33, Issue 11, pp. 2801–14, 2016.

8.Vera, F. and Buissink, F., 'Wilderness in Europe: What Really Goes on between the Trees and the Beasts', Tirion Baarn (Netherlands), 2007.

9.Bashkirov, I. S., 'Caucasian European Bison', Moscow: Central Board for Reserves, Forest Parks and Zoological Gardens, Council of the People's Commissars of the RSFSR, pp. 1–72, 1939. [俄语。]

第37章

1.Hoffman, G. S. *et al*, 'Population Dynamics of a Natural Red Deer Population over 200 Years Detected via Substantial Changes of Genetic Variation', *Ecololgy and Evolution*, Vol. 6, pp. 3146–53, 2016.

2.Fritts, S. H., *et al*, 'Wolves and Humans', in Mech, L. D. and Boitani, L. (eds), *Wolves: Behavior, Ecology and Conservation*, University of Chicago Press, Chicago, 2003.

3.Lagerås, C., *Environment, Society and the Black Death: An Interdisciplinary Approach to the Late Medieval Crisis in Sweden*, Oxbow Books, Oxford, 2016.

4.Albrecht, J. *et al*, 'Humans and Climate Change Drove the Holocene Decline of the Brown Bear', *Nature, Scientific Reports*, 7, Article No. 10399, 2017.

5.Engelhard, M., *Ice Bear: The Cultural History of an Arctic Icon*, University of Washington Press, Seattle, 2016

6.Zeder, M. A., 'Domestication and Early Agriculture in the Mediterranean Basin: Origins, Diffusion, and Impact', *PNAS*, Vol. 105, No. 33, pp. 11597–604, 2008.

7.Hard, J. J. *et al*, 'Genetic Implications of Reduced Survival of Male Red Deer *Cervus elaphus* under Harvest', *Wildlife Biology*, Vol. 2, Issue 4, pp. 427–41, 2006.

第38章

1.Cunliffe, B., *By Steppe, Desert, and Ocean: The Birth of Eurasia*, Oxford University Press, Oxford, 2015.

2.Thompson, V. *et al*, 'Molecular Genetic Evidence for the Place of Origin of the Pacific Rat, *Rattus exulans*', *PLOS ONE*, 17 March 2014.

第39章

1.Poole, K., *Extinctions and Invasions: A Social History of British Fauna*, chapter 18, 'Bird Introductions', Oxbow Books, Oxford, 2013.

2.*Ibid.*

3. 'The History of the Pheasant', *The Field*, www.thefield.co.uk

4.Glueckstein, F., 'Curiosities: Churchill and the Barbary Macaques', *Finest Hour*, Vol. 161, 2014.

5.Masseti, M. *et al*, 'The Created Porcupine, *Hystrix cristata* L. 1758, in Italy', *Anthropozoologica*, Vol. 45, pp. 27–42, 2010.

6.Nykl, A. R., *HispanoArabic Poetry and Its Relations with the Old Provincal Troubadors*, John Hopkins University Press, Baltimore, 1946.

7.Fagan, B., *Fishing: How the Sea Fed Civilisation*, Yale University Press, New Haven, 2017.

第40章

1.Montaigne, M., *Les Essais*, Abel the Angelier, Paris, 1598.

2.Pakenham, T., Reply in 'The Bastard Sycamore', *New York Review of Books* letters page, 19 January 2017.

3.Halamski, A. T., 'Latest Cretaceous Leaf Floras from Southern Poland and Western

Ukraine', *Acta Palaeontologica*, Vol. 58, pp. 407–43, 2013.

4.Sheehy, E. and Lawton, C., 'Population Crash in an Invasive Species Following the Recovery of a Native Predator: The Case of the American Grey Squirrel and the European Pine Marten in Ireland', *Biodiversity and Conservation*, Vol. 23, Issue 3, pp. 753–74, 2014.

5.Bertolino, S. and Genovesi, P., 'Spread and Attempted Eradication of the Grey Squirrel (*Sciurus carolinensis*) in Italy, and Consequences for the Red Squirrel (*Sciurus vulgaris*) in Eurasia', *Biological Conservation*, Vol. 109, pp. 351–58, 2003.

6.Tizzani, P. *et al*, 'Invasive Species and Their Parasites: Eastern Cottontail Rabbit *Sylvilagus floridanus* and *Trichostrongylus affinis* (Graybill 1924) from Northwestern Italy', *Parasitological Research,* Vol. 113, pp. 1301–03, 2014.

7.Hohmann, U. *et al*, *Der Waschbär*, Oertel and Spörer, Reutlingen, 2001.

8. 'Kangaroos run wild in France', *AFP*, 12 November 2003.

9.Mali, I. *et al*, 'Magnitude of the Freshwater Turtle Exports from the US: Long-Term Trends and Early Effects of Newly Implemented Harvesting Regimes', *PLOS ONE*, 9(1), E86478, 2014.

第41章

1.Pierotti, R. and Fogg, B., *The First Domestication: How Wolves and Humans Coevolved*, Yale University Press, New Haven, 2017.

2.Ó' Crohan, T., *The Islandman*, The Talbot Press, Dublin and Cork, 1929.

第42章

1.Inger, R. *et al*, 'Common European Birds Are Declining Rapidly while Less Abundant Species' Numbers Are Rising', *Ecology Letters*, Vol. 18, pp. 28–36, 2014.

2.D W News, '"Dramatic" Decline in European Birds Linked to Industrial Agriculture', 4, May 2017.

3.Vogel, G., 'Where Have All the Insects Gone?', *Science*, 10 May 2017.

4.Ruiz, J., 'A New EU Agricultural Policy for People and Nature', *EUACTIV*, 28 April 2017.

5.*EIONET*, 'State of Nature in the EU: Reporting Under the Birds and Habitats Directives', 2015.

6.*Ibid.*

7.Tree, I., *Wilding: The Return of Nature to an English Farm,* Picador, London, 2018.

8.Herard, F. *et al*, '*Anoplophora glabripennis*—Eradication Programme in Italy', European and Mediterranean Plant Protection Organization, 2009.

9.Stafford, F., *The Long, Long Life of Trees*, Yale University Press, New Haven, 2016.

第43章

1.Tauros Scientific Programme, taurosprogramme.com/tauros-scientific-programme/

2.Tacitus, C., *Germany and Its Tribes*, (translated by Church, A. J. and Brodribb, W. J.), Macmillan, London 1888.

3.Rice, P. H., 'A Relic of the Nazi Past Is Grazing at the National Zoo', United States Holocaust Memorial Museum, 3 April 2017.

4.Van Vuure, C. T., 'On the Origin of the Polish Konik and Its Relation to Dutch Nature Management', *Lutra*, Vol. 57, pp. 111–30, 2014.

5.*Ibid.*

第44章

1.Choi, C., 'First Extinct Animal Clone Created', *National Geographic News*, 10 February 2009.

2.Revive & Restore, reviverestore.org

3.Pilcher, H., 'Reviving Woolly Mammoths Will Take More than Two Years', *BBC Earth*, 22 February 2017.

4.Rewilding Europe, rewildingeurope.com/background-and-goals/urbanisation-and-land-abandonment/

5.*Ibid.*

跋

1.Roemer, N., *German City, Jewish Memory: The Story of Worms*, UPNE, 2010.

图片来源

索引

对蒂姆·弗兰纳里的赞誉

蒂姆·弗兰纳里名副其实：
他善于用清晰的阐述让主题真正生动起来。
——《文学评论》

弗兰纳里对行动、阴谋和隐喻有着天生的故事讲述者的敏锐嗅觉……
这种用粗线条书写的历史，读起来具有与延时摄影相同的强度和能量。
——《堪培拉时报》

就像贾里德·戴蒙德和斯蒂芬·杰伊·古尔德一样，
蒂姆·弗兰纳里能够对付复杂的概念，并且似乎毫不费力地就令它们变得浅显易懂。
——《悉尼先驱晨报》

弗兰纳里的写作艺术能激发人们的想象力。
——《澳大利亚文学评论》

弗兰纳里是一位对政治正确不屑一顾的作家，
并义无反顾地跨进了人类行为的生物决定因素这一充满争议的领域。
——《华盛顿邮报》

弗兰纳里综合了大量的科学研究和精选的历史文化著作，
用他自己有力的思想为它们增色。
——《纽约时报书评》

这个人是国宝，我们应该注意他写的每个字。
——《星期日电讯报》

弗兰纳里拥有出色的能力，
可以将复杂的事物分解成容易被头脑理解的东西。
——《北与南》

没有人比蒂姆·弗兰纳里讲得更好。
——大卫·苏祖基

如果你还没有对蒂姆·弗兰纳里的作品上瘾的话，现在就去发掘他吧。
——贾里德·戴蒙德

蒂姆·弗兰纳里的其他作品

《新几内亚哺乳动物》（*Mammals of New Guinea*）

《树袋鼠：一段奇特的自然史》（*Tree Kangaroos: A Curious Natural History*）（合著）

《未来的掠食者》（*The Future Eaters*）

《全世界的袋貂：袋貂总科专论》（*Possums of the World: a Monograph of the Phalangeroidea*）（合著）

《西南太平洋和摩鹿加群岛的哺乳动物》（*Mammals of the South West Pacific and Moluccan Islands*）

《1788》（编）

《生活和冒险》（*Life and Adventures: 1776–1801*）（编）

《雨林行者》（*Throwim Way Leg: An Adventure*）

《探险家》（*The Explorers*）（编）

《悉尼的诞生》（*The Birth of Sydney*）（编）

《未知的南方大陆：马修·弗林德斯环游澳大利亚的航海大冒险》（*Terra Australis: Matthew Flinders' Great Adventures in the Circumnavigation of Australia*）（编）

《永恒的边疆》（*The Eternal Frontier*）

《自然的裂隙》（*A Gap in Nature*）（合著）

《威廉·巴克尔的生活和冒险》（*The Life and Adventures of William Buckley*）（编）

《墨尔本的诞生》（*The Birth of Melbourne*）（编）

《独身环游世界》（*Sailing Alone around the World*）（编）

《令人惊奇的动物》（*Astonishing Animals*）（合著）

《乡村》（*Country*）

《天气制造者》（*The Weather Makers*）

《我们是天气制造者》（*We Are the Weather Makers*）

《探险家笔记》（*An Explorer's Notebook*）

《在地球上》（*Here on Earth*）

《群岛之间》（*Among the Islands*）

《维纳斯岛神像的秘密》（*The Mystery of the Venus Island Fetish*）

《希望的气氛》（*Atmosphere of Hope*）

《阳光和海藻》（*Sunlight and Seaweed*）

关于作者

蒂姆·弗兰纳里是气候变化这一主题的重要作家。作为科学家、探险家和环保主义者，他担任过多个学术职务，包括阿德莱德大学教授、南澳大利亚博物馆馆长、澳大利亚博物馆首席研究科学家、墨尔本大学墨尔本可持续社会研究所教授研究员，以及麦考瑞大学由日本松下集团赞助的环境可持续性专业的教授。他的著作包括备受赞誉的国际畅销书《天气制造者》《在地球上》《希望的气氛》。弗兰纳里是 2007 年澳大利亚年度人物。他目前是气候委员会的首席顾问。

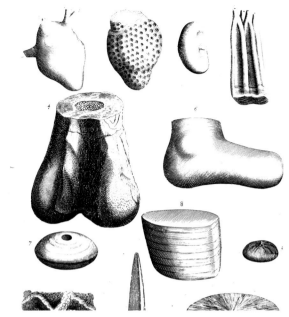

上 罗伯特·普洛特在 1677 年对史上第一块恐龙化石进行的描述（中间一排，左）。后来，这块化石被命名为 "*Scrotum humanum*"。

下左 弗朗茨·诺普乔·冯·费尔斯 – 西尔瓦斯伯爵，他是欧洲矮恐龙的发现者，在这里打扮成阿尔巴尼亚战士的模样，1913 年。

下右 奥地利赫伦·菲尔斯的狮人。大约 4 万年前用象牙雕刻而成，这个想象中的杂交造物是最早的人类 – 尼安德特杂交种。

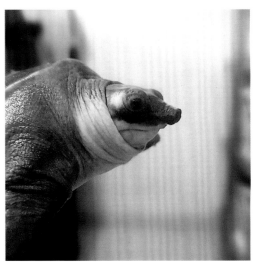

上左 图斯卡尼亚山猿的骨架。它是 800 万年前撒丁岛的居民，似乎是两足动物。

上右 猪鼻龟。曾经广泛分布在欧洲，今天唯一幸存的物种生活在新几内亚和澳大利亚北部。

下 荷兰东法尔德斯普拉森自然保护区的柯尼克矮种马。虽然是人为管理，但面积达 60 平方千米的东法尔德斯普拉森自然保护区让人们可以一睹冰河时代欧洲的生态。

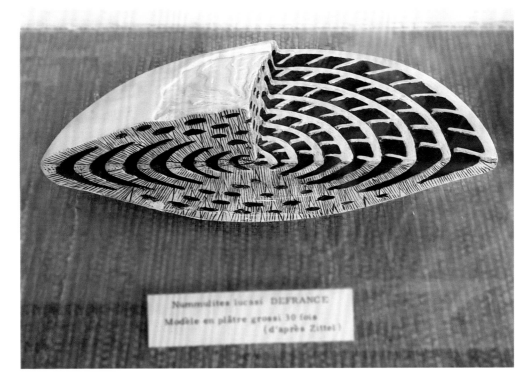

Nummulites laevési DEFRANCE
Modèle en plâtre grossi 30 fois
(d'après Zittel)

上左 现已灭绝的似剑齿虎的头骨。这种生物的体重可达 440 千克。它在欧洲一直存活到 28000 年前。

上右 恐象的头骨。这些大象大约在 1650 万年前从非洲到达欧洲，并在那里生活到 270 万年前。它们究竟如何使用这些奇怪的象牙仍然是个谜。

下 货币虫化石的模型。伦敦自然历史博物馆的伦道夫·柯克帕特里克认为，整个地球都是由货币虫化石构成的。

上 Gisortia gigantea，有史以来最大的宝螺，生活在大约 5000 万年前的特提斯海。

中 一个巨大钟塔螺，也是有史以来最大的腹足类动物之一。它生活在大约 5000 万年前的巴黎盆地，如今它唯一幸存的亲缘物种在澳大利亚西南部的水域被发现。

下 4700 万年前的鲨鱼化石，来自蒙特博尔卡，体长近 2 米，鳍尖上保存着深色色素。

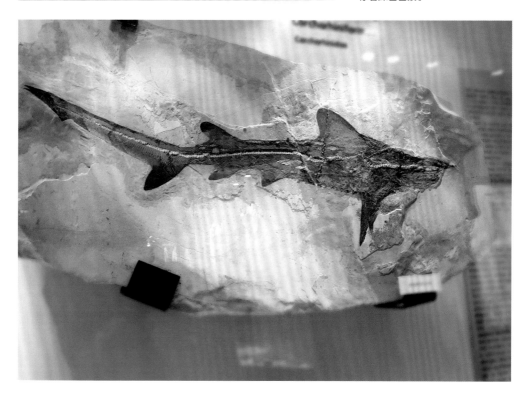

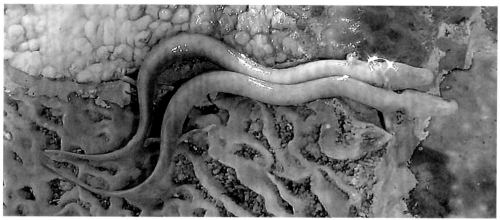

上 许多在欧洲漫长历史中灭绝的生物在马来西亚的热带雨林及其北部和东部地区幸存下来。例如，4700 万年前生长在德国的水椰的近亲仍茁壮成长在马来西亚。

下 一种被约翰·魏哈德·冯·瓦尔瓦索描述为"蠕虫和害虫"的洞螈，是一种穴居两栖动物，来自斯洛文尼亚地区。

左页上 霍氏鹿的头骨。这种奇怪的鹿有 5 只角,生活在地中海现已消失的加尔加诺岛。

左页下 洞熊的骨架。它是一种体型巨大的素食者,头骨长达 0.75 米,在 28000 年前灭绝之前都是欧洲独有的动物。

上 大角鹿。它的鹿角跨度超过 3 米,是欧洲巨型动物中引人注目的一员。它在马恩岛上一直存活到大约 9000 年前。

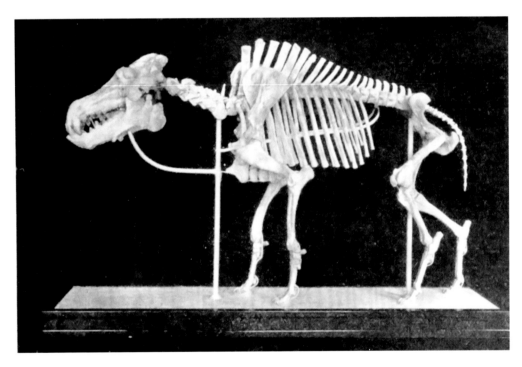

上左 一名尼安德特女性的模型。这个模型制作于 2014 年，可以在法国里昂的汇流博物馆看到。

上右 理查德·欧文爵士，英国科学促进会主席。他在 1857 年对一种名为民蛇的巨型毒蛇民蛇进行了描述，被认为有史以来最卑鄙的科学家之一。

下 巨猪的骨架。这些"地狱猪"是 3000 万年前欧洲的顶级掠食者。